面向“十二五”数字艺术设计规划教材

Adobe Flash CS5 动画设计与制作技能基础教程

◎ 郭爽 韩锐 刘颖 编著

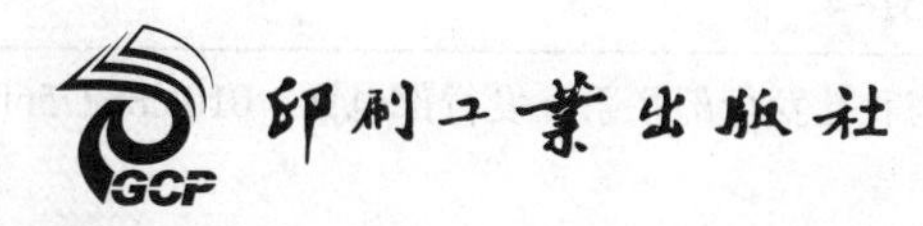

印刷工业出版社

内容提要

本书是专门讲解Flash CS5软件使用方法与动画设计技巧的经典教材，全书分为10章，主要包括Flash CS5入门必备、图形的绘制、时间轴与图层、文本的编辑、基础动画设计、交互式动画、音视频动画设计等内容。每章内容均包括精彩的实例，实例后面增加运用相关知识制作的商业案例进行赏析，为读者提供动画作品设计思路，每个章节都设计了相关的练习题，根据本章内容提供设计效果，让读者自行完成。

本书不只是介绍基础知识的工具书，还是以精美的动画范例引导读者巧妙地运用工具，配合视觉美学，将作品设计发挥得淋漓尽致的实操指导书。让读者在每完成一个章节的学习之后，都可以看见自己的练习成果，不断提升设计能力，成长为优秀的动画设计师！

本书可以作为各院校数字媒体艺术、动画设计等相关专业的教材，也可以作为相关培训班的教材。

图书在版编目（CIP）数据

Adobe Flash CS5 动画设计与制作技能基础教程/郭爽,韩锐,刘颖编著.
-北京:印刷工业出版社,2012.12
ISBN 978-7-5142-0751-4

I.A… II.①郭…②韩…③刘… III.网页制作工具，Flash CS5－教材 IV.TP391.41

中国版本图书馆CIP数据核字(2012)第047689号

Adobe Flash CS5 动画设计与制作技能基础教程

编　著：郭 爽 韩 锐 刘 颖

责任编辑：赵 杰　　责任校对：郭 平
责任印制：张利君　　责任设计：张 羽
出版发行：印刷工业出版社（北京市翠微路2号 邮编：100036）
网　址：www.keyin.cn　www.pprint.cn
网　店：//pprint.taobao.com　www.yinmart.cn
经　销：各地新华书店
印　刷：北京佳艺恒彩印刷有限公司

开　本：787mm×1092mm　1/16
字　数：354千字
印　张：15.5
印　数：1～3000
印　次：2012年12月第1版　2012年12月第1次印刷
定　价：39.00元
ＩＳＢＮ：978-7-5142-0751-4

◆ 如发现印装质量问题请与我社发行部联系　发行部电话：010-88275602　直销电话：010-88275811

丛书编委会

前言

Preface

Flash CS5 是 Adobe 公司推出的一款专业动画制作软件，作为网页三剑客之一的 Flash，从一开始推出就备受广大动画设计爱好者的喜爱。其强大的功能使得它被广泛应用于网页制作、动画设计、程序开发、网络广告、课件制作、游戏开发等多个领域。

本书以 Flash CS5 版本写作。对每个知识点进行了详细的讲解，对于一些重要的知识点，采用了案例的方式加以深化。在每一章节最后，均有一个综合实例供读者课堂或者课外练习，以巩固本章所学知识。

全书分为 10 章，其主要内容如下：

第 1 章 Flash CS5 入门必备，对 Flash 的工作环境和基本的文件操作进行了讲解。

第 2 章 图形的绘制，讲解了图形图像的相关基础知识，各类图形编辑工具的使用，以及图形图像的选择等内容。

第 3 章 时间轴与图层，重点介绍了时间轴和图层的应用、帧的编辑等内容。

第 4 章 元件、库与实例，讲解了元件的创建与编辑、实例的创建与编辑以及库的管理等内容。

第 5 章 文本的编辑，讲解了文本的使用与编辑以及 Flash CS5 的滤镜功能。

第 6 章 基础动画设计，讲解了逐帧动画、补间动画、引导动画、遮罩动画等的制作方法。

第 7 章 交互式动画，讲解了 ActionScript 的基本知识和语法基础，运算符的使用、动作面板的使用以及脚本的编写与调试方法等内容。

第 8 章 音视频动画设计，讲解了声音和视频文件在动画中的应用。

第 9 章 Flash 组件的应用，讲解了组件的基本操作以及各类常用组件的应用。

第 10 章 影片的后期处理，讲解了影片的优化以及发布相关的知识。

本书结构安排合理，内容由浅入深，案例步骤清晰，操作简单。非常适合各类院校作为教材使用，同时也可作为 Flash 爱好者自学用书。

本书由郭爽、韩锐、刘颖编写，作者有着多年的动画设计经验以及丰富的教学经验。在写作的过程中，力求精益求精，但由于时间与精力所限，书中难免有疏漏之处，如果您在阅读和使用的过程中有什么疑问或者建议，可以随时与我联系。

编著者

2012 年 9 月

目录

CONTENTS

第1章

Flash CS5 入门必备

第2章

图形的绘制

第3章
时间轴与图层

第4章
元件、库与实例

第5章
文本的编辑

第6章 基础动画设计

第7章 交互式动画

第8章 音视频动画设计

第9章

Flash组件的应用

第10章

影片的后期处理

第1章 Flash CS5 入门必备

Flash 是一款集多种功能于一体的多媒体矢量动画软件。在学习 Flash 软件之前必须先对 Flash 动画有一个初步的认识和了解。本章将依次对 Flash 动画、Flash CS5 的工作环境和系统配置以及 Flash 文件的基本操作等知识进行全面介绍。通过对这些内容的学习，用户可以掌握 Flash CS5 软件的最基本操作，为以后的学习打下一个坚实的基础。

本章知识要点

- Flash 动画的应用领域
- Flash CS5 的工作环境
- Flash CS5 的系统配置
- Flash 文件的基本操作

1.1 初识Flash动画

自 Flash 问世以来，Flash 动画设计应用程序就一直受到广大用户和学者的喜爱，它早已成为了人们手中设计动画作品的一把利器。下面将对 Flash 动画做一个简单概述，并带领用户体验其广泛的应用领域。

1.1.1 Flash 动画概述

Flash 是当今社会最流行的多媒体软件之一，主要用于制作各种动画，它通常具有如下特性。

（1）文件体积小

（2）流媒体动画

（3）生成的动画文件可以独立播放

（4）可自由缩放，自由调整图像尺寸

（5）具有交互式作用的多媒体影片

（6）友好的操作界面，容易学习

1.1.2 Flash动画的应用

Flash是矢量图形编辑和动画创作的专业软件，将Flash技术与电视、广告、卡通和MTV等应用相结合，便可以进行各种商业推广。

Flash通过使用关键帧和图符使得所生成的动画（SWF）文件非常小，几kB字节的动画文件已经可以实现许多令人心动的动画效果。因此，Flash技术广泛应用于网页动画、动画短片、音乐MV、交互式游戏、多媒体课件、网络构件的制作中。下面将对Flash的主要应用领域进行简单介绍。

1. 多媒体课件

课件是Flash应用的重要领域之一。Flash课件以其生动逼真的模拟效果赢得了广大中小学教师的喜爱。且它具有交互性强、文件体积小、使用方便等优点，因此得到广泛应用，并极大地提高了教学效率。下面是一个利用Flash制作的物理课件，如图1-1所示为布朗运动的现象，如图1-2所示为布朗运动的本质。

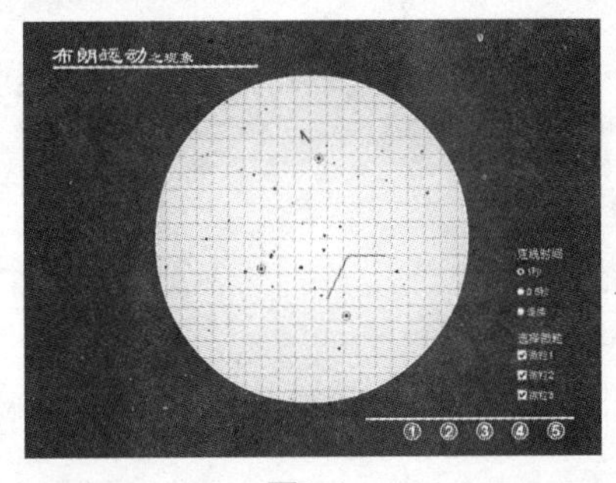

图1-1

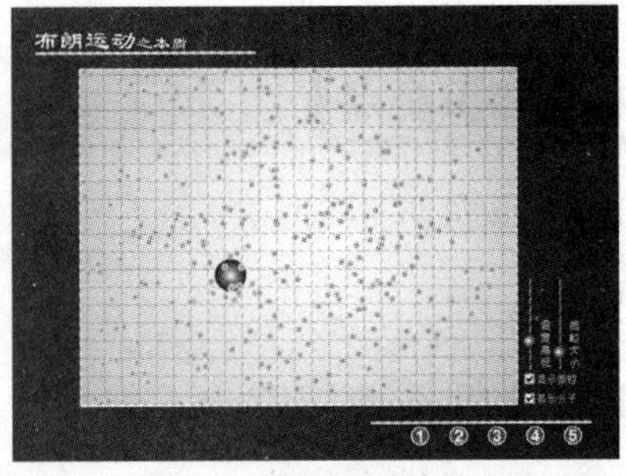

图1-2

2. 交互式游戏

作为"人见人爱"的娱乐型应用程序，游戏正逐步占领着网络阵地，许多计算机用户早已对其情有独钟，这是一种具有普遍意义的共性需求。使用Flash中的影片剪辑元件、按钮元件、图形元件制作动画，再结合运用动作脚本就能制作出精彩的Flash游戏。下面是一个利用Flash制作的趣味脑力游戏，如图1-3所示为游戏的初始界面，如图1-4所示为其布局界面。

图1-3

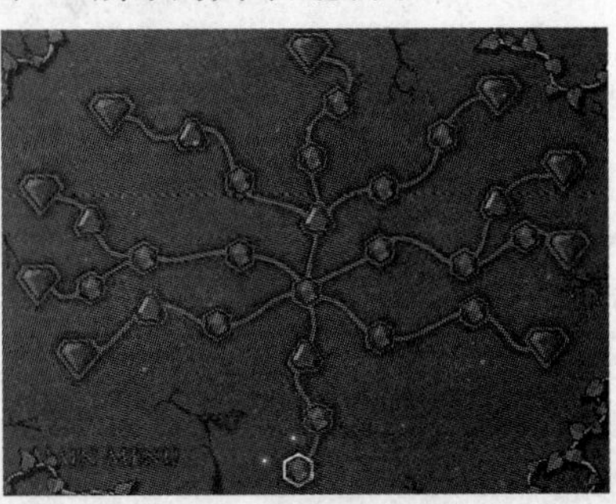

图1-4

3. 电子贺卡

使用 Flash 制作的电子贺卡可以同时具有动画、音乐、情节等其他类型的贺卡所不具备的元素，因此 Flash 贺卡的流行也就成为必然趋势。目前，许多大型网站中都有专门的贺卡专栏，许多专业从事贺卡制作与销售的网站也在大量制作此类贺卡。Flash 贺卡题材多样、内容广泛，在技术上并不复杂，因此也有许多爱好者自己制作。下面是利用 Flash 制作的圣诞节贺卡，如图 1-5 和图 1-6 所示为其中的两个片段。

图1-5

图1-6

4. 网站的动态效果

精美的 Flash 动画具有很强的视觉和听觉冲击力。为吸引客户的注意力，公司网站往往会利用 Flash 软件进行制作，借助 Flash 的精彩效果从而达到比静态页面更好的宣传效果。利用 Flash 还可以制作各种类型的动态网页。下面是利用 Flash 制作的动态网站，如图 1-7 和图 1-8 所示为其中的两幅动态画面所截图片。

图1-7

图1-8

5. **动画短片**

动画短片具有引人注目的形式、简化的故事结构、深刻的主题、独特的韵味和情感等特点。由于动画短片篇幅短，创意空间大，可自由发挥，因此备受青睐。如图 1-9 和图 1-10 所示为动画短片中的两个镜头，它形象生动的传达故事内容，让人心领神会。

图1-9

图1-10

6. **网络动态广告**

最初的网络广告就是网页本身，但随着市场经济和竞争力的迅猛发展，动态广告占据了更多市场，吸引了更多人的眼球。动态广告通过不同的画面，可以传递给浏览者更多的信息，也可以通过动画的运用加深浏览者的印象，它们的点击率比静态广告的高很多。如图 1-11 和图 1-12 所示均为 Flash 制作的网络动态广告。

图1-11

图1-12

7. **产品广告**

在各种门户网站内经常可以看到一些动感十足的产品广告，这是最近流行的一种广告形式。Flash 使广告在网络上发布成为可能，同时，它也可以存储为视频格式在传统的电视媒体上播放。因其一次制作、多平台发布的优势，得到了越来越多企业的青睐。如图 1-13 和图 1-14 所示为首饰广告系列的其中两个篇章。

图1-13

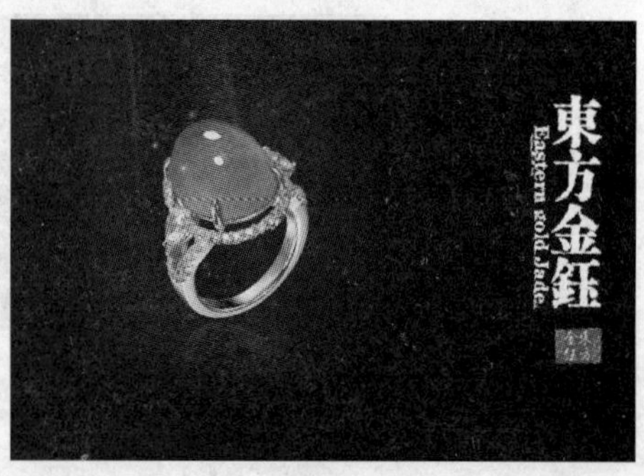

图1-14

8. 音乐 MV

MV 动画不仅能生动鲜明地表达歌曲的情意，而且唯美的画面更带给人视觉的享受，让人轻松愉悦地融入其中。下面是歌曲《琉璃月》的 MV 动画，如图 1-15 和图 1-16 所示为其中的两个镜头。

图1-15

图1-16

1.2　Flash CS5的工作环境

要正确、高效地运用 Flash CS5 软件制作各种动画，必须了解它的工作界面及其各部分的功能。打开已有的 Flash 文档，如图 1-17 所示，从中可以看到 Flash CS5 的工作界面主要包括标题栏、菜单栏、工具箱、时间轴、舞台工作区，以及一些常用的面板。下面将分别介绍 Flash CS5 工作环境中的各个组成部分。

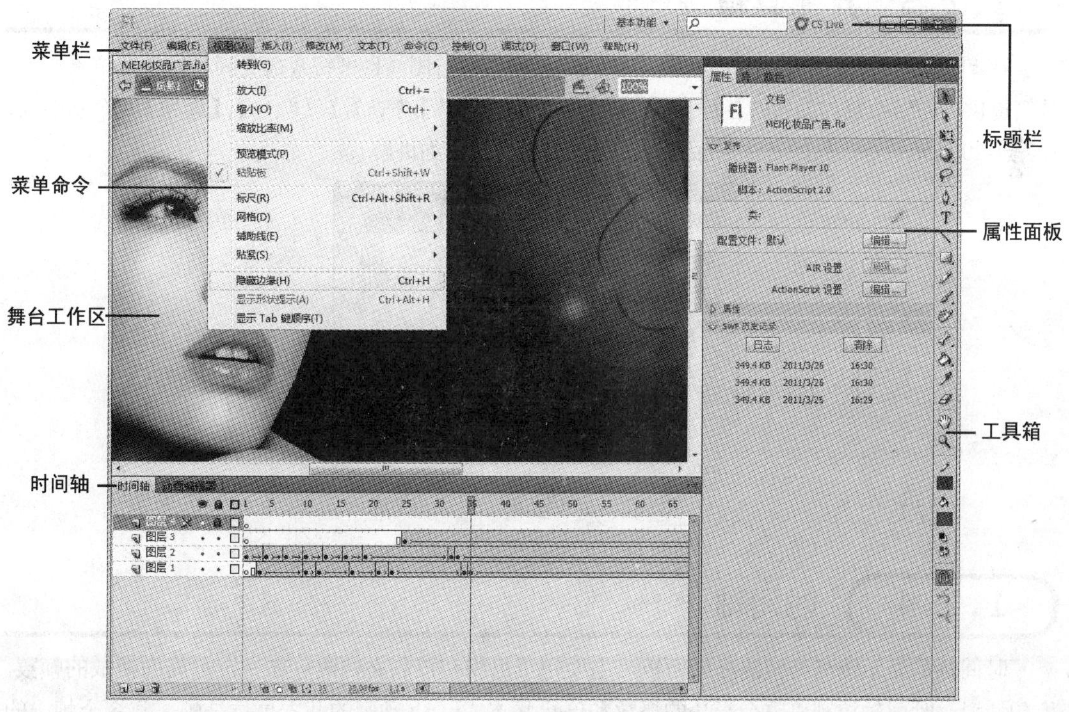

图1-17

1.2.1 菜单栏

Flash CS5 的菜单栏主要由【文件】、【编辑】、【视图】、【插入】、【修改】、【文本】、【命令】、【控制】、【调试】、【窗口】和【帮助】菜单组成，Flash 中的所有命令都可以从这些菜单中找到。如图 1-18 所示。

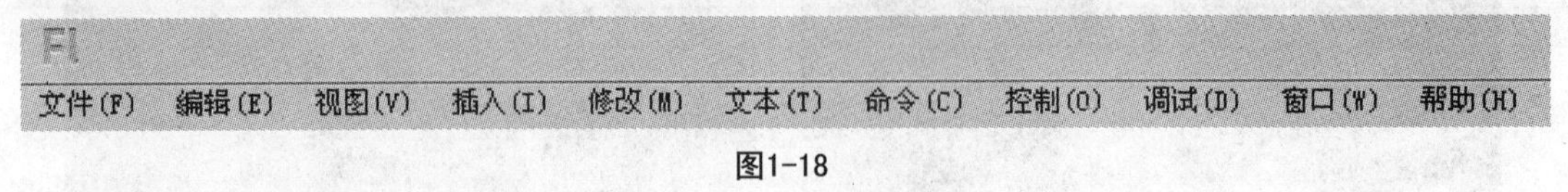

图1-18

1.2.2 主工具栏

为方便使用，Flash CS5 将一些常用命令以按钮的形式组织在一起，置于操作界面的上方。主工具栏中包含【新建】、【打开】、【转到 Brigde】、【保存】、【打印】、【剪切】、【复制】、【粘贴】、【撤销】、【重做】、【贴紧至对象】、【平滑】、【伸直】、【旋转与倾斜】、【缩放】、【对齐】等工具按钮，如图 1-19 所示。

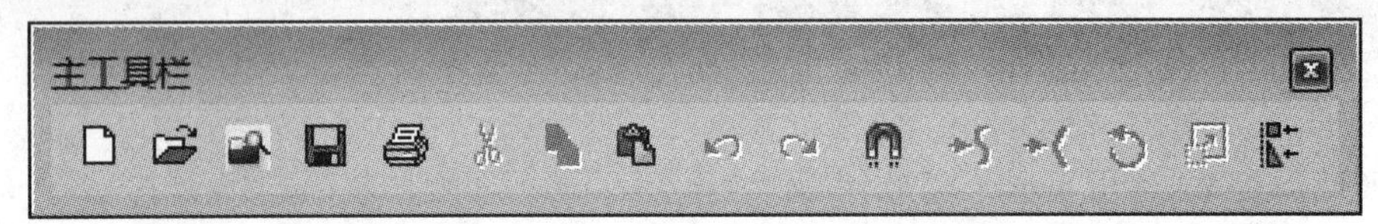

图1-19

1.2.3 工具箱

在 Flash CS5 的工作界面中，工具箱默认位于窗口的右侧（也可将其拖曳到其他任意位置）。工具箱提供了图形绘制和编辑的各种工具，且大致分为【工具】、【查看】、【颜色】、【选项】4 个功能区，如图 1-20 所示。各工具的具体用法将在后面章节中进行详细讲解。

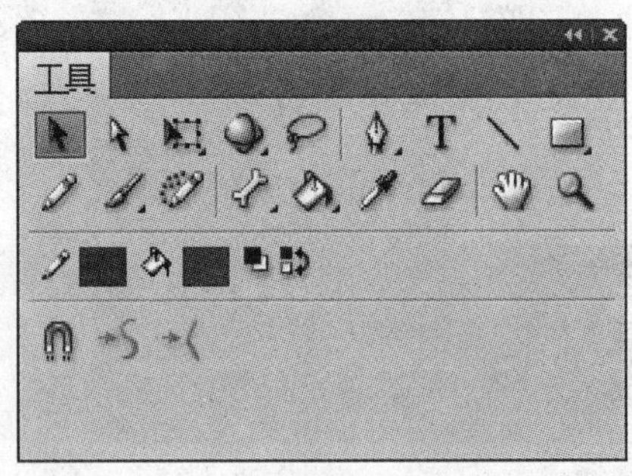

图1-20

1.2.4 时间轴

时间轴是显示图层与帧的一个面板，主要用于组织和控制文档内容在一定时间内播放的帧数。换句话说，时间轴控制着整个影片的播放和停止状态。Flash 动画的基本单位是帧，将多个帧上的画面连续播放，便形成了动画。【时间轴】面板如图 1-21 所示。

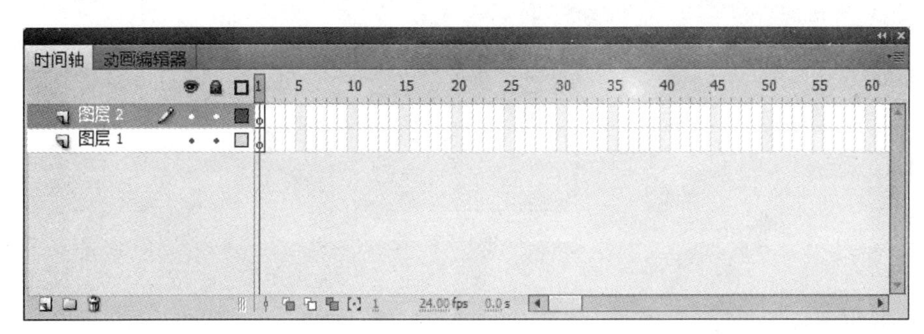

图1-21

1.2.5 场景和舞台

场景是所有动画元素的最大活动空间，像多幕剧一样，场景可以不止一个。要查看特定场景，可以选择【视图】>【转到】命令，再从其子菜单中选择场景的名称即可。

场景包含舞台和工作区，就像拍电影是在摄影棚中拍摄一样，摄影棚可以被看作是场景，而镜头对准的地方就是舞台。舞台是编辑和播放动画的矩形区域，在舞台上可以放置成编辑向量插图、文本框、按钮、导入的位图图形、视频剪辑等对象。

用户可以通过场景面板对场景进行添加、复制和删除操作，以及通过拖曳场景名称来改变场景的排列顺序，从而改变其播放次序。如图 1-22 所示为一个 Flash 动画的场景，图 1-23 所示为【场景】面板。

图1-22

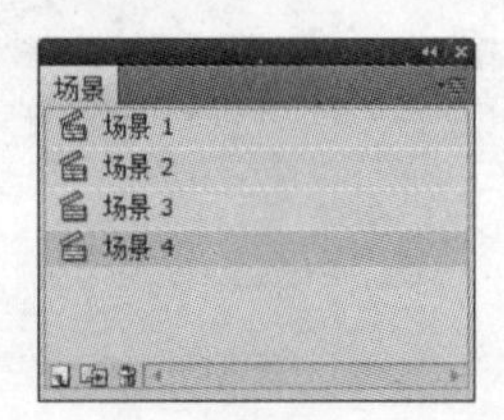

图1-23

1.2.6 属性面板

属性面板用于显示所选对象的基本属性，并且可以通过属性面板对所选中的对象进行修改或编辑，因而可以提高动画制作的效率和准确性。

当选定单个对象时，如文本、组件、形状、位图、视频、组、帧等内容，属性面板可以显示相应的信息和设置。当选定了两个或多个不同类型的对象时，属性面板则显示选定对象的总数。

在动画制作中，常见的属性面板主要包括【文档】属性面板、【帧】属性面板、【文本】属性面板、【形状】属性面板、【图形】属性面板。如图 1-24 所示为【帧】属性面板，如图 1-25 所示为【文本】属性面板。

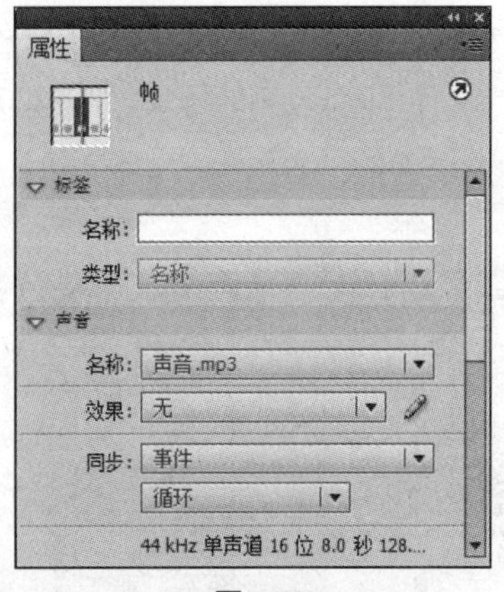

图1-24

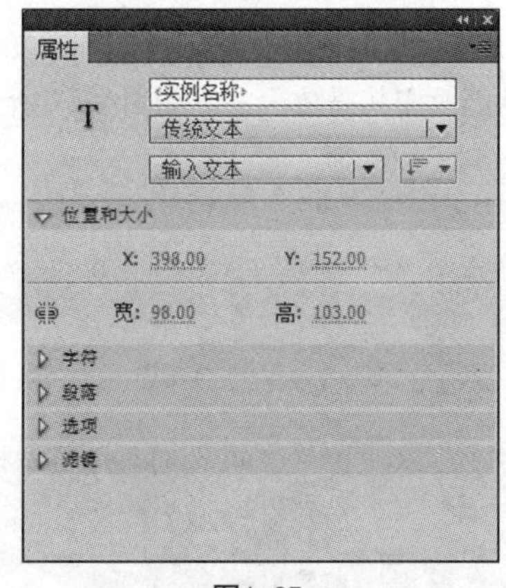

图1-25

1.2.7 浮动面板

使用面板可以查看、组合和更改资源。但屏幕的大小有限，为了尽量使工作区最大化，Flash CS5 提供了许多种自定义工作区的方式，如可以通过【窗口】菜单显示、隐藏面板，还可以通过鼠标拖曳来调整面板的大小以及重新组合面板。

1.3 Flash CS5的系统配置

为 Flash 系统设置相应的参数，使软件更适合自身的使用，这是设计者必学的功课。下面将对 Flash CS5 系统的配置（如首选参数面板、浮动面板和历史记录面板）逐一进行介绍。

1.3.1 首选参数面板

选择【编辑】>【首选参数】命令，可以调出【首选参数】对话框，在此可以自定义一些常规操作的参数选项。其中，包含【常规】选项卡、【ActionScript】选项卡、【自动套用格式】选项卡、【剪贴板】选项卡、【绘画】选项卡、【文本】选项卡、【警告】选项卡、【PSD 文件导入器】选项卡以及【AI 文件导入器】选项卡。如图 1-26 所示为【常规】选项卡的参数。

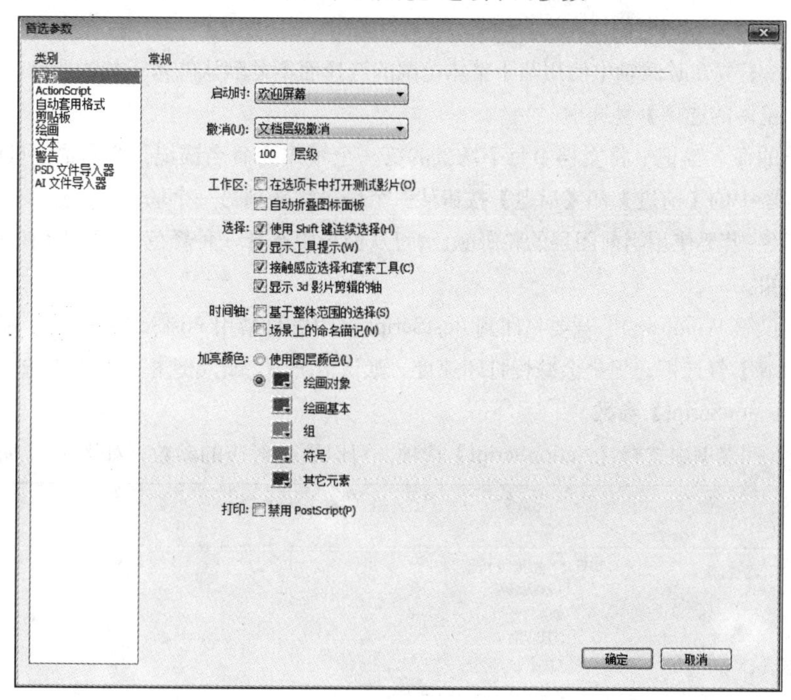

图1-26

1. 设置常规参数

- 启动时：指定在启动应用程序时打开的文档。
- 文档或对象层级撤销：文档层级撤销维护一个列表，其中包含用户对整个 Flash 文档的所有动作。对象层级撤销为用户针对文档中每个对象的动作单独维护一个列表。使用对象层级撤销可以撤销针对某个对象的动作，而无须另外撤销针对修改时间比目标对象更近的其他对象的动作。
- 撤销层级：若要设置撤销或重做的级别数，可输入一个介于 2 ～ 300 的值。撤销级别需要消耗内存，使用的撤销级别越多，占用的系统内存就越多。默认值为 100。
- 工作区：若选择【在选项卡中打开测试影片】复选框，则表示在执行【控制】>【测试影片】命令时，在应用程序窗口中打开一个新的文档选项卡。若选择【自动折叠图标面板】复选框，则表示可以将面板折叠为图标以避免工作区出现混乱。
- 选择：若要控制选择多个元素的方式，选择或取消选择【使用 Shift 键连续选择】复选框。如果取消选择该复选框，则单击附加元素可将它们添加到当前选择中。如果启用了【使用 Shift 键连续选择】复选框，单击附加元素将取消选择其他元素，若按住【Shift】键，则不取消。

- 显示工具提示：当指针悬停在控件上时会显示工具提示。若要隐藏工具提示，取消选择此复选框。
- 接触感应选择和套索工具：当使用选取工具进行拖曳时，如果选取框矩形中包括了对象的任何部分，则对象将被选中。默认情况是仅当工具的选取框矩形完全包围了对象时，才选中对象。
- 显示 3D 影片剪辑的轴：在所有 3D 影片剪辑上显示 X、Y 和 Z 轴的重叠部分，这样就能够在舞台上轻松标识它们。
- 时间轴：若要在时间轴中使用基于整体范围的选择而不是默认的基于帧的选择，可选择【基于整体范围的选择】复选框。
- 场景上的命名锚记：将文档中每个场景的第一个帧作为命名锚记。命名锚记可以让用户使用浏览器中的【前进】和【后退】按钮从一个场景跳转到另一个场景。
- 加亮颜色：若要使用当前图层的轮廓颜色，可从面板中选择一种颜色，或选择【使用图层颜色】单选按钮。
- 打印（仅限 Windows）：若要打印到 PostScript 打印机时禁用 PostScript 输出，可选择【禁用 PostScript】复选框，但是会减慢打印速度。默认情况下，此复选框处于取消选择状态。

2. 设置【ActionScript】参数

在【类别】列表框中选择【ActionScript】选项，可以更改对应的参数，如图 1-27 所示。

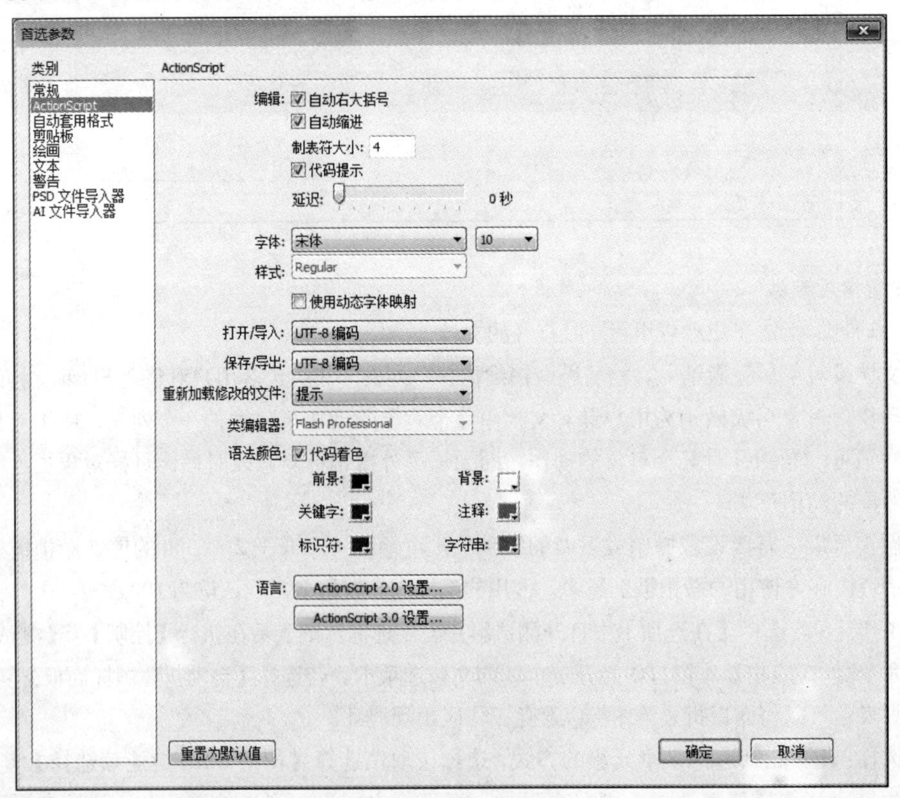

图1-27

- 自动缩进：如果勾选该复选框，在左小括号“(”或左大括号“{”之后输入的文本将按照【制表符大小】设置自动缩进。

- 制表符大小：用于指定新行中将缩进的字符数。
- 代码提示：在【脚本】窗格中启用代码提示。
- 延迟：用于指定代码提示出现之前的延迟（以秒为单位）。
- 字体：指定用于脚本的字体。
- 使用动态字体映射：选择此复选框，以确保所选的字体系列可呈现每个字符。如果没有选择此复选框，Flash 会替换上一个包含必需字符的字体系列。
- 打开 / 导入：用于指定打开或导入 ActionScript 文件时使用的字符编码。
- 保存 / 导出：用于指定保存或导出 ActionScript 文件时使用的字符编码。
- 重新加载修改的文件：用于指定脚本文件被修改、移动或删除时将如何操作，有“总是”、“从不”和“提示”3 个选项。
- 语法颜色：用于指定在脚本中进行代码着色。
- 语言：单击这些按钮，可弹出【ActionScript 设置】对话框，从中可以设置 ActionScript2.0 的类路径或 ActionScript3.0 的源路径、库路径和外部库路径。

3. 设置【文本】参数

在【类别】列表框中选择【文本】选项，可以设置【文本】选项相对应的参数，如图 1-28 所示。

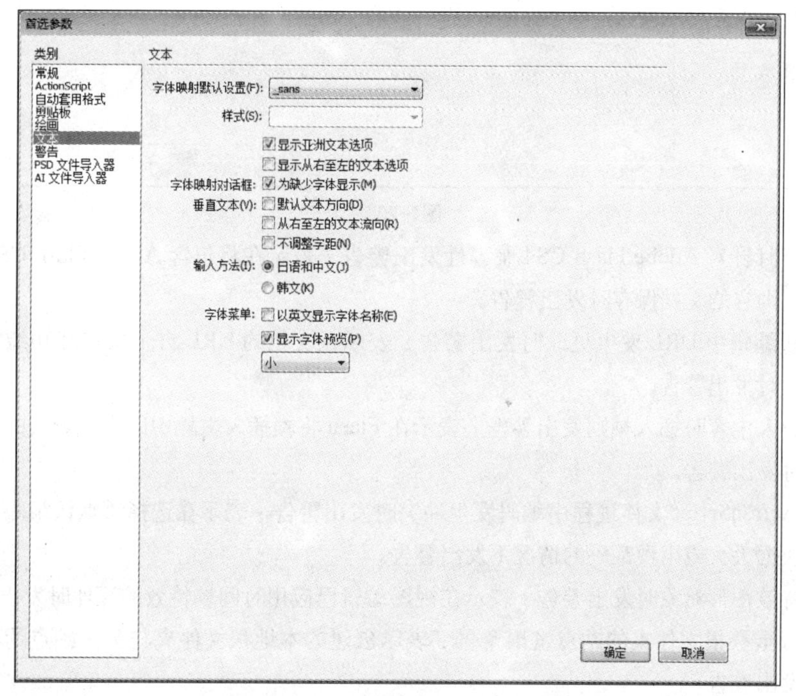

图1-28

- 字体映射默认设置：可以设置系统字体映射时默认的字体。
- 垂直文本：选择【默认文本方向】复选框，可以将默认文本方向设置为垂直，这将有助于某些语言文字的输入；选择【从右至左的文本流向】复选框，可以反转默认文本的显示方向；选择【不调整字距】复选框，可以关闭垂直字距的微调。
- 输入方法：选择【日语和中文】单选按钮，将以日语和中文作为输入法；选择【韩文】单选按钮，将以韩文作为输入法。

4. **设置【警告】参数**

在【类别】列表框中选择【警告】选项，可以设置【警告】首选参数，如图 1-29 所示。以下列出部分选项含义。

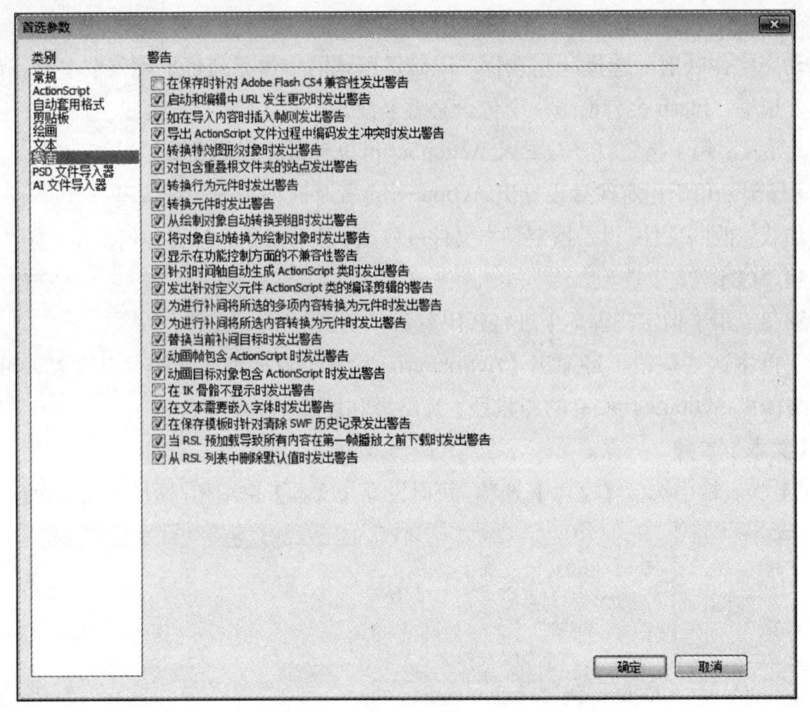

图1-29

- 在保存时针对 Adobe Flash CS4 兼容性发出警告：表示在将包含 Adobe Flash CS4 创作工具的特定内容的文档保存时发出警告。
- 启动和编辑中 URL 发生更改时发出警告：表示在文档的 URL 自上次打开和编辑以来已发生更改时发出警告。
- 如在导入内容时插入帧则发出警告：表示在 Flash 将帧插入文档中以容纳导入的音频或视频文件时发出警告。
- 导出 ActionScript 文件过程中编码发生冲突时发出警告：表示在选择“默认编码”时可能会导致数据丢失或出现乱码的情况下发出警告。
- 转换特效图形对象时发出警告：表示在视图编辑已应用时间轴特效的元件时发出警告。
- 对包含重叠根文件夹的站点发出警告：表示创建的本地根文件夹与另一站点的根文件夹重叠时发出警告。
- 转换行为元件时发出警告：表示在将具有附加行为的元件转换为其他类型的元件（如将影片剪辑转换为按钮）时发出警告。
- 转换元件时发出警告：表示在将元件转换为其他类型的元件时发出警告。
- 从绘制对象自动转换到组时发出警告：表示在对象绘制模式下绘制的图形对象转换为组时发出警告。
- 显示在功能控制方面的不兼容性警告：表示针对当前 FLA 文件在其【发布设置】中面向的 Flash Player 版本所不支持的功能控制显示警告。

1.3.2 设置浮动面板

在 Flash CS5 中，浮动面板由各种不同功能的面板组成，如【库】面板、【颜色】面板等。通过窗口菜单中的命令可以显示与隐藏各类面板，当面板在窗口中显示后，还可以自行拖动、组合或摆放，从而创建一个适合设计习惯的工作界面。下面将依次介绍其中的【库】面板、【颜色】面板、【历史记录】面板和【信息】面板。

1.【库】面板

【库】面板用于存储在 Flash 创作环境中创建或在文档中导入的媒体资源。如图 1-30 所示。

2.【颜色】面板

【颜色】面板用于修改 FLA 的调色板并更改笔触和填充的颜色。如图 1-31 所示。

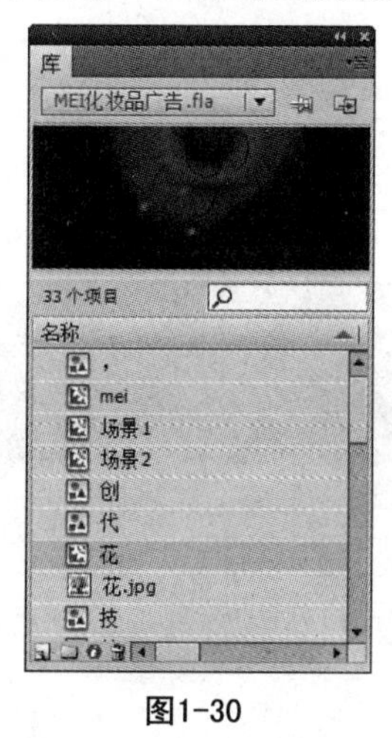

图1-30

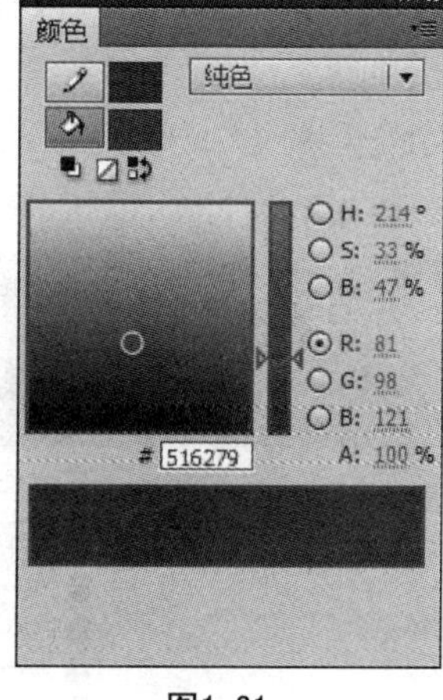

图1-31

3.【历史记录】面板

【历史记录】面板用于显示自创建或打开某个文档以来在该活动文档中执行的步骤列表，列表中的数目最多为指定的最大步骤数。执行【窗口】>【其他面板】>【历史记录】命令，弹出【历史记录】面板，在文档中进行一些操作后，【历史记录】面板将这些操作按顺序进行记录。如图 1-32、图 1-33 所示。

4.【信息】面板

【信息】面板用于查看文件的详细信息和测试设备所支持的不同内容类型。如图 1-34 所示。

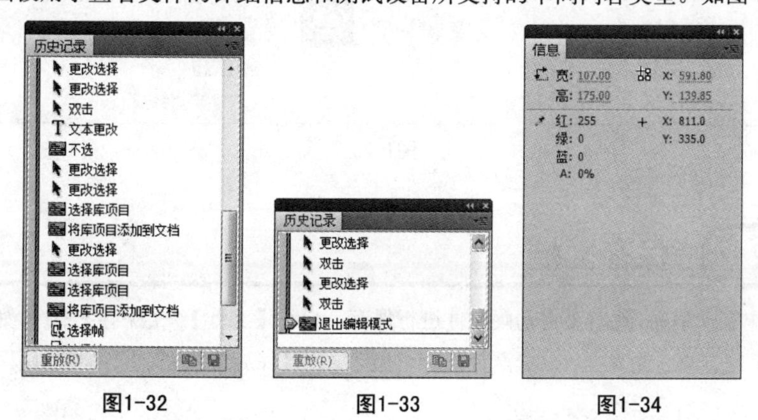

图1-32　　图1-33　　图1-34

1.4 Flash CS5文件的基本操作

在使用 Flash 工作时，最基本的操作就是创建新文档或打开已有文档，以及对文档进行保存或关闭。本节将对这些基础操作进行介绍。

1.4.1 新建文档

在创建 Flash 动画时，首先需要新建文档。常见的新建方法有如下几种。

- 在初始界面中直接单击【新建】列表中的链接按钮，如图 1-35 所示。
- 进入工作界面后，执行【文件】>【新建】命令，随后将打开【新建文档】对话框，从中进行相应的选择即可。
- 打开工作界面之后按【Ctrl+N】组合键。

需要说明的，在新建文档时，可以利用系统自带的模板进行动画的创建。

图1-35

1.4.2 保存文档

编辑和制作完动画后，就需要将动画文件进行保存。执行【文件】>【保存】命令，如图 1-36 所示，弹出【另存为】对话框，输入文件名，选择保存类型，单击【保存】按钮，即可将动画保存，如图 1-37 所示。

图1-36

图1-37

1.4.3 打开文档

如果要修改已完成的动画文件，必须先将其打开。执行【文件】>【打开】命令，如图 1-38 所示，弹出【打开】对话框，在对话框中搜索路径和文件，确认文件类型和名称，最后单击【打开】按钮，或直接双击文件即可，如图 1-39 所示。

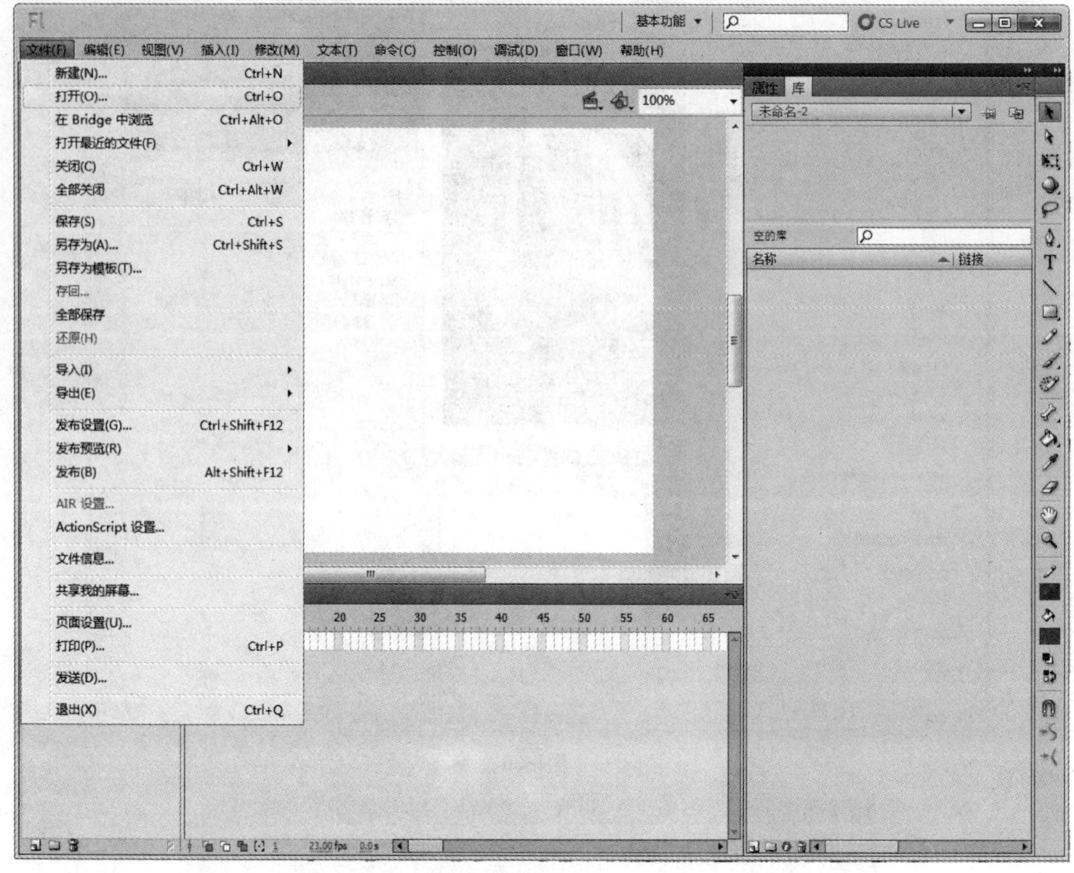

图1-38

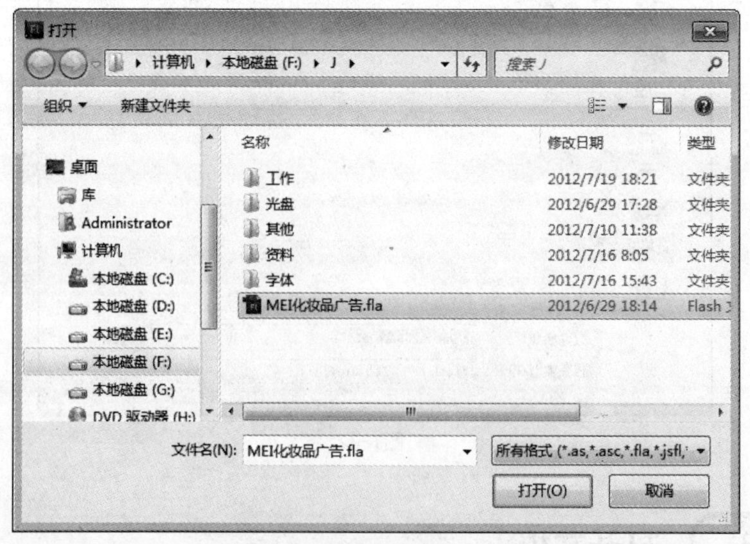

图1-39

1.5 经典商业案例赏析

利用 Flash 制作的广告简单易懂，且主题鲜明。为使广告效果更佳，商家们纷纷为自己的产品广告融入 Flash 动画效果。如图 1-40 所示为一则节能汽车的广告。

图1-40

1.6 课后练习

一、选择题

1.Flash 的应用领域不包括（ ）。

A. 多媒体课件　　B. 电子贺卡　　C. 产品广告　　D. 网络监控

2.【修改】菜单位于 Flash CS5 的哪个工作界面中。（ ）

A. 标题栏　　B. 菜单栏　　C. 工具箱　　D. 时间轴

3.（ ）是显示图层与帧的一个面板，其主要用于组织和控制文档内容在一定时间内播放。

A. 舞台和工作区　　B. 时间轴　　C. 库面板　　D. 属性面板

4.Flash CS5 中的（ ）面板用于快速地设置文档中对象的属性，可以根据需要随意地显示或隐藏面板，调整面板的大小。

A. 浮动　　B. 属性　　C. 调试　　D. 历史记录

二、填空题

1. 在 Flash CS5 中，工具箱提供了图形绘制和编辑的各种工具，分为________、________、________、________四个功能区。

2.Flash CS5 的工作界面主要包括 ________、________、________、________、________ 以及一些常用的面板。

3. 在【类别】列表框中，“ActionScript” 选项中的延迟用于指定代码提示出现之前的延迟，它以 _____ 为单位。

4.________ 是所有动画元素的最大活动空间，它包含舞台和工作区。

5.________ 是编辑和播放动画的矩形区域，可以放置、编辑向量插图、文本框、按钮、导入的位图图形、视频剪辑等对象。

三、上机操作题

1. 打开 Flash CS5，尝试更改各种系统配置，让软件更适合自身的使用。

2. 从生活中收集一些涉及 Flash 应用的资料，欣赏并借鉴。

第2章 图形的绘制

Flash 动画由基本的图形组成，若要制作出高质量的动画效果，就必须熟练掌握 Flash 软件中各种绘图工具的使用。灵活运用这些工具，可以绘制出理想的矢量图。本章将分别介绍图形图像的基础知识、辅助工具的使用、基本绘图工具、颜色工具及面板、选择对象的工具。

本章知识要点

- 图形图像的基础知识
- 颜色面板的设置方法
- 各种绘图工具的使用方法
- 颜色工具的使用方法
- 选择工具的基本操作

2.1 图形图像的基础知识

图形图像是 Flash 动画不可缺少的组成部分，从这一节开始将对图形的绘制操作进行介绍。在绘制图形之前，首先需了解像素和分辨率的概念，以及区分矢量图和位图，辨别它们之间的差异。

2.1.1 图像的像素和分辨率

像素和分辨率是图形图像处理软件中的基本概念，掌握这些基本概念，有助于更好地学习 Flash 的动画制作。

1. 像素

像素是构成图像的最小单位，是图像的基本元素。若把图像放大数倍，会发现这些连续色调其实是由许多色彩相近的小方点所组成，这些小方点就是构成影像的最小单位“像素（Pixel）”。这种最小的图形单元能在屏幕上显示单个的染色点。越高位的像素，其拥有的色板也就越丰富，越能表达颜色的真实感。

2. 分辨率

分辨率是指单位长度内所含像素点的数量，单位为“像素每英寸”（dpi）。分辨率是屏幕图像的精密度，是指显示器所能显示的像素的多少。由于屏幕上的点、线和面都是由像素组成的，显示器可显示的像素越多，画面就越精细，同样的屏幕区域内能显示的信息也越多，所以分辨率是一个非常重要的性能指标。如果把整个图像想象成是一个大型的棋盘，那么分辨率的表示方式就是所有经线和纬线交叉点的数目。由此可见，图像的分辨率可以改变图像的精细程度，直接影响图像的清晰度，也就是说图像的分辨率越高，图像的清晰度也就越高，图像占用的存储空间也越大。

2.1.2 矢量图和位图

Flash 是一个动画制作及图像处理的软件，在使用 Flash 之前，需要了解一些图像处理方面的基本概念，如矢量图与位图。

1. 矢量图

矢量图也叫面向对象绘图，是用数学方式描述的曲线及曲线围成的色块制作的图形，它们在计算机内部是表示成一系列的数值而不是像素点，这些值决定了图形如何在屏幕上显示。

矢量图形尤其适用于标志设计、图案设计、文字设计、版式设计等，它所生成文件也比位图文件要小一点。

常见的矢量图绘制软件有 CorelDraw、Illustrator、Freehand 等。

工作区内所作的每一个图形，输入的每一个字母都是一个对象，每个对象都决定了其外形的路径。因此，可以自由地改变对象的位置、形状、大小和颜色。同时，由于这种保存图形信息的办法与分辨率无关，因此无论放大或缩小多少，都有一样平滑的边缘，一样的视觉细节和清晰度，如图 2-1 和图 2-2 所示。

图2-1

图2-2

2. 位图

位图也叫像素图，它由像素或点的网格组成，与矢量图形相比，位图的图像更容易模拟照片的真实效果。其工作方式就像是用画笔在画布上作画一样。如果将这类图形放大到一定的程度，就会发现它是由一个个小方格组成的，这些小方格被称为像素点，如图 2-3 和图 2-4 所示。

图2-3

图2-4

常见的位图编辑软件有 Photoshop、Painter 等。

一个像素点是图像中最小的元素。一幅位图图像包括的像素可以达到百万个，因此，位图的大小和质量取决于图像中像素点的多少，通常说来，每平方英寸的面积上所含像素点越多，颜色之间的混合也越平滑，同时文件也越大。

2.2　辅助工具的使用

在 Flash 中进行各种编辑操作时，利用辅助工具可以为设计者提供辅助性的帮助，如用标尺、网格和辅助线可以精确对图形图像位置和比例进行掌控。本节将讲解标尺、网格和辅助线的设置。

2.2.1　标尺

在系统默认状态下，执行【视图】>【标尺】命令，或按【Ctrl + Alt + Shift + R】组合键，即可将标尺显示在编辑区的上边缘和左边缘处，如图 2-5 所示。若再次执行【视图】>【标尺】命令或按相应的组合键，则可以将标尺隐藏。

默认情况下，标尺的度量单位是像素。如果需要更改标尺的度量单位，可通过执行【修改】>【文档】命令，在打开的【文档属性】对话框中的【标尺单位】下拉列表框中选择相应的单位，如图 2-6 所示。

图2-5

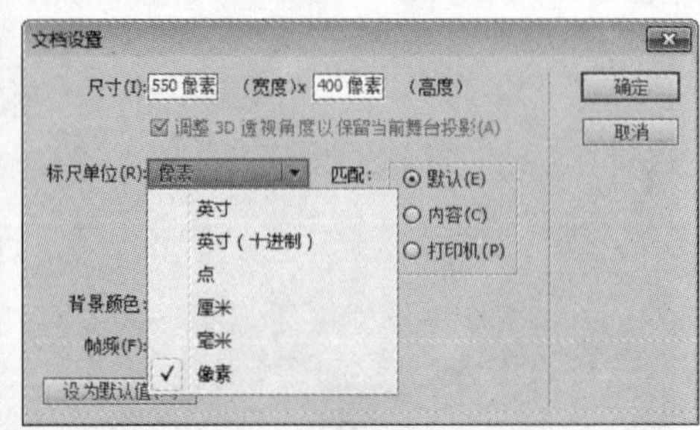

图2-6

2.2.2 网格

使用网格能够可视地排列对象，或绘制一定比例的图像。用户可以对网格的颜色、间距等属性进行设置，以满足不同的要求。

在系统默认状态下，执行【视图】>【网格】>【显示网格】命令或按【Ctrl +’】组合键，即可显示网格，如图 2-7 所示。再次选择命令或按组合键，可将网格隐藏。

执行【视图】>【网格】>【编辑网格】命令，或按【Ctrl + Alt + G】组合键，将打开【网格】对话框，如图 2-8 所示。从中可以对网格的颜色、间距进行编辑。

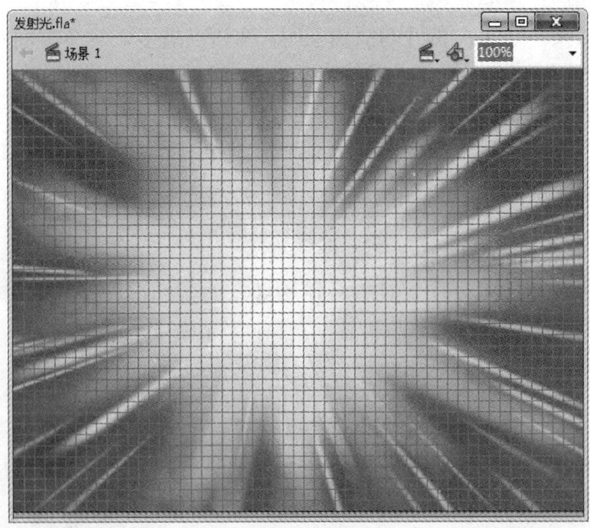

图2-7

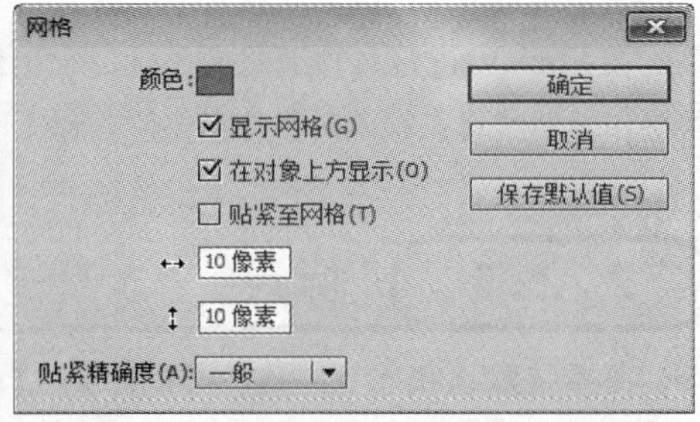

图2-8

2.2.3 辅助线

使用辅助线可以对舞台中的对象进行位置规划，对各个对象的对齐和排列情况进行检查，还可以提供自动吸附功能。使用辅助线之前，需要将标尺显示出来。在标尺显示的状态下，使用鼠标分别在水平和垂直的标尺处向舞台中间拖曳，可以从标尺上将水平和垂直辅助线拖曳到舞台上。

在系统默认状态下，执行【视图】>【辅助线】>【显示辅助线】命令或按【Ctrl＋；】组合键，可以显示辅助线，如图2-9所示。再次选择命令或按组合键，可将辅助线隐藏。

辅助线的属性也可以进行自定义，执行【视图】>【辅助线】>【编辑辅助线】命令，即可打开【辅助线】对话框，从中便可以对辅助线进行编辑，如图2-10所示。

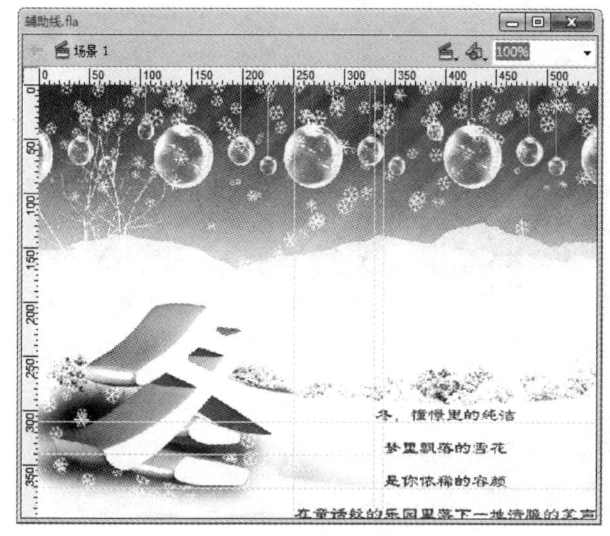

图2-9

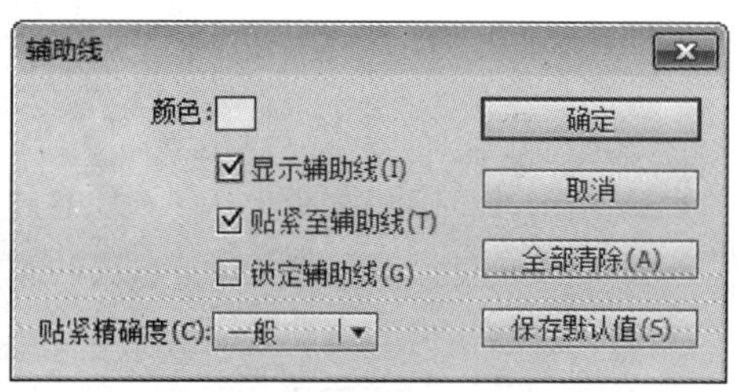

图2-10

- 若单击“颜色”选项后的颜色框，则可以打开调色板，从而对辅助线的颜色进行选择。
- 若选中或撤销“显示辅助线”复选项，则可以实现对辅助线的显示或隐藏。
- 若单击“全部清除”按钮，则可以从当前场景中删除所有的辅助线。
- 若单击“保存默认值”按钮，则可以将当前设置保存为默认值。

2.3　基本绘图工具

在Flash中绘制图形时，通常是先绘制线条以勾画出图形的轮廓，然后再为轮廓线构成的封闭区域填充颜色，从而制作出需要的图形。Flash CS5提供了多种工具来绘制形状和路径，如图2-11所示。下面将对这些工具的使用方法进行详细介绍。

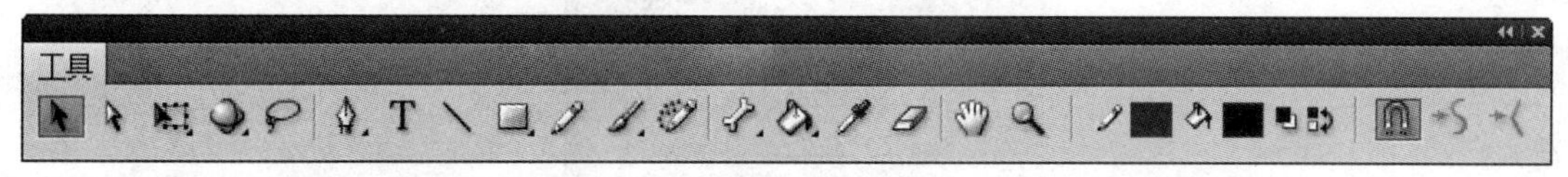

图2-11

2.3.1　线条工具

线条工具是专门用来绘制直线的工具，是Flash中最简单的绘图工具。使用线条工具可以绘制出各种直线图形，并且可以选择直线的样式、粗细程度和颜色等。

在中文版 Flash CS5 中，选择工具箱中的线条工具或按【N】键均可调用线条工具。选择工具箱中的线条工具，然后在舞台中单击鼠标左键并拖曳，当直线达到所需的长度和斜度时，再次单击鼠标左键即可。选择线条工具后，在其对应的【属性】面板中可以设置线条的属性，如图 2-12 所示。

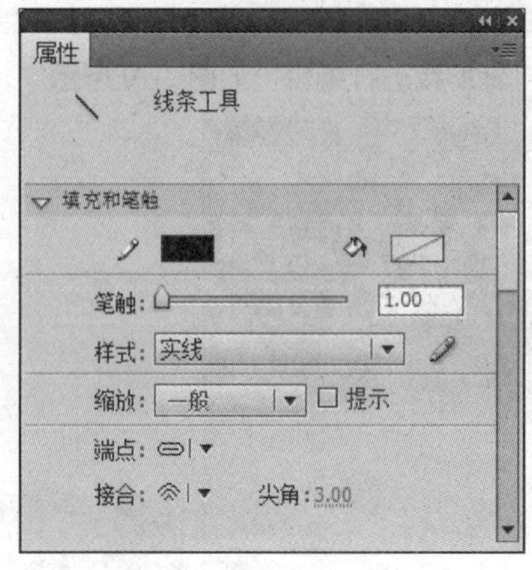

图2-12

在线条工具的属性面板中，各选项的含义如下。

（1）笔触颜色：用于设置所绘线段的颜色。

（2）笔触：用于设置线段的粗细。

（3）样式：用于设置线段的样式。

（4）缩放：用于设置在 Player 中包含笔触缩放的类型。

（5）端点：用于设置线条端点的形状。

（6）接合：用于设置线条之间接合形状。

2.3.2 铅笔工具

使用铅笔工具绘制形状和线条的方法几乎与使用真实的铅笔相同，它可以在“伸直”、“平滑”和“墨水” 3 种模式下进行工作，适合习惯使用数位板进行创作的人员。选择工具箱中的铅笔工具或按【Y】键均可调用该工具。

使用时可以选择其中的任意一种绘图模式，将其应用到形状和线条上，如图 2-13 所示。

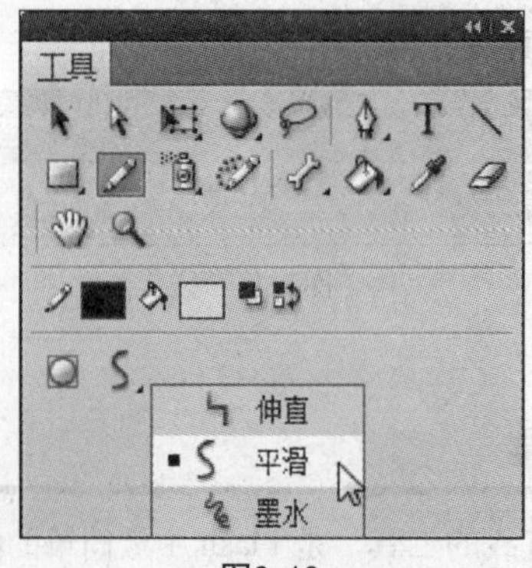

图2-13

铅笔工具的 3 种绘图模式的含义分别如下。

（1）【伸直】按钮：进行形状识别。如果绘制出近似的正方形、圆、直线或曲线，Flash 将根据它的判断调整成规则的几何形状。

（2）【平滑】按钮：可以绘制平滑曲线。在“属性”面板可以设置平滑参数。

（3）【墨水】按钮：可较随意地绘制各类线条，这种模式不对笔触进行任何修改。

2.3.3 矩形工具与椭圆工具

1. 矩形工具

矩形工具可以用来绘制长方形和正方形。选择工具箱中的矩形工具或按【R】键，均可调用矩形工具。选择工具箱中的矩形工具，在舞台中按住鼠标左键并拖曳，当达到所需形状及大小时，释放鼠标，即可绘制矩形或正方形。在绘制矩形之前或在绘制过程中，按住【Shift】键可以绘制正方形。如图 2-14 所示为使用矩形工具绘制的矩形。

选择矩形工具后，在其对应的【属性】面板中可以设置属性，如填充、笔触等。在【矩形选项】选项组中，可以设置矩形边角半径，用来绘制圆角矩形，如图 2-15 所示。

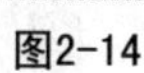

图2-14

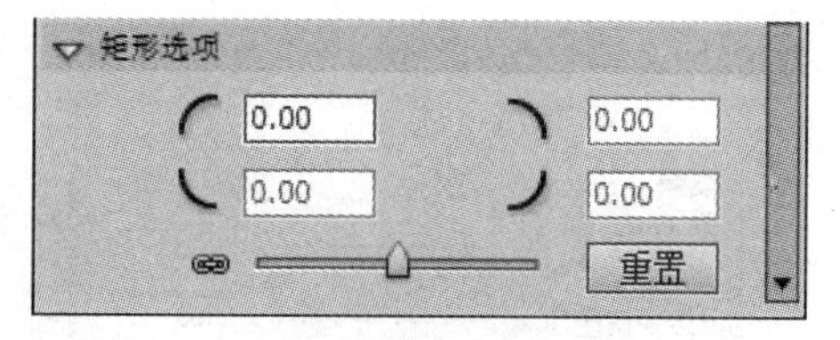

图2-15

矩形选项中各选项的含义如下。

（1）矩形角半径控件：用于指定矩形的角半径。可以在每个文本框中输入内径的数值。如果输入负值，则创建的是反半径。还可以取消选择限制角半径图标，然后分别调整每个角半径。

（2）重置：重置基本矩形工具的所有控件，并将在舞台上绘制的基本矩形形状恢复为原始大小和形状。

2. 椭圆工具

椭圆工具是用来绘制椭圆或者圆形的工具，它是在制作动画过程中需要经常用到的工具之一。恰当地使用椭圆工具，可以绘制出各式各样简单而生动的图形。

选择工具箱中的椭圆工具或按【O】键均可调用椭圆工具。选择工具箱中的椭圆工具，在舞台中按住鼠标左键并拖曳，当椭圆达到所需形状及大小时，释放鼠标即可绘制椭圆。在绘制椭圆之前或在绘制过程中，按住【Shift】键可以绘制正圆。

使用椭圆工具，还可以绘制圆、无边（线条）圆和无填充的圆，如图 2-16、图 2-17 和图 2-18 所示。

图2-16

图2-17

图2-18

椭圆工具同样具有填充和笔触属性，可进行修改设置。另外，在椭圆选项中，可以设置椭圆的开始角度、结束角度和内径等。如图 2-19 所示。

椭圆选项中各选项的含义如下。

（1）开始角度和结束角度：用来绘制扇形以及其他有创意的图形。

（2）内径：参数值由 0 ～ 99，为 0 时绘制的是填充的椭圆；为 99 时绘制的是只有轮廓的椭圆；为中间值时，绘制的是内径不同大小的圆环。

（3）闭合路径：确定图形的闭合与否。

（4）重置：重置椭圆工具的所有控件，并将在舞台上绘制的椭圆形状恢复为原始大小和形状。

通过在【属性】面板中的【椭圆选项】栏中设置相应参数，可绘制扇形、半圆形及其他有创意的形状，如图 2-20 所示。

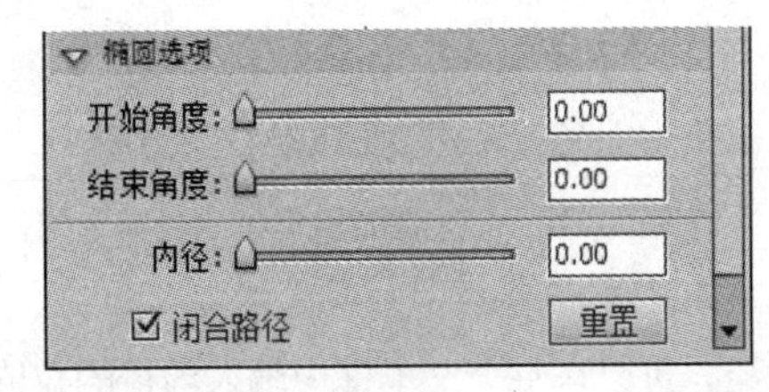

图2-19

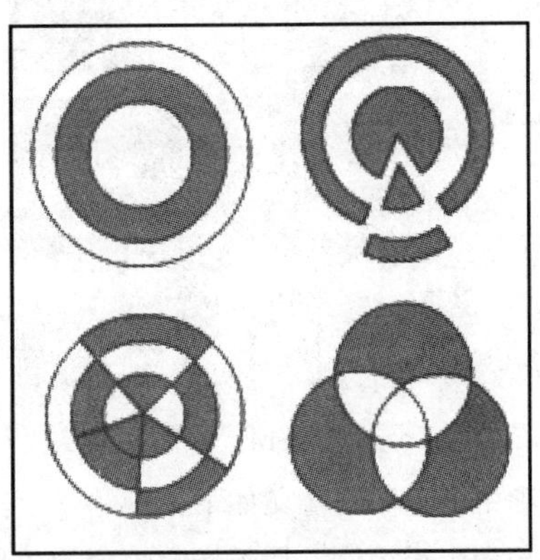
图2-20

2.3.4 基本矩形工具与基本椭圆工具

使用基本矩形工具或基本椭圆工具创建矩形或椭圆时，与使用对象绘制模式创建的形状不同，Flash 会将形状绘制为独立的对象。基本形状工具可让用户使用属性检查器中的控件，指定矩形的角半径以及椭圆的起始角度、结束角度和内径。创建基本形状后，可以选择舞台上的形状，然后调整属性检查器中的控件来更改半径和尺寸。

1. 基本矩形工具

如图 2-21 所示的图形就是使用基本矩形工具绘制的。在矩形工具上按住鼠标左键不动，在弹出的下拉列表中选择【基本矩形工具】选项，此时【属性】面板即显示基本矩形的相关属性，如图 2-22 所示。直接在舞台上拖曳鼠标，即可绘制基本矩形。此时绘制的矩形有 4 个节点，若在【属性】

面板的【矩形选项】选项组中拖曳滑块，即可改变矩形的边角，还可以在使用基本矩形工具拖曳时，通过按【↑】键和【↓】键改变圆角的半径。

使用选择工具选择基本矩形时，可在【属性】面板中进一步修改形状或指定填充和笔触颜色。

图2-21

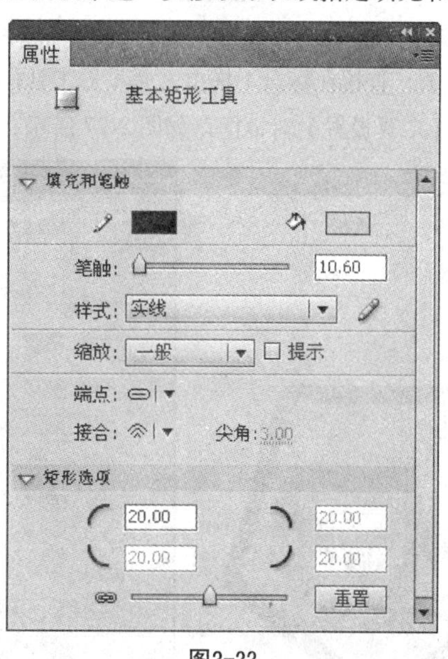

图2-22

2. **基本椭圆工具**

如图 2-23 所示的图形就是使用基本椭圆工具绘制的。在矩形工具上按住鼠标左键不动，在弹出的下拉列表中选择【基本椭圆工具】选项，此时【属性】面板即显示基本椭圆的相关属性，如图 2-24 所示。直接在舞台上拖曳基本椭圆工具，可创建基本椭圆。如果要绘制正圆，可通过按住【Shift】键并拖曳鼠标，释放鼠标即可绘制正圆。此时绘制的图形有节点，若在【属性】面板的【椭圆选项】选项组中拖曳各滑块，即可改变形状。

图2-23

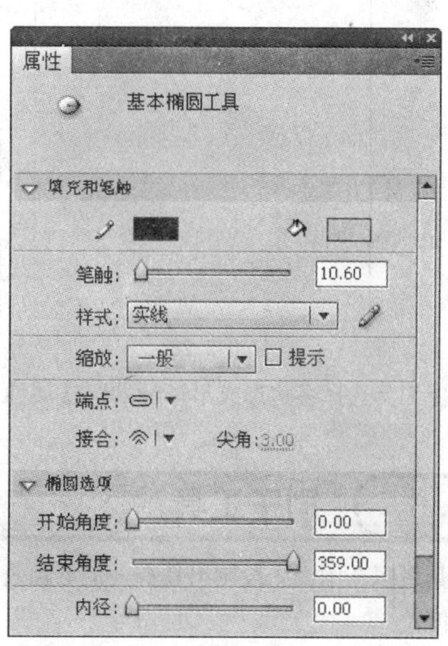

图2-24

2.3.5 多角星形工具

如图 2-25 所示的图形就是使用多角星形工具绘制的。在矩形工具上按住鼠标左键不动，在弹出的下拉列表中选择【多角星形工具】选项，此时【属性】面板即显示多角星形的相关属性，如图 2-26 所示。直接在舞台上拖曳多角星形工具，可创建图形，默认情况下为五边形。单击【选项】按钮即弹出【工具设置】对话框，如图 2-27 所示。

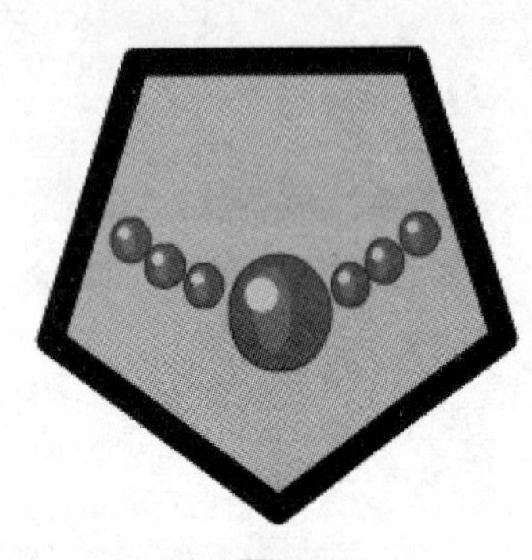

图2-25

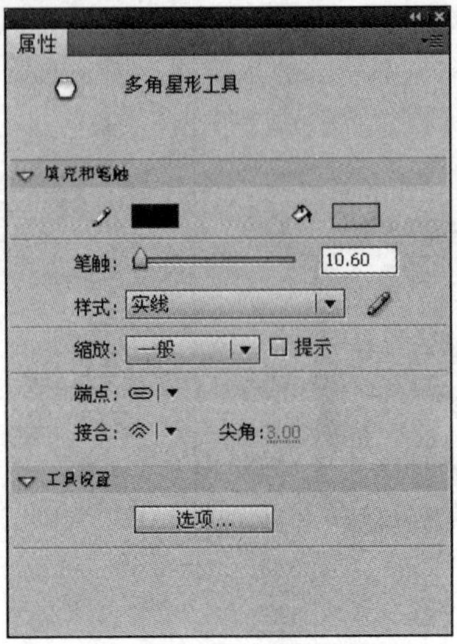

图2-26

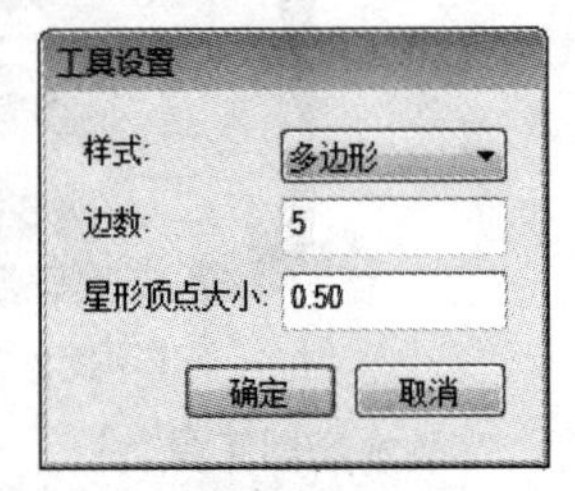

图2-27

在【样式】下拉菜单中可选择多边形和星形，在【边数】文本框输入数据确定形状的边数，可显示效果的数值范围为 3 ～ 32。还可以在选择星形时，通过改变星形顶点大小数值来改变星形的形状。星形顶点大小只针对星形样式有作用。如图 2-28 所示为 7 边形、图 2-29 所示为 12 角星形。

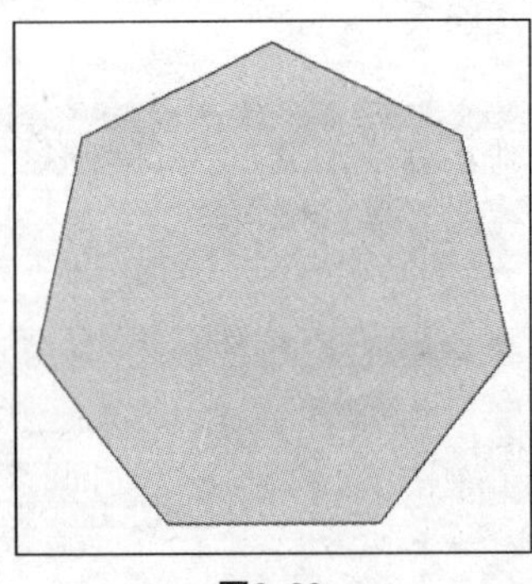

图2-28

图2-29

使用选择工具选择多边形或星形时，可在【属性】面板中进一步修改形状或指定填充和笔触颜色。

2.3.6 刷子工具

刷子工具可以在画面上绘制出具有一定笔触效果的特殊填充。它和橡皮擦工具类似，具有非常独特的编辑模式。

在中文版 Flash CS5 中，选择工具箱中的刷子工具或按【B】键都可以调用刷子工具。在刷子工具的选项区中，除了【对象绘制】按钮和【锁定填充】按钮以外，还包括【刷子模式】、【刷子大小】和【刷子形状】3 个功能按钮。单击【刷子模式】按钮，可以在弹出的下拉菜单中选择一种涂色模式，如图 2-30 所示；单击【刷子大小】按钮，可以在弹出的下拉菜单中选择刷子的大小，如图 2-31 所示；单击【刷子形状】按钮，可以在弹出的下拉菜单中选择刷子的形状，如图 2-32 所示。

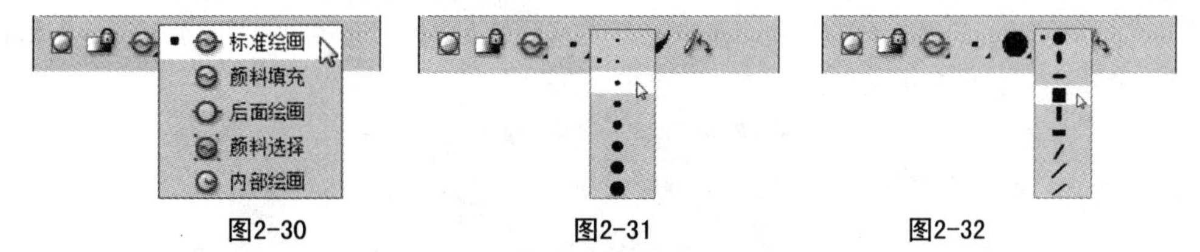

图2-30　　图2-31　　图2-32

单击【刷子模式】按钮，弹出【刷子模式】下拉菜单，在该下拉菜单中，各命令的含义如下。

（1）标准绘画：使用该模式绘图，在笔刷所经过的地方，线条和填充全部被笔刷填充所覆盖。

（2）颜料填充：使用该模式只能对填充部分或空白区域填充颜色，不会影响对象的轮廓。

（3）后面绘画：使用该模式可以在舞台上同一层中的空白区域填充颜色，不会影响对象的轮廓和填充部分。

（4）颜料选择：使用该模式时必须要先选择一个对象，然后使用刷子工具在该对象所占有的范围内填充（选择的对象必须是打散后的对象）。

（5）内部绘画：该模式分为 3 种状态。当刷子工具的起点和结束点都在对象的范围以外时，刷子工具填充空白区域；当起点和结束点当中有一个在对象的填充部分以内时，则填充刷子工具所经过的填充部分（不会对轮廓产生影响）；当刷子工具的起点和结束点都在对象的填充部分以内时，则填充刷子工具所经过的填充部分。

2.3.7　喷涂刷工具

喷涂刷工具位于刷子工具的下拉菜单中。使用【喷涂刷工具】在舞台中绘制了图形后，双击这个图形会发现它是由组构成的，如图 2-33 所示。

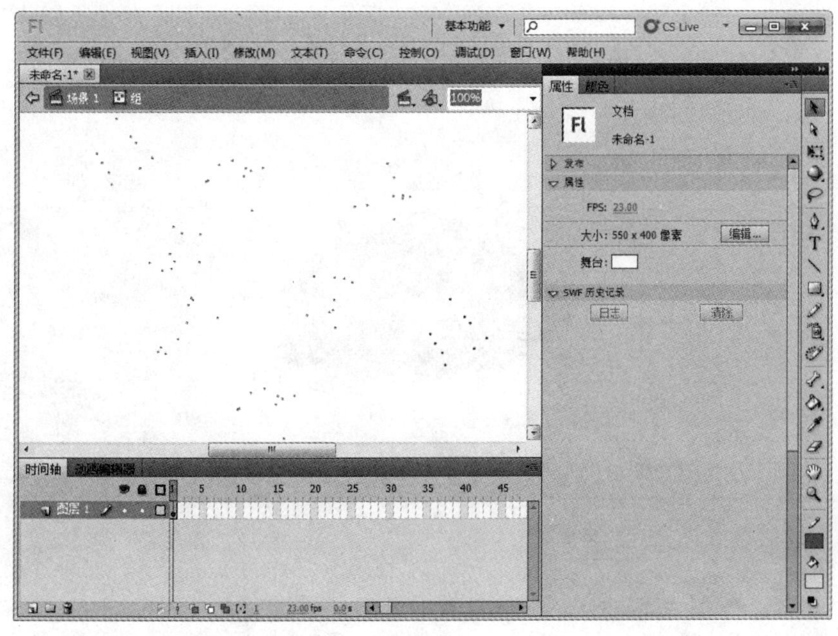

图2-33

既然组可以作为【喷涂刷工具】的绘画元素，那么Flash软件中的图形元件和影片剪辑元件同样可以作为【喷涂刷工具】的元素而使用。

打开元件列表，可以看到默认情况下【喷涂刷工具】的【属性】面板是默认形状，如图2-34所示。单击【属性】面板中的【编辑】按钮，会弹出一个【选择元件】文本框，如图2-35所示。选择某个元件后，即可使用喷涂刷工具喷出所选择的元素，在【属性】面板中还可以选择【旋转元件】和【随机旋转】的操作，如图3-36所示。

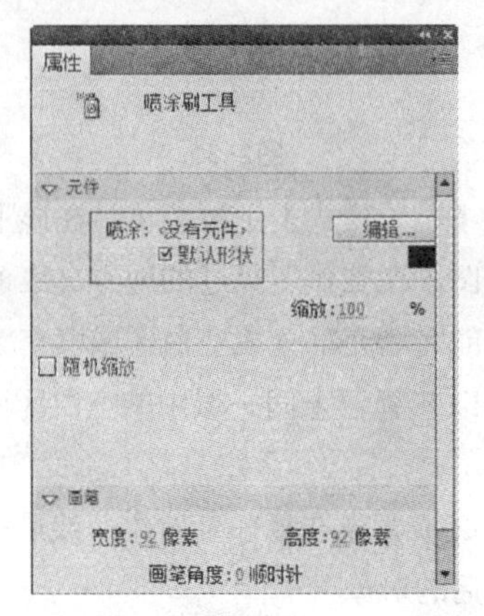

图2-34

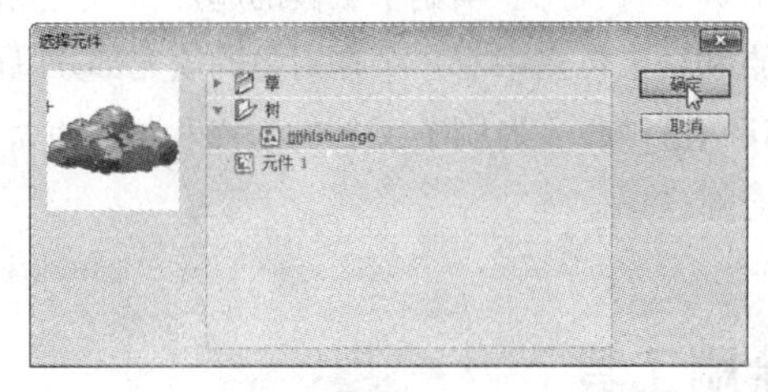

图2-35

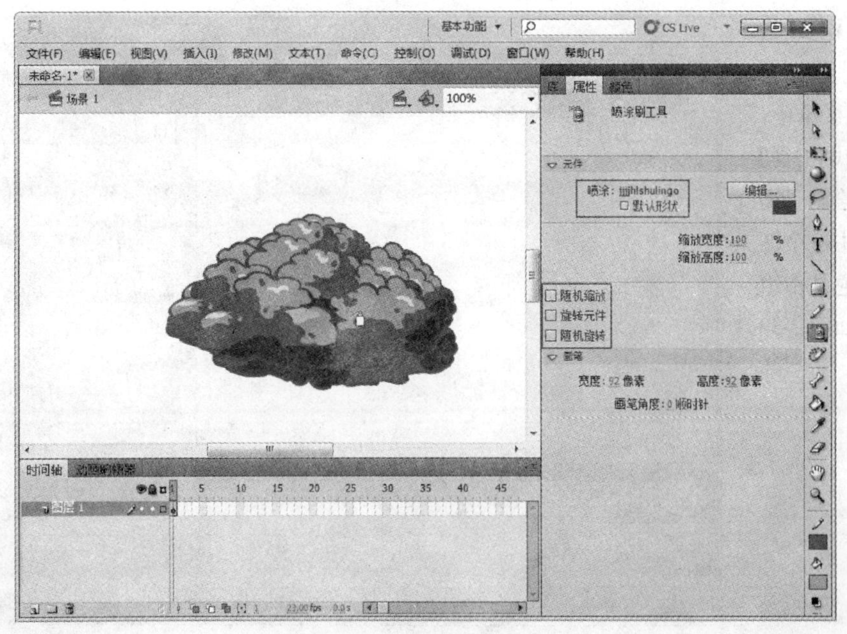

图2-36

2.3.8 Deco 工具

Flash CS5 在 Deco 工具上有了进一步的改进，新增了很多应用效果，如建筑物刷子、粒子系统、树刷子等。使用 Deco 绘画工具，可以对舞台上的选定对象应用效果。在选择 Deco 绘画工具后，可以从【属性】面板中选择效果，如图 2-37 所示，然后设置相应的参数，直接在舞台上单击鼠标左键即可绘制图案。

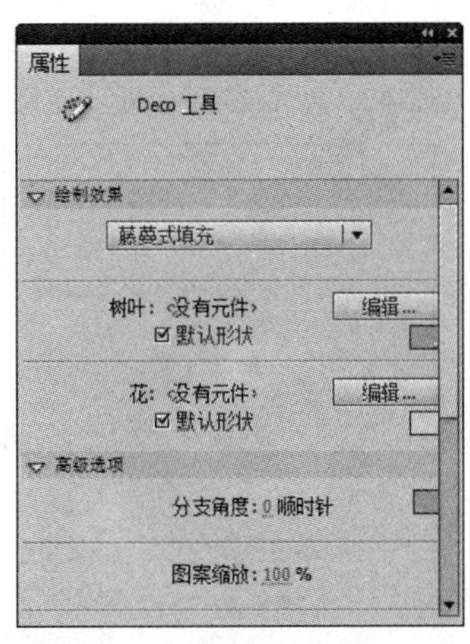

图2-37

使用 Deco 工具可以绘制以下 13 种图案效果，包括藤蔓式填充效果、网格填充效果、对称刷子效果、3D 刷子效果、建筑物刷子效果、装饰性刷子效果、火焰动画效果、火焰刷子效果、花刷子效果、闪电刷子效果、粒子系统、烟动画效果、树刷子效果，并且每种效果都有其高级选项属性，可通过改变高级选项参数来改变效果。由此可见 Flash CS5 的功能非常强大。下面主要介绍前 3 种效果的应用，其他效果可以自己去尝试。

（1）藤蔓式填充效果：利用藤蔓式填充效果，可以用藤蔓式图案填充舞台、元件或封闭区域。如图 2-38 所示为填充舞台的效果。

（2）网格填充效果：使用网格填充效果可创建平铺图案、砖形图案或楼层模式的填充效果。如图 2-39 所示为平铺图案的填充效果。

（3）对称刷子效果：可使用对称效果来创建圆形用户界面元素（如模拟钟面或刻度盘仪表）和旋涡图案。对称效果的默认元件是 25 像素 ×25 像素、无笔触的黑色矩形形状。如图 2-40 所示为调整颜色后绘制出的图案。

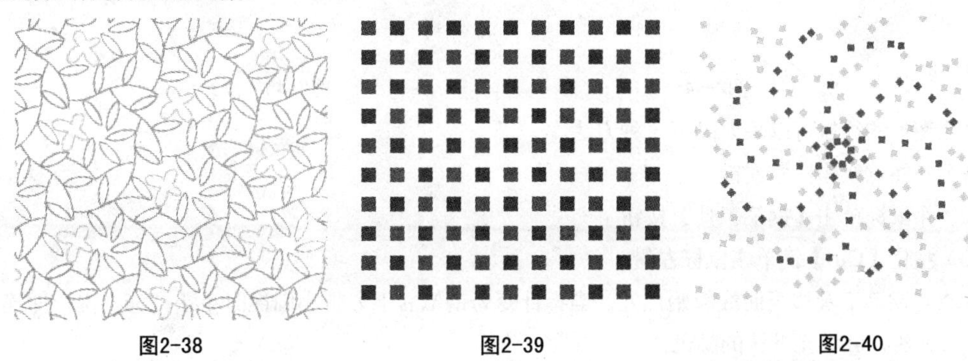

图2-38　　图2-39　　图2-40

2.3.9 钢笔工具

在 Flash CS5 中，要绘制精确的路径（如直线或平滑流畅的曲线），可使用钢笔工具。使用钢笔工具绘画时，在工作区中单击鼠标左键可以创建直线段上的点，而拖曳鼠标指针可以创建曲线段上的点，并且可以通过调整线条上的点来调整直线段和曲线段。

选择工具箱中的钢笔工具或按【P】键均可调用钢笔工具。钢笔工具可以对绘制的图形具有非常精确的控制，并对绘制的节点、节点的方向点等都可以很好地控制，因此，钢笔工具适合于喜欢精准设计的人员。如图 2-41、图 2-42、图 2-43 所示即为使用钢笔工具所绘制的 3 种图形。

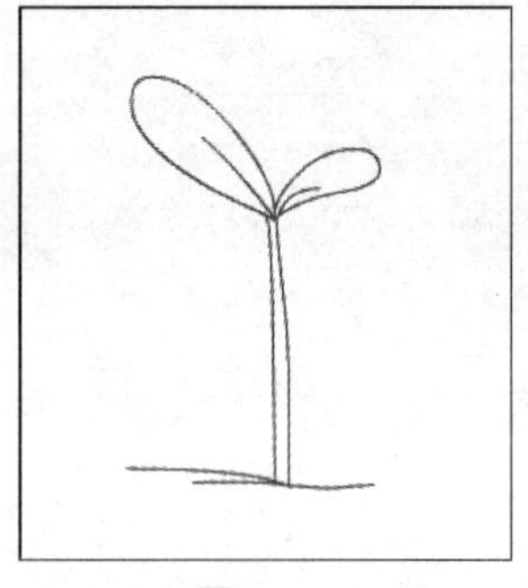
图2-41

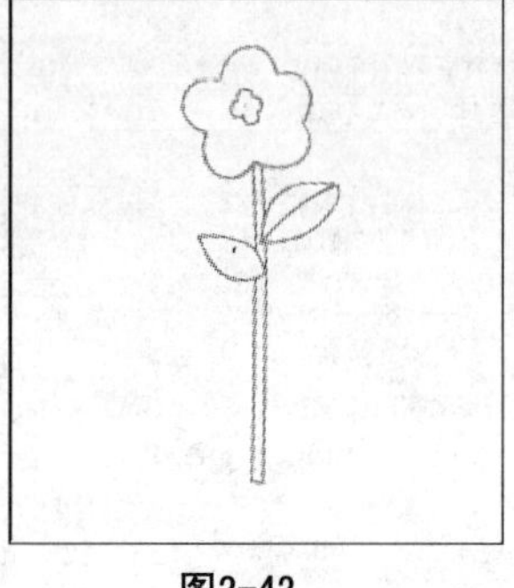
图2-42

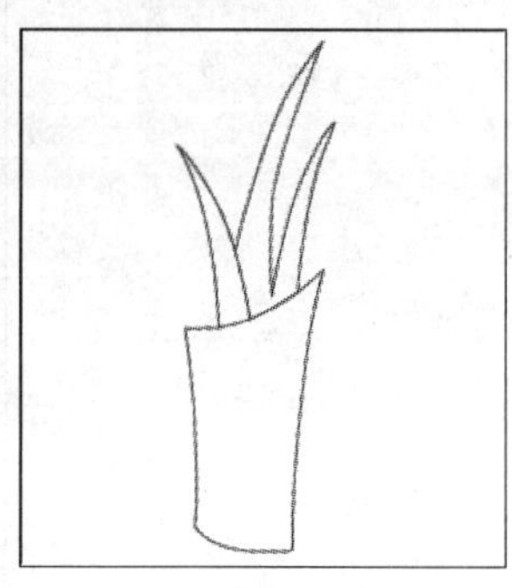
图2-43

钢笔工具主要用于常见复杂的曲线条。它除了具有绘制图形的功能外，使用它还可以进行路径节点的编辑工作，如调整路径、增加节点、将节点转化到角点以及删除节点等。

1. 画直线

选择【钢笔工具】后，每单击一下鼠标左键，就会产生一个锚点，并且同前一个锚点自动用直线连接，如图 2-44 所示。在绘制的同时，如果按下【Shift】键，则将线段约束为 45° 的倍数方向上生成的锚点，如图 2-45 所示。

图2-44

图2-45

结束图形的绘制可以采取以下 3 种方法。

（1）在终点双击鼠标左键；

（2）用鼠标单击【钢笔工具】按钮；

（3）按住【Ctrl】键单击鼠标左键。

如果将钢笔工具移至曲线起始点处，当指针变为钢笔右下方带小圆圈时单击鼠标左键，即连成一个闭合曲线，并填充默认的颜色。

2. **画曲线**

钢笔工具最强的功能在于绘制曲线。在添加新的线段时，在某一位置按下鼠标左键后不要松开，拖曳鼠标，新的锚点与前一锚点之间将用曲线相连，并且显示控制曲率的切线控制点。如图 2-46、图 2-47 所示。

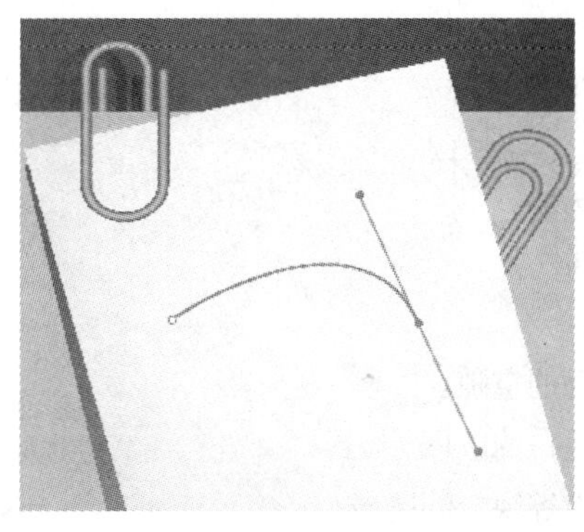

图2-46

图2-47

3. **曲线点与角点转换**

若要将转角点转换为曲线点，使用【部分选取工具】选择该点，然后按住【Alt】键拖曳该点来放置切线手柄；若要将曲线点转换为转角点，可用【钢笔工具】单击该点。

4. **添加锚点**

若要绘制更加复杂的曲线，则需要在曲线上添加一些锚点。选择【择钢笔工具】展卷栏中的【添加锚点工具】，笔尖对准要添加锚点的位置，当指针的右上方出现一个加号标志时，单击鼠标左键，则可添加一个锚点。

5. **删除锚点**

删除锚点时，钢笔的笔尖对准要删除的锚点，当指针的下面出现一个减号标志时，表示可以删除该点，单击鼠标左键即可删除锚点。

删除曲线点时，用钢笔工具单击一次该曲线，将该曲线点转换为角点，再单击一次，将该点删除。在钢笔工具的【属性】面板中，同样可以设置其属性，类似于线条工具属性设置。

2.4　颜色工具及面板

调整对象色彩是处理和绘制图像过程中非常重要的一步。在 Flash CS5 中，可用于添加和修改图形对象颜色的工具包括颜料桶工具、墨水瓶工具和滴管工具等。下面将分别对这些工具的使用方法进行介绍。

2.4.1　颜料桶工具

颜料桶工具可以用于给工作区内有封闭区域的图形填色。无论是空白区域还是已有颜色的区域，它都可以填充。如果进行恰当的设置，颜料桶工具还可以给一些没有完全封闭但接近封闭的图形区域填充颜色。

在 Flash CS5 中，选择工具箱中的颜料桶工具或按【K】键都可以调用该工具。此时，工具箱的选项区中除了有【锁定填充】按钮之外，还有一个【空隙大小】按钮，单击该按钮右下角的小三角形，在弹出的下拉菜单中涵盖了用于设置空隙大小的 4 种模式，如图 2-48 所示。

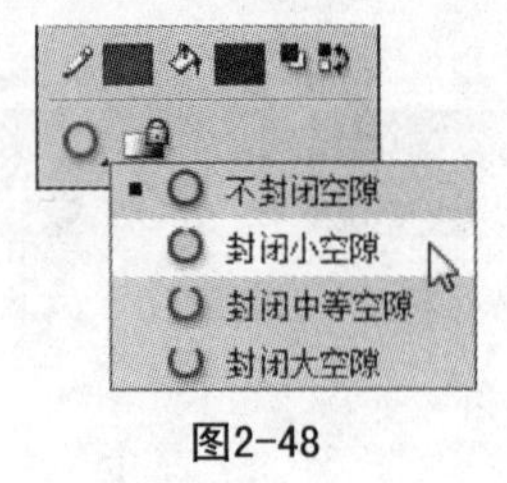

图2-48

在上图所示的下拉菜单中，各命令的含义如下。

（1）不封闭空隙：选择该命令，只填充完全闭合的空隙。

（2）封闭小空隙：选择该命令，可填充具有小缺口的区域。

（3）封闭中等空隙：选择该命令，可填充具有中等缺口的区域。

（4）封闭大空隙：选择该命令，可填充具有较大缺口的区域。

单击【锁定填充】按钮，当使用渐变填充或者位图填充时，可以将填充区域的颜色变化规律锁定，作为这一填充区域周围的色彩变化规范。

2.4.2 墨水瓶工具

墨水瓶工具可以用于给工作区中的图形绘制一个轮廓或改变形状外框的颜色、线条宽度和样式等。墨水瓶工具只影响矢量图形。

在 Flash CS5 中，选择工具箱中的墨水瓶工具或按【S】键即可调用墨水瓶工具。墨水瓶工具的功能主要用于改变当前线条的颜色（不包括渐变和位图）、尺寸和线型等，或者为无线的填充增加线条。墨水瓶工具用于为填充色描边，其中包括笔触颜色、笔触高度与笔触样式的设置。

1. 为填充色描边

在【属性】面板中设置笔触颜色为彩虹色、笔触高度为 5、笔触样式为实线，在场景中光标变成墨水瓶的样子，在需要描边的填充色上方单击鼠标左键，即可为填充色描边。描边前后的效果分别如图 2-49 和图 2-50 所示。

图2-49

图2-50

2. 改变笔触样式、颜色

在【属性】面板中重新设置笔触颜色、笔触高度和笔触样式，在包含边框的填充色上方单击鼠标左键，即可改变当前笔触样式。

3．**为文字描边**

在【属性】面板中设置笔触颜色、笔触高度和笔触样式，在打散的文字上方单击鼠标左键，即可为文字描边，描边前后的效果分别如图 2-51 和图 2-52 所示。

福星高照

图2-51

图2-52

2.4.3　滴管工具

滴管工具用于提取与绘制图形中的线条或填充色具有相同属性的图形以及位图中的各种 RGB 颜色，不但可以用来确定渐变填充色，还可以将位图转换为填充色。滴管工具类似于经常用到的格式刷，可以使用滴管工具获得某个对象的笔触和填充颜色属性，并且可以立刻将这些属性应用其他对象上。

选择工具箱中的滴管工具或按【I】键都可以调用该工具。滴管工具采用的样式一般包含笔触颜色、笔触高度、填充颜色和填充样式等。在将吸取的渐变色应用于其他图形时，必须先取消【锁定填充】按钮的选中状态，否则填充的将是单色。

1．**提取线条属性**

选取滴管工具，当光标靠近线条时单击鼠标左键，即可获得所选线条的属性，此时光标变成墨水瓶的样子，如果再单击另一个线条，即可改变这个线条的属性。

2．**提取填充色属性**

选取滴管工具，当光标靠近填充色时单击鼠标左键，即可获得所选填充色的属性，此时光标变成墨水瓶的样子，如果再单击另一个填充色，即可改变这个填充色的属性。

3．**提取渐变填充色属性**

选取滴管工具，在渐变填充色上方单击鼠标左键，提取渐变填充色，此时在另一个区域中单击即可应用提取的渐变填充色。

如果发现图形只被一种颜色填充，是因为锁定填充选项被自动激活，所以渐变填充色会延续上一个填充色的效果，此时单击工具箱选项组中的【锁定填充】按钮，取消锁定，再次填充渐变色即可。

4．**位图转换为填充色**

滴管工具不但可以吸取位图中的某个颜色，而且可以将整幅图片作为元素，填充到图形中，用位图填充图形的方法有两种，既可以利用颜色面板，又可以利用滴管工具，但效果有所不同。

2.5　选择对象的工具

Flash 软件提供了多种选择对象的方法，选取对象主要是使用工具箱中的【选择工具】、【部分选取工具】和【套索工具】进行选取。当要选择一个整体对象时，可以使用【选择工具】

；当要选择对象的节点时，可以使用【部分选取工具】；当要选择打散对象的某一部分时，可以使用【套索工具】。

2.5.1 选择工具

选择工具箱中的选择工具或按【V】键均可调用该工具。选择工具主要用来选择物体，可以选择任何对象，还可以同时选择一个或多个对象，包括形状、组、文字、实例和位图等。

使用选择工具可以选择单个对象也可以同时选择多个对象，具体有以下 3 种方法。

Step 01 选择单个对象：使用选择工具，在要选择的对象上单击鼠标左键即可。

Step 02 选择多个对象：先选取一个对象，按住【Shift】键不放，然后依次单击每个要选取的对象，或按住鼠标左键拖曳出一个矩形范围，将要选择的对象都包含在矩形范围内，选择前后的状态分别如图 2-53 和图 2-54 所示。

图2-53

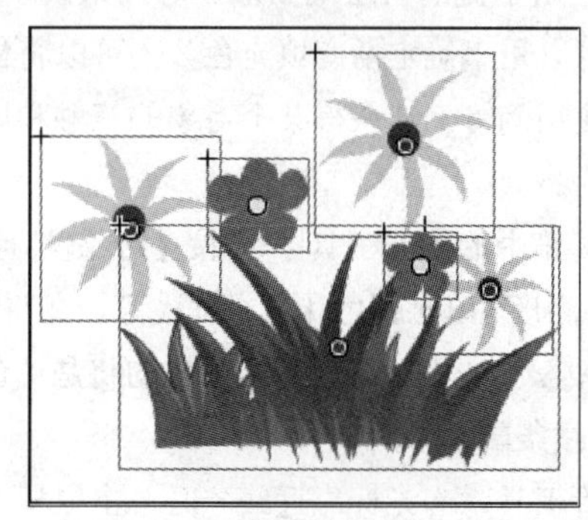
图2-54

Step 03 双击选择图形：对于包含填充和线条的图形，在对象上双击鼠标左键即可将其选择，如图 2-55 所示；对于连着线条叠在一起的图形，双击鼠标左键即可选择所有线条，如图 2-56 所示。

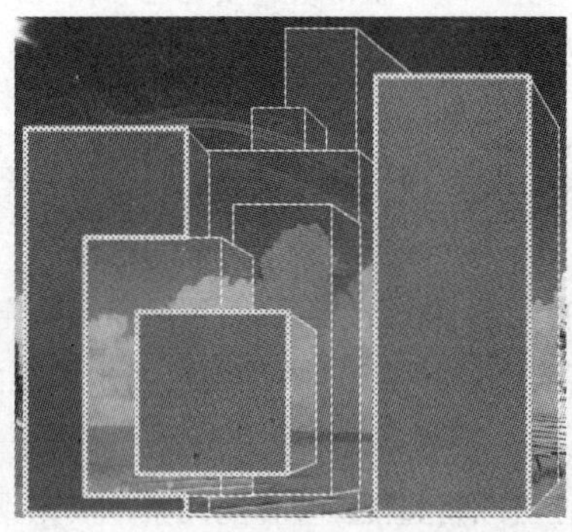
图2-55

图2-56

2.5.2 部分选取工具

在中文版 Flash CS5 中，【部分选取工具】通过对路径上的控制点进行选取、拖曳、调整路径方向及删除节点等操作，完成对矢量图的编辑。选择工具箱中的【部分选取工具】或按【A】键，即可调用该工具。【部分选取工具】用于选择矢量图形上的节点，即以贝塞尔曲线方式编辑对象的轮廓。用部分选取工具选择对象后，该对象周围将出现许多节点，可以用于选择线条、移动线条和编辑锚点以及方向锚点等，选取前后的效果分别如图 2-57 和图 2-58 所示。

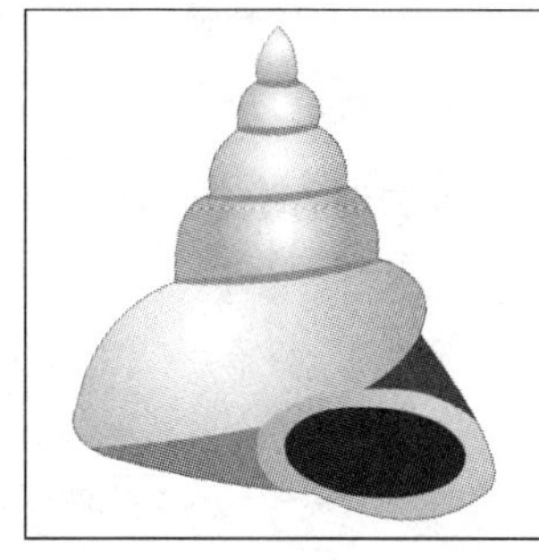

图2-57

图2-58

使用部分选取工具也要注意在不同情况下鼠标指针的含义及作用，这样有利于用户快捷地使用部分选取工具。

（1）当鼠标指针移到某个节点上时，鼠标指针变为形状，这时按住鼠标左键拖曳可以改变该节点的位置。

（2）当鼠标指针移到没有节点的曲线上时，鼠标指针变为形状，这时按住鼠标左键拖曳可以移动整个图形的位置。

（3）当鼠标指针移到节点的调节柄上时，鼠标指针变为形状，按住鼠标左键拖曳可以调整与该节点相连的线段的弯曲程度。

2.5.3 套索工具

套索工具主要用于选取不规则的物体，选择套索工具后，在工具栏的下方将出现三个按钮，分别是【魔术棒】按钮、【魔术棒设置】按钮和【多边形模式】按钮，如图 2-59 所示。

在进行实际的操作之前，先来了解一下三个按钮的具体含义。

Step01【魔术棒】按钮：该按钮不但可以用于沿对象轮廓进行较大范围的选取，还可对色彩范围进行选取。

Step02【魔术棒设置】按钮：该按钮主要对魔术棒选取的色彩范围进行设置。单击该按钮，弹出【魔术棒设置】对话框，如图 2-60 所示。在该对话框中，“阈值”用于定义选取范围内的颜色与单击处像素颜色的相近程度的数值越大，“平滑”用于指定选取范围边缘的平滑度。

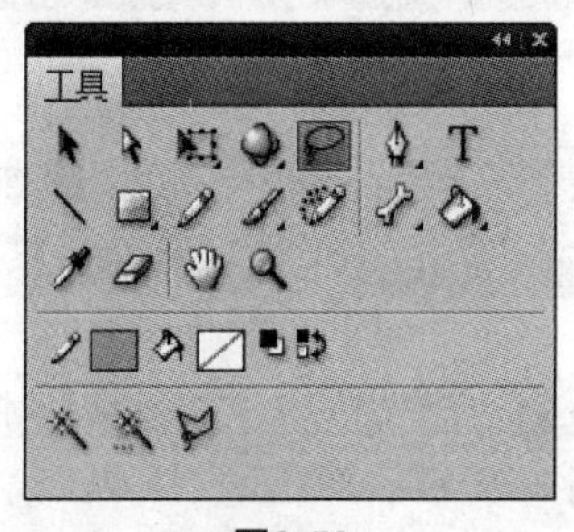

图2-59

图2-60

Step03“多边形模式”按钮：该按钮主要用于对不规则图形进行比较精确的选取。

2.6 综合案例——绘制居室

学习目的

能够熟练使用各绘图工具和颜色填充工具。通过对本案例的学习，将对 Flash 软件有更深一步的认识，并对其强大功能有初步的感悟。

重点难点

- 绘图工具的使用
- 各种图形和形状的绘制
- 各种模块的颜色填充

本实例效果如图 2-61 所示。

图2-61

操作步骤

Step 01 新建文件，执行【修改】>【文档】命令，在弹出的【文档设置】对话框中设置【尺寸】为 550 像素 ×400 像素，单击【确定】按钮，如图 2-62 所示。

Step 02 将“图层 1”重命名为“BG”。将“背景 .jpg”导入到【库】面板，然后从【库】面板拖曳至舞台上，调整其大小使之布满舞台区域，如图 2-63 所示。

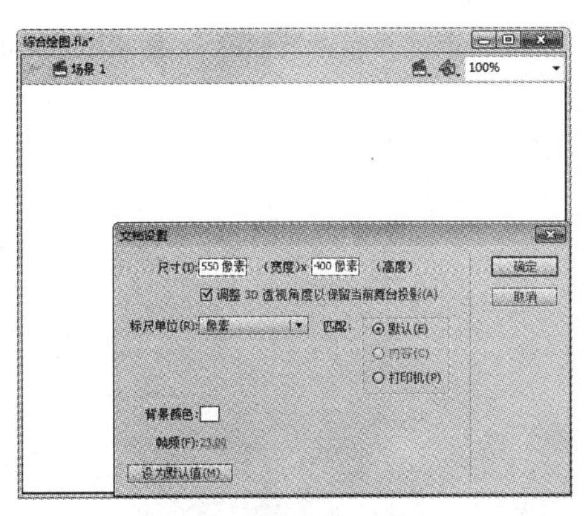

图2-62

图2-63

Step 03 将“BG”图层锁定，然后在“BG”图层上新建图层“屋顶”。使用线条工具在编辑区域绘制屋顶的轮廓，并利用选择工具对其进行修改，如图 2-64 所示。

Step 04 使用颜料桶工具对屋顶轮廓的各个部分填充如图 2-65 所示的颜色。选中整个屋顶，按快捷键【F8】将屋顶转换为图形元件“屋顶”。

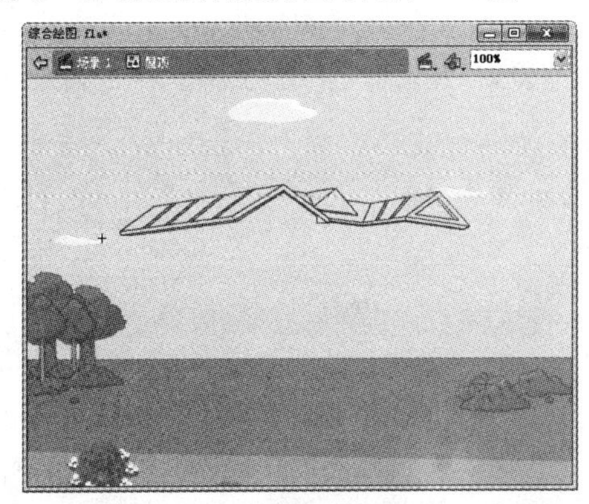

图2-64

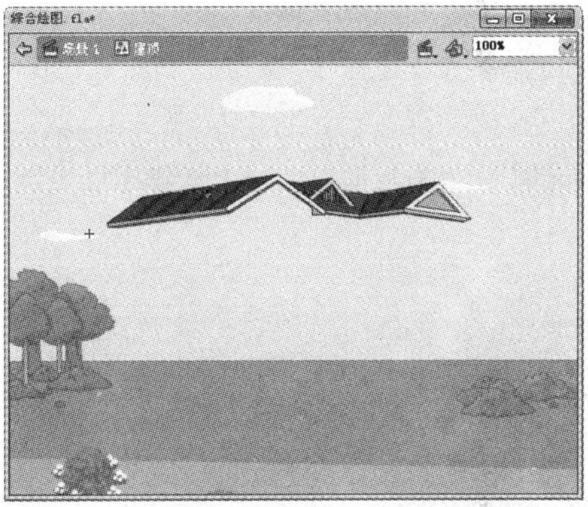

图2-65

Step 05 将“屋顶”图层显示为轮廓，然后在“屋顶”图层上新建图层“墙壁”。使用线条工具绘制墙壁的轮廓，如图 2-66 所示。

Step 06 使用颜料桶工具对墙壁轮廓的各个部分填充如图 2-67 所示的颜色。选中整个墙壁，然后将其转换为图形元件“墙壁”。

图2-66

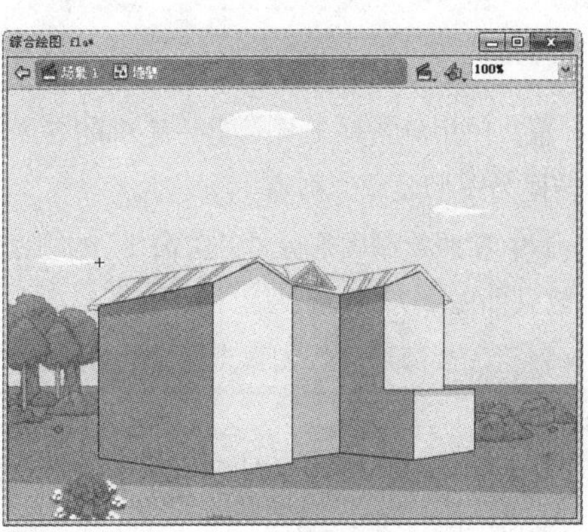

图2-67

Step 07 将“墙壁”图层锁定，然后再“墙壁”图层上新建图层“方形窗”。使用线条工具在墙壁上绘制窗户的轮廓，如图 2-68 所示。

Step 08 使用颜料桶工具对窗户轮廓的各个部分填充如图 2-69 所示的颜色。选中整个窗户，然后将其转换为图形元件“方形窗 1”。

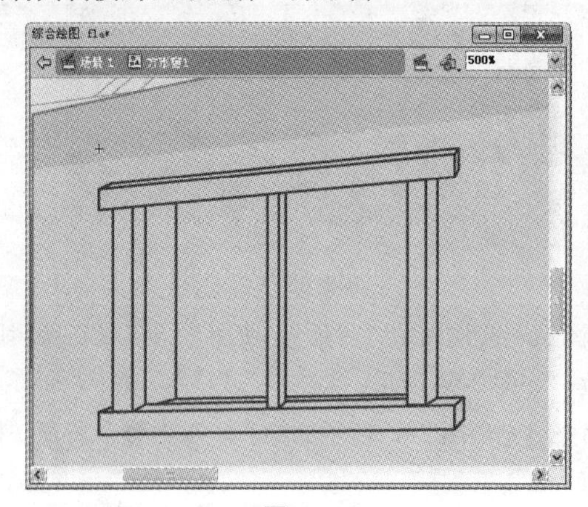

图2-68

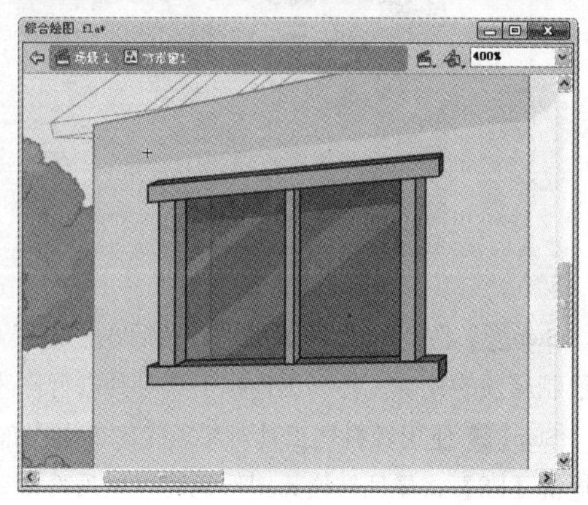

图2-69

Step 09 参照上述操作，继续绘制图形元件“方形窗 2”和图形元件“方形窗 3”，效果如图 2-70 所示。

Step 10 在“方形窗”图层上新建图层“圆形窗”。使用钢笔工具绘制圆形窗的轮廓，如图 2-71 所示。

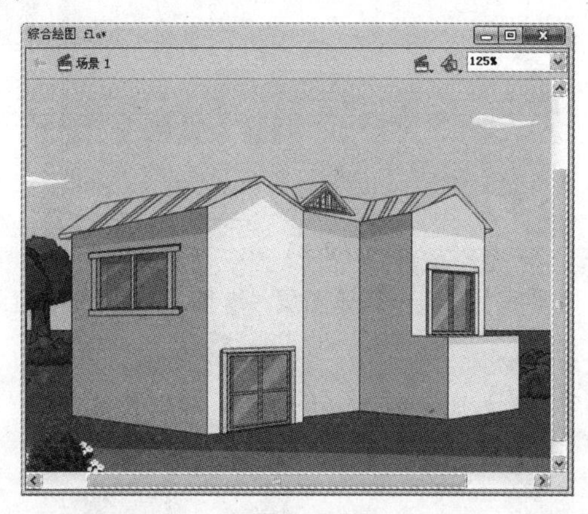

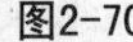

图2-70

图2-71

Step 11 使用颜料桶工具对窗户轮廓的各个部分填充如图 2-72 所示的颜色。选中整个窗户，然后将其转换为图形元件“圆窗 1”。

Step 12 参照绘制图形元件“圆窗 1”的方法，继续绘制元件“圆窗 2”、元件“圆窗 3”和元件“圆窗 4”，效果如图 2-73 所示。

Step 13 在“圆形窗”图层上新建图层“中间层”。使用线条工具在阳台位置栅栏的轮廓，如图 2-74 所示。

Step 14 使用颜料桶工具对栅栏轮廓的各个部分填充如图 2-75 所示的颜色。选中整个栅栏，然后将其转换为图形元件“阳台”。

图2-72

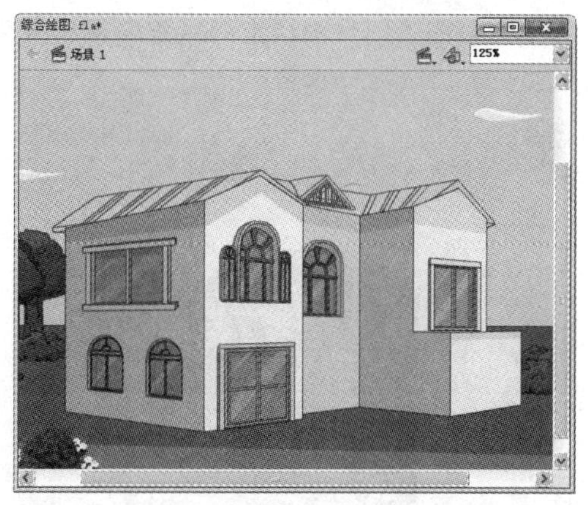

图2-73

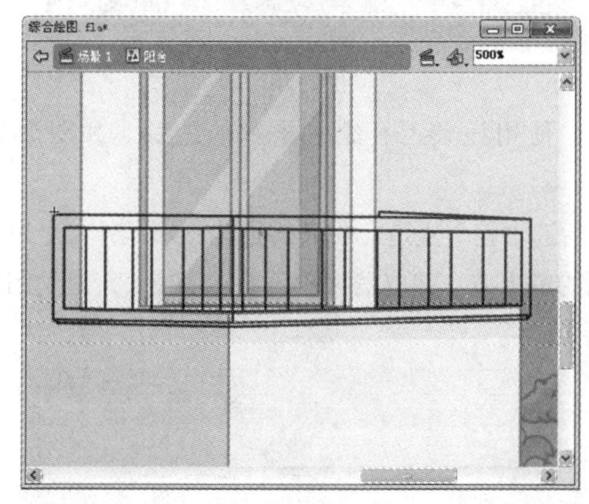

图2-74

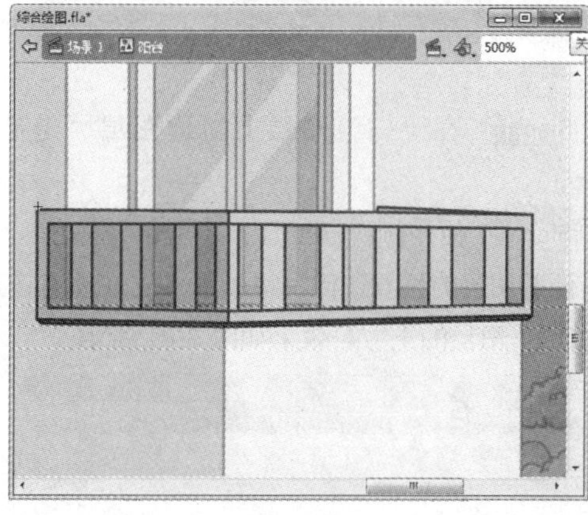

图2-75

Step 15 在“中间层”图层上继续绘制屋檐和墙棱，并为其填充颜色，效果如图 2-76 所示。

Step 16 在“中间层”图层上新建图层“门”。使用线条工具和钢笔工具绘制大门的轮廓，并利用选择工具对其修改和调整。如图 2-77 所示。

图2-76

图2-77

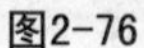

Step 17 使用颜料桶工具对大门轮廓的各个部分填充如图 2-78 所示的颜色。选中整个栅栏，然后将其转换为图形元件“大门”。

Step 18 在"门"图层上继续绘制图形元件"仓库门"，并为其填充颜色，效果如图 2-79 所示。

图2-78

图2-79

Step 19 在"门"图层上新建图层"走道"，使用线条工具绘制走道的轮廓，如图 2-80 所示。

Step 20 使用颜料桶工具为走道填充颜色，然后选中整个走道，将其转换为图形元件"走道"。最后调整图层的位置，使"屋顶"图层在所有图层的最上方，并取消其轮廓显示；使"走道"图层在"BG"图层的上方。效果如图 2-81 所示。

图2-80

图2-81

2.7 经典商业案例赏析

利用已有元素创作动画使得 Flash 动画制作变得简单快捷，并且让动画效果更加真实唯美。Flash 动画已广泛应用于化妆品广告中，其优势一目了然。如图 2-82 所示为韩国的一款化妆品广告，它带给人一种清爽自然的视觉感受。

图2-82

2.8　课后练习

一、选择题

1. 在 Flash 中，以下何种图形无论放大或缩小多少，都有一样平滑的边缘，一样的视觉细节和清晰度。（ ）

A.JPG 图片　　B. 高清图片　　C. 矢量图　　D. 位图

2.Flash 转换到铅笔工具按（ ）键。

A.R　　B.Y　　C.K　　D.O

3. 在 Flash 中，绘制椭圆之前或在绘制过程中，按住（ ）键可以绘制正圆。

A.Ctrl　　B.Alt　　C.Shift　　D.Alt+Shift

4. 在颜料桶工具的选项区中，“空隙大小”按钮下的（ ）模式可填充具有小缺口的区域。

A. 不封闭空隙　　B. 封闭小空隙　　C. 封闭中等空隙　　D. 封闭大空隙

5. 在 Flash CS5 中，使用 Deco 工具不可以绘制以下何种图案效果。（ ）

A.3D 刷子效果　　B. 装饰性刷子效果　　C. 粒子系统　　D. 雨动画效果

二、填空题

1.________ 是构成图像的最小单位，是图像的基本元素。

2. 在 Flash 中，可以用来绘制填充图形的工具有 ________、________ 和 ________。

3. 与 Flash CS4 相比，CS5 版本中 Deco 工具应用效果增加了 ________ 种。

4. 在中文版 Flash CS5 中，铅笔工具的 3 种绘图模式为 ________、________ 和 ________。

5.________工具的功能主要用于改变当前的线条的颜色（不包括渐变和位图）、尺寸和线型等，或者为无线的填充增加线条。

三、上机操作题

1. 用 Flash 工具箱中的工具绘制以下图形。

2. 使用绘图工具和颜色工具绘制下面的图形并填充颜色。

第3章 时间轴与图层

时间轴与图层是 Flash 动画制作中的重要组成部分。本章将主要学习时间轴的构成，帧的分类与编辑，图层的创建与编辑，引导动画、遮罩动画和逐帧动画的创建等内容。通过本章的学习，用户也可以制作出效果绚丽、幽默动人的动画作品。

本章知识要点

- Flash 的动画原理
- 时间轴和帧的应用
- 帧的各种编辑与操作
- 图层的分类与管理
- 图层的创建与编辑

3.1 Flash的动画原理

动画是通过迅速且连续地呈现一系列图像（形）来获得的。由于这些图像在相邻之间有较小的变化（包括方向、位置及形状等的变化），所以会形成动态效果。本节将对 Flash 的动画原理进行介绍。

1. 动画的视觉原理

动画的基本原理与电影、电视一样，都是利用了人眼的视觉暂留特性。实验证明，如果动画或电影每秒播放 24 幅画面左右，人眼看到的就是连续的画面。实际上，在舞台上看到的第一帧是静止的画面，只有在播放头以一定的速度沿各帧移动时，才能从舞台上看到动画效果。如图 3-1 所示为恐龙走路的运动轨迹。

图3-1

2. 动画的构成规则

（1）动画的构成规则包括以下 3 点。

- 动画由多画面组成，并且画面必须连续。
- 画面之间的内容必须存在差异。
- 画面表现的动作必须连续，即后一幅画面是前一幅画面的继续。

（2）动画的表现规则包括以下 3 点。

- 在严格遵循运动规律的前提下，可进行适度的夸张和发展。
- 动画节奏的掌握以符合自然规律为主要标准。
- 动画的节奏通过画面之间物体相对位移量进行控制。

（3）传统动画的性质可以理解为：传统动画由多幅画面构成，每个画面都需要占用至少一帧，在时间轴上成为“帧动画”。如图 3-2 所示为飞机的各个飞行角度，每个角度都需要一个不同的画面，也就需要给每个角度插入一帧，使其互不干扰。

图3-2

（4）传统动画的分类包括以下 2 点。

- 全动画：为追求画面完美和动作流畅，按照 24 帧 /s 制作的动画。
- 半动画：又名“有限动画”。为追求经济效益，按照 6 帧 /s 制作的动画。

（5）动画的时间特性包括以下 3 点。

- 动作的发展按照时间发生的顺序进行。
- 与自然现象一致的运动节奏。
- 遵守自然规律，可有限地夸张。

（6）若要掌握动画的节奏，需注意以下 2 点。

- 利用各帧之间的位置差控制动画节奏。

● 自然规律和有限的夸张是动作节奏的依据。

如图 3-3 所示为石头落地的节奏。

图3-3

3.2 时间轴和帧

时间轴上的小格子就是帧，它是构成动画作品的基本单位。每一个精彩的 Flash 动画都是由很多个精心雕琢的帧构成的。下面将对 Flash 动画中时间轴和帧的相关知识进行介绍。

3.2.1 时间轴的构成

时间轴用于组织和控制一定时间内的图层和帧中的文档内容。图层和帧中的内容随着时间的改变而发生变化，从而产生了动画。时间轴主要由图层、帧和播放头组成。

在时间轴的左侧为“图层查看”区域，右侧为“帧查看”区域。时间轴顶部的时间轴标题指示帧编号。播放头指示当前在舞台中显示的帧。播放文档时，播放头从左向右通过时间轴。在时间轴底部显示的时间轴状态指示所选的帧编号、当前帧速率及到当前帧为止的运行时间。

时间轴面板是创建动画的基础面板，如图 3-4 所示。执行【窗口】>【时间轴】命令，或按下【Ctrl+Alt+T】组合键，可打开或隐藏【时间轴】面板。

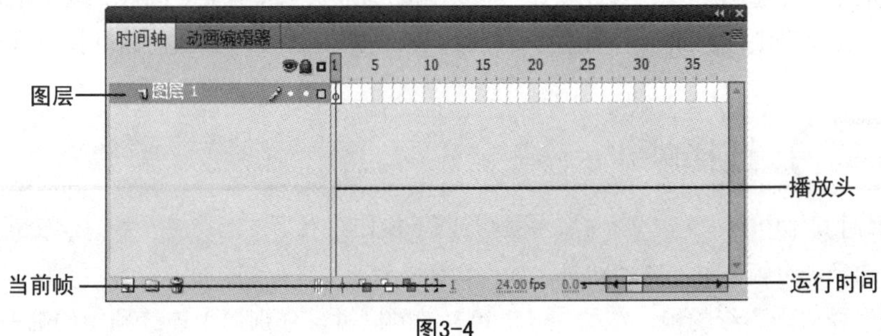

图3-4

在【时间轴】面板中，各主要选项的含义如下。

● 图层：可以在不同的图层中放置相应的对象，从而产生层次丰富、变化多样的动画效果。

● 播放头：用于表示动画当前所在帧的位置。

● 关键帧：指时间轴中用于放置对象的帧，黑色的实心圆表示已经有内容的关键帧，空心圆表示没有内容的关键帧，也称为空白关键帧。

● 当前帧：指播放头当前所在的帧位置。

● 帧频率：指当前动画每秒钟播放的帧数。

● 运行时间：指播放到当前位置所需要的时间。

● 帧标尺：指显示时间轴中的帧所使用时间长度标尺，每一格表示一帧。

3.2.2 帧的类型

帧通常分为普通帧、关键帧和空白关键帧三种类型。在时间轴中不同帧的标识也不同，如图 3-5 所示。

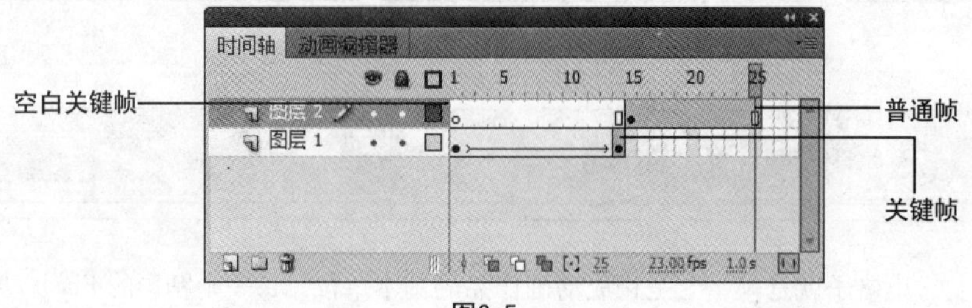

图3-5

● 普通帧：在时间轴上能显示实例对象，但不能对实例对象进行编辑操作的帧。普通帧一般处于关键帧后方，其作用是延长关键帧动画的播放时间。

● 关键帧：顾名思义，有关键内容的帧，即动画在播放过程中呈现关键性动作或关键性内容的帧。不同的关键帧分布在时间轴上，播放时就会呈现出动态的视觉效果。

● 空白关键帧：它是关键帧的一种，它没有任何内容。如果舞台上没有任何内容，那么插入的关键帧相当于空白关键帧。

3.3 编辑帧

通过编辑帧可以确定每一帧中显示的内容、动画的播放状态和播放时间等。编辑帧包括选择帧、插入帧、删除帧、移动帧、复制帧、清除帧、转换帧、翻转帧等操作，下面将对这些操作进行详细介绍。

3.3.1 选择帧

若要选择时间轴中的一个或多个帧，需执行以下操作。

● 若要选择一个帧，单击该帧即可，如图 3-6 所示。

● 若要选择多个连续的帧，在按住【Shift】键的同时，分别选中连续帧中的第一帧和最后一帧即可，如图 3-7 所示。

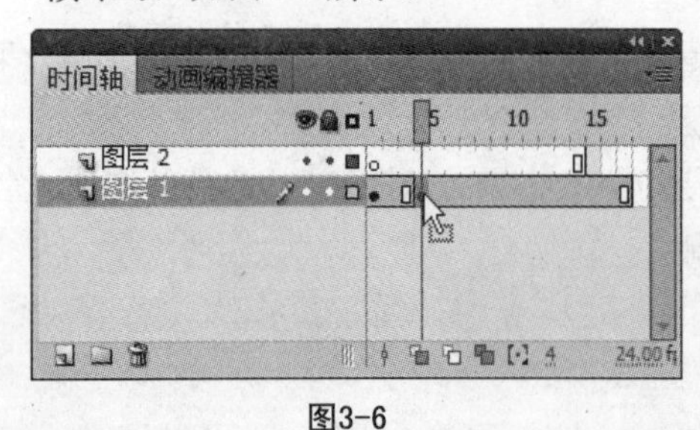

图3-6

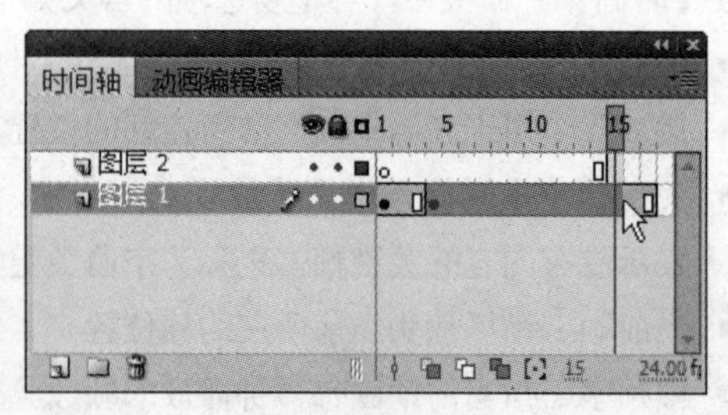

图3-7

- 若要选择多个不连续的帧，按住【Ctrl】键，逐一单击要选择的帧，如图 3-8 所示。
- 若要选择时间轴中的所有帧，执行【编辑】>【时间轴】>【选择所有帧】命令。如图 3-9 所示。

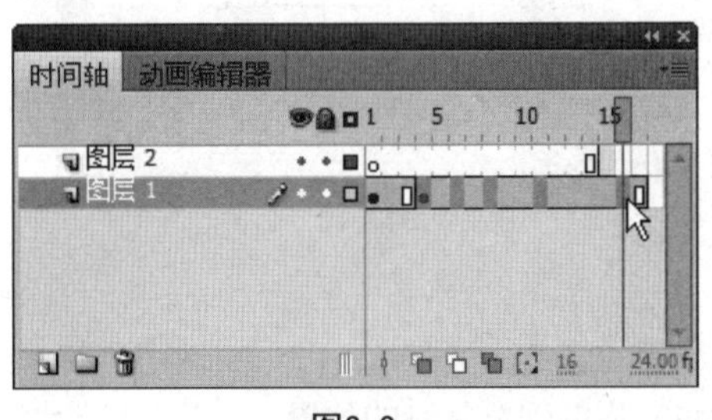

图3-8

图3-9

3.3.2 插入帧

在时间轴中插入帧，需执行以下操作。

- 插入新的帧，执行【插入】>【帧】命令。
- 创建新的关键帧，执行【插入】>【关键帧】命令，或右击要插入关键帧处，在弹出的快捷菜单中执行【插入关键帧】命令。
- 创建新的空白关键帧，执行【插入】>【空白关键帧】命令，或右击要插入空白关键帧处，在弹出的快捷菜单中执行【插入空白关键帧】命令。

3.3.3 删除、移动、复制和清除帧

除了可以执行选择帧、插入帧操作外，还可以删除帧、移动帧、复制帧和清除帧。

1. 删除帧

选中要删除的帧，单击鼠标右键，在弹出的快捷菜单中选择【删除帧】命令即可将帧删除。还可以选中要删除的帧，并按下【Shift+F5】组合键将帧删除。删除帧是去掉当前帧，会使动画少一帧，删除前后的效果分别如图 3-10 和图 3-11 所示。

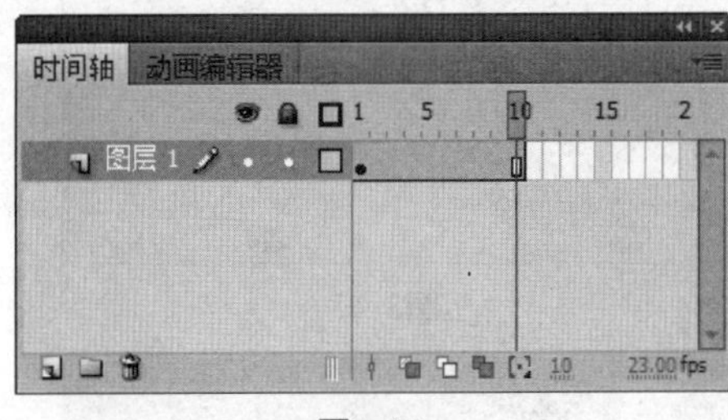

图3-10

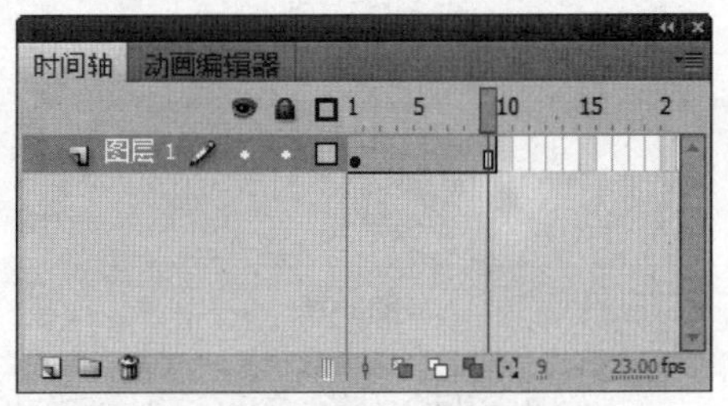

图3-11

2. 移动帧

若要移动帧，直接把该帧拖曳到想要的位置上即可。移动帧前后的效果分别如图 3-12 和图 3-13 所示。

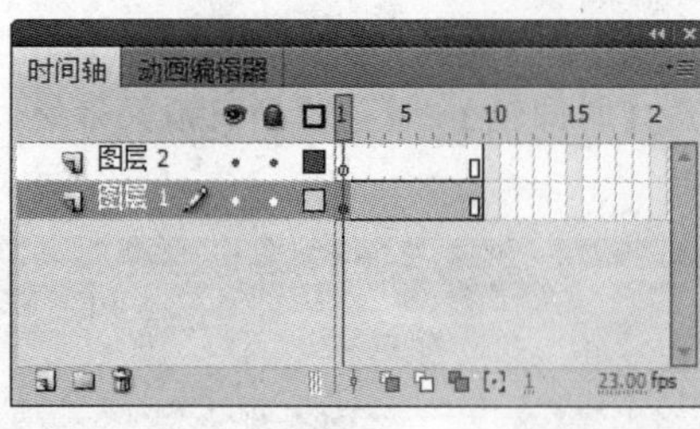

图3-12

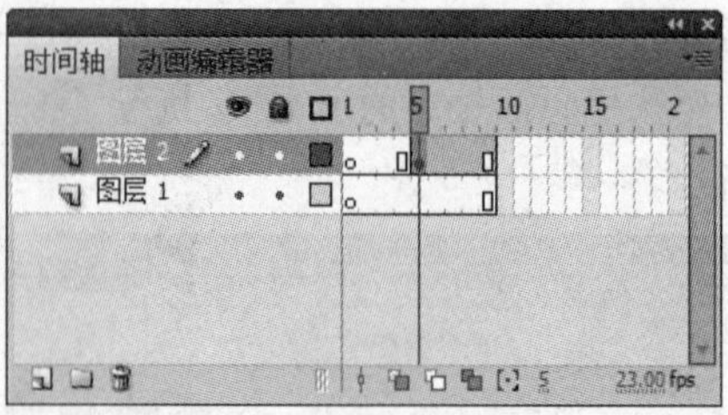

图3-13

3. **复制帧**

在 Flash CS5 中，复制帧的方法有以下两种。

Step 01 选中要复制的帧，然后按住【Alt】键将其拖曳到要复制的位置。

Step 02 在时间轴中选中要复制的帧，单击鼠标右键，在弹出的快捷菜单中选择【复制帧】命令。复制帧前后的效果分别如图 3-14 和图 3-15 所示。

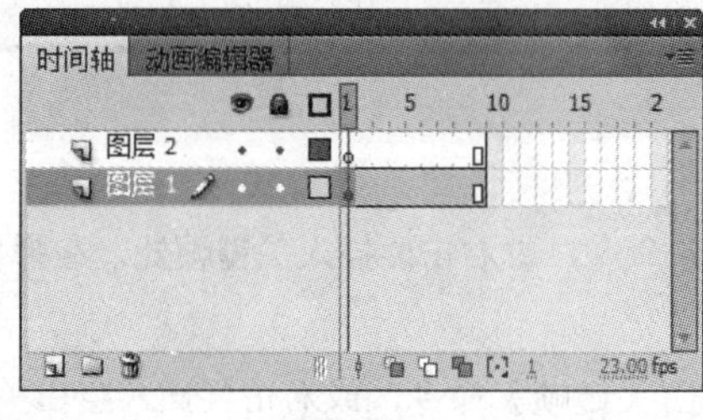

图3-14

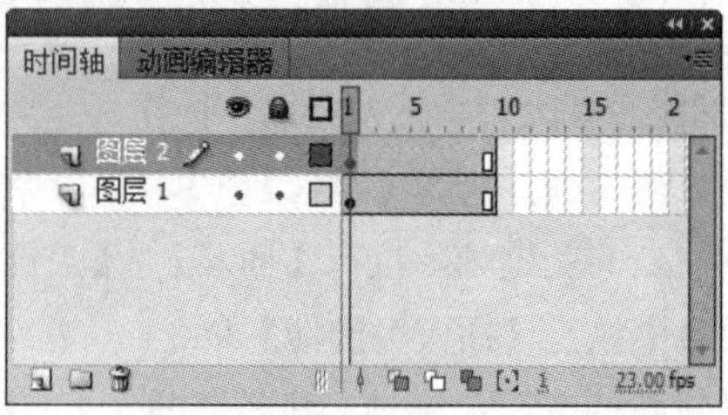

图3-15

4. **清除帧**

清除关键帧可以将选中的关键帧转化为普通帧。其具体操作是，选中要清除的关键帧，单击鼠标右键，在弹出的快捷菜单中选择【清除关键帧】命令即可清除关键帧。还可以选中要清除的帧，按下【Shift+F6】组合键清除关键帧。

需要说明的是，若要清除的帧前面还有帧的存在，则清除帧后此帧将延续前面帧的内容。清除帧前后的效果分别如图 3-16 和图 3-17 所示。若要清除的帧是第一帧，则清除帧后此帧将变为空白关键帧。清除帧前后的效果分别如图 3-18 和图 3-19 所示。

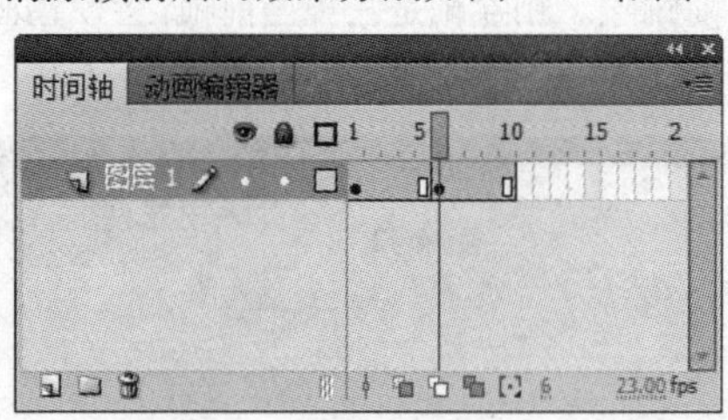

图3-16

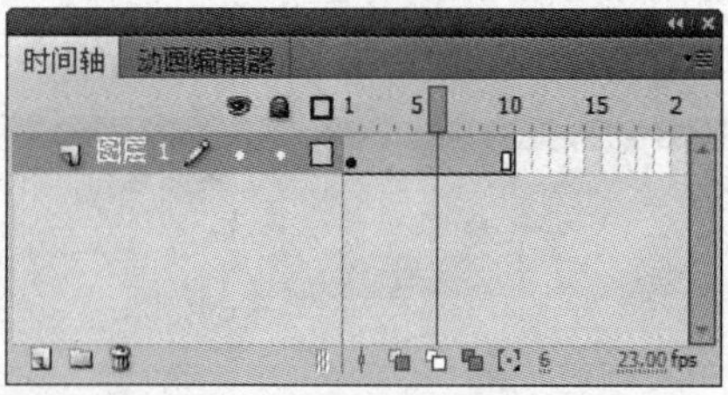

图3-17

图3-18

图3-19

3.3.4 转换和翻转帧

1. 转换帧

转换帧可以将普通帧转换为关键帧和空白帧。选中时间轴上的帧，单击鼠标右键，在弹出的快捷菜单中选择【转换为关键帧】或【转换为空白关键帧】命令即可完成帧的转换。如将图 3-20 中的帧转换为图 3-21 中的关键帧。

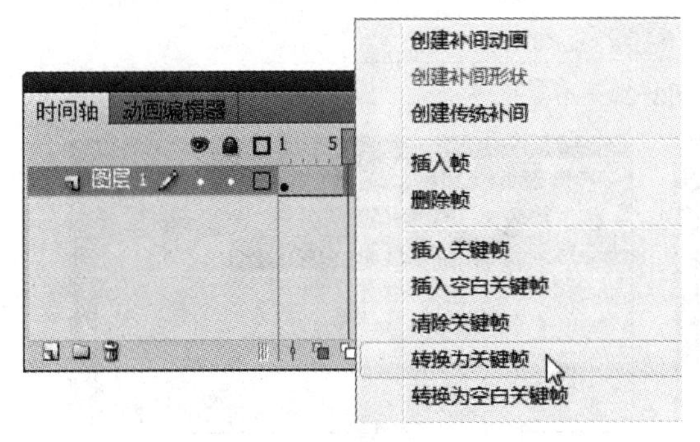

图3-20

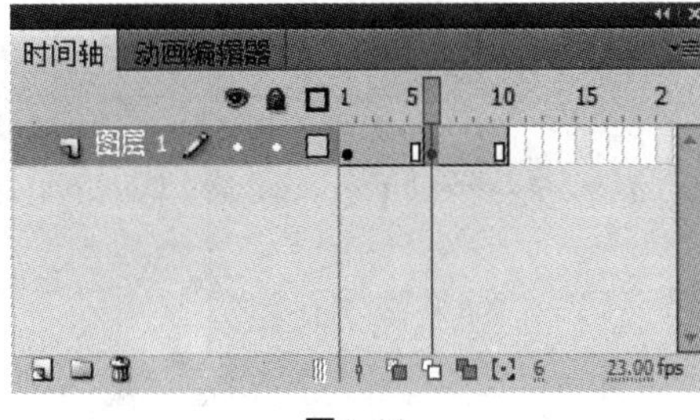

图3-21

2. 翻转帧

有时候用户希望制作的动画能倒着播放，此时可以使用翻转帧命令来达到效果。要翻转帧，首先应选择时间轴中的某一图层上的所有帧（该图层上至少包含有两个关键帧，且位于帧序的开始和结束位置），或多个帧，然后使用以下任意一种方法即可完成翻转帧的操作。

Step01 选中要翻转的帧，执行【修改】>【时间轴】>【翻转帧】命令，如图 3-22 所示。

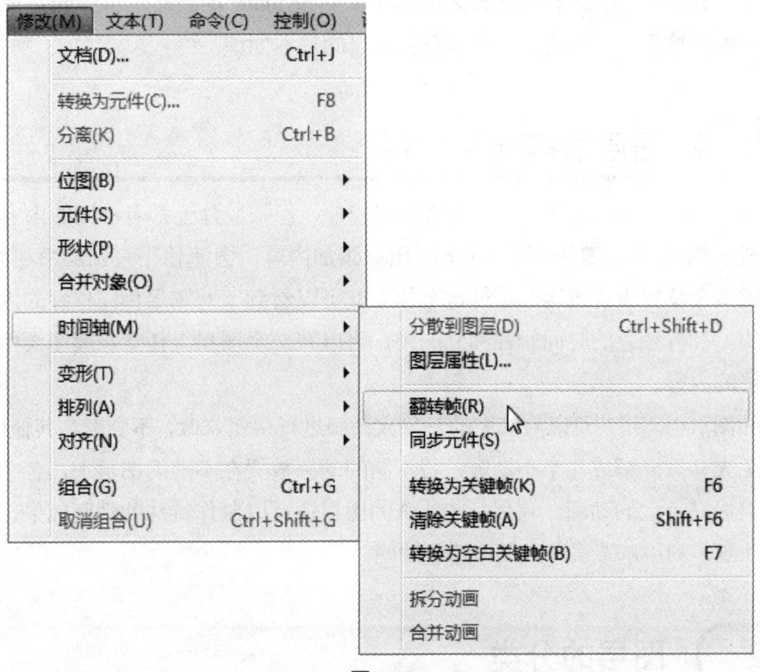

图3-22

Step02 选中要翻转的帧，单击鼠标右键，在弹出的快捷菜单中选择【翻转帧】命令即可完成帧的翻转，如图 3-23 所示。翻转帧前后的效果分别如图 3-24 和图 3-25 所示。

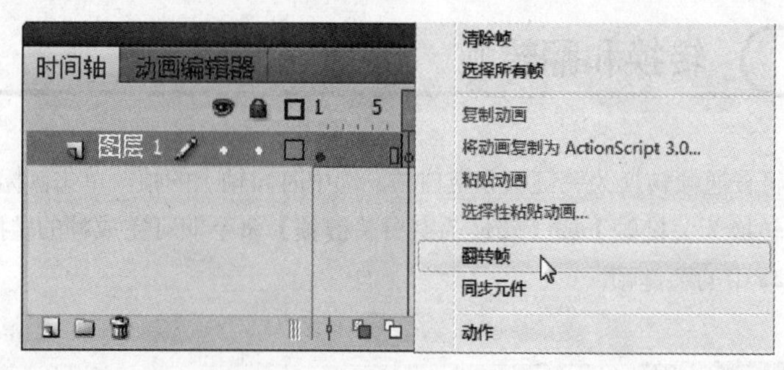

图3-23

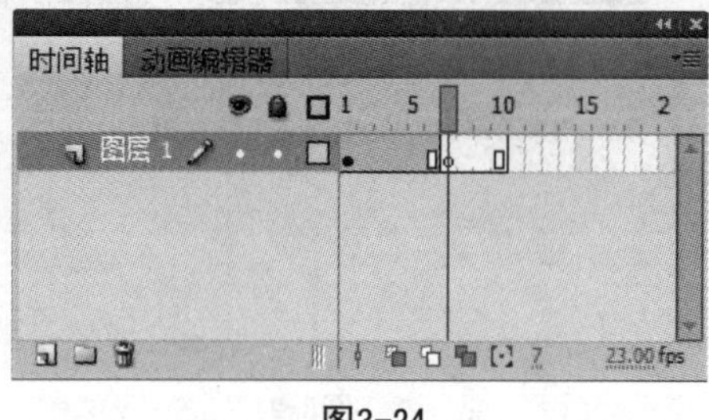

图3-24

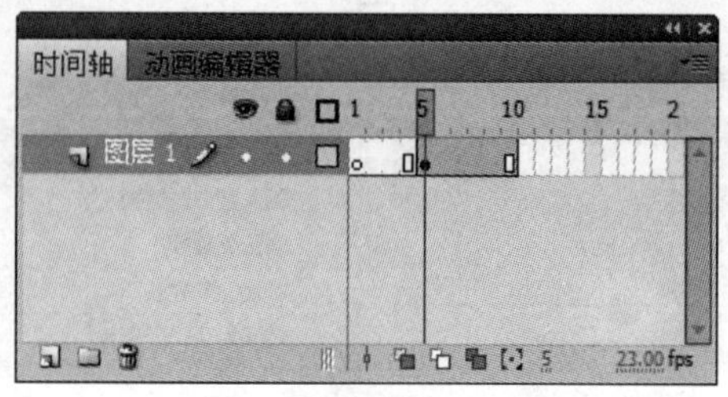

图3-25

3.4 图层

图层在 Flash 动画制作中具有非常重要的作用，它是 Flash 动画必不可少的一部分。使用图层有助于内容的分类和整理。下面将详细介绍有关图层的基本知识。

3.4.1 图层的概念和作用

在 Flash 动画中，可以将图层看作一叠透明的胶片，每张胶片上都有不同的内容，将这些胶片叠在一起就组成一幅比较复杂的画面。在上一图层添加内容，会遮住下一图层中相同位置的内容。如果上一图层的某个位置没有内容，透过这个位置就可以看到下一图层相同位置的内容。每个图层都是相互独立的，拥有独立的时间轴和独立的帧，可以在一个图层上任意修改图层中的内容而不会影响到其他图层的内容。

在被选中的图层中，用户可以对其中的对象或动画进行编辑修改，不会影响其他图层中的内容。用户可以将一个大动画分解成几个小动画，将不同的动画放置在不同的图层上，各个小动画之间相互独立，从而组成一个大的动画。利用一些特殊的图层还可以制作特殊的动画效果，如利用引导层可以制作引导动画，利用遮罩层可以制作遮罩动画。

3.4.2 图层的分类

在 Flash CS5 中，图层大致可分为 6 种类型，如图 3-26 所示。

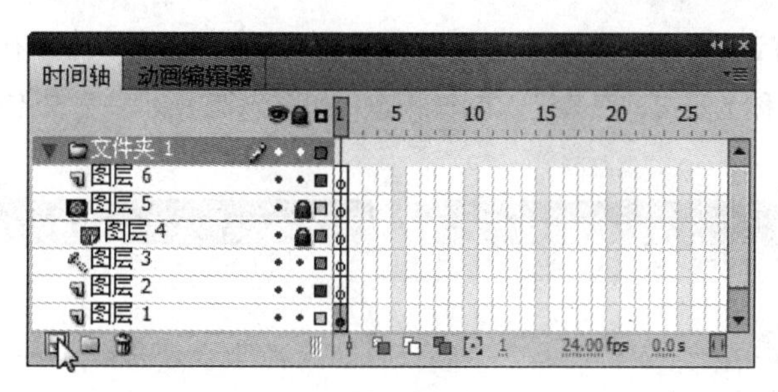

图3-26

图层中各类型的含义如下。

（1）普通图层

普通图层的图标为，启动 Flash 后，默认情况下只有一个普通图层，单击图 3-26 中箭头所指图标可新建一个普通图层。

（2）文件夹层

文件夹层可以将层分组，被放到同一个文件夹中的层可以作为整体来设置显示模式，而且还可以收起来，节省界面空间。

（3）遮罩层与被遮罩层

遮罩层的作用是可以对下一图层（即被遮罩层）进行遮盖。在遮罩层中可以绘制出各种形状，并且可以填充任意颜色。被遮罩的部分是可见部分，需把遮罩层和被遮罩层同时锁定才可看到遮罩效果。在需要放置遮罩的图层上右击，选择快捷菜单中的【遮罩层】命令，即可将该图层转化为遮罩层。

（4）引导层与被引导层

这种类型的图层可以设置引导线，用来引导被引导层中的图形依照引导线进行移动。在需要放置引导的图层上右击，选择快捷菜单中的【引导层】命令，即可将该图层变为引导图层，它下面图层中的对象将被引导。引导层中的所有内容只是在制作动画时作为引导路径，并不出现在作品的最终效果中。

3.4.3 图层的管理

使用图层可以很好地对舞台中的各个对象分类组织，并且可以将动画中的静态元素和动态元素分割开来，减少整个动画文件的大小。下面将介绍创建、命名、选择、删除、复制、排列图层顺序等基本操作的具体方法。

1. 创建图层

新创建一个 Flash 文件时，Flash 会自动创建一个图层，并命名为“图层 1”。此后，如果需要添加新的图层，可以使用以下 3 种方法。

Step01 执行【插入】>【时间轴】>【图层】命令。

Step02 在【图层】编辑区选择已有的图层，单击鼠标右键，在弹出的快捷菜单中选择【插入图层】命令。

Step03 单击【图层】编辑区中的【新建图层】按钮。

2. 命名图层

Flash 默认的图层名是以“图层 1”、“图层 2”等命名的，为了便于区分各图层放置的内容，可为各图层取一个直观好记的名称，这就需要对图层进行重命名。重命名图层有以下 3 种方法。

Step01 在图层名称上双击，使其进入编辑状态，如图 3-27 所示。在文本框中输入新名称即可，如图 3-28 所示。

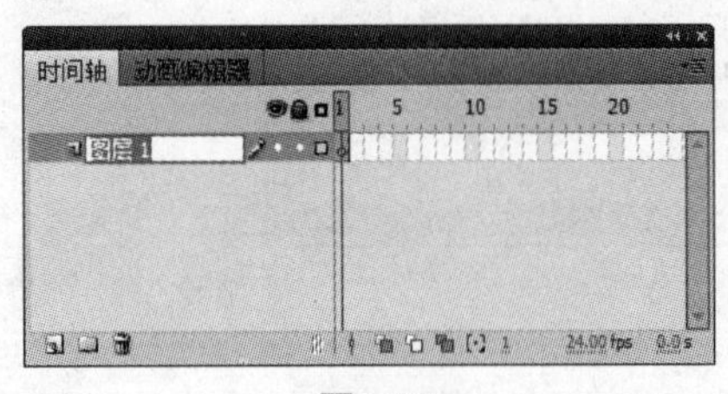

图3-27

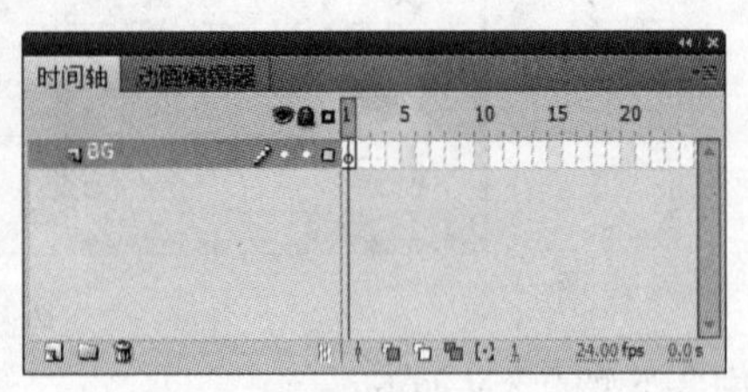

图3-28

Step02 选择要重命名的图层，单击鼠标右键，在弹出的快捷菜单中选择【属性】命令，打开【图层属性】对话框。在【名称】文本框中输入名称，然后单击【确定】按钮，即可为图层重命名。

Step03 选择要重命名的图层，执行【修改】>【时间轴】>【图层属性】命令，在打开的【图层属性】对话框中也可以对图层重命名，如图 3-29 所示。

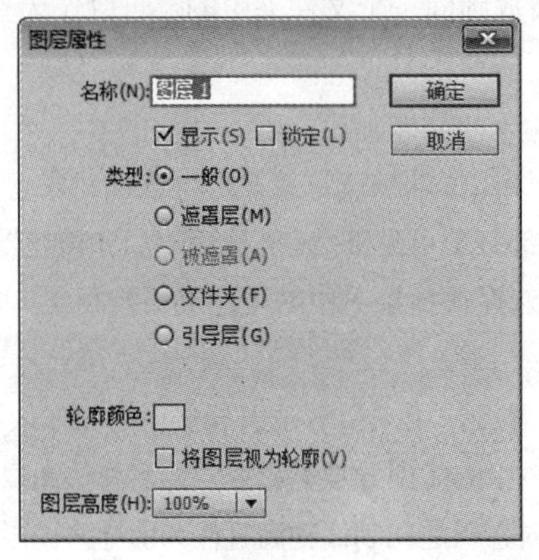

图3-29

3. 选择图层

选择图层包括选择单个图层、相邻的多个图层、不相邻的多个图层 3 种方式。在 Flash CS5 中，选择单个图层有以下 3 种方法。

Step01 在时间轴的“图层查看”区中的某个图层上单击，即可将其选择，如图 3-30 所示。

Step02 在时间轴的“帧查看”区的帧格上单击，即可选择该帧所对应的图层，如图 3-31 所示。

Step03 在舞台上单击要选择图层中所含的对象，即可选择该图层。

选择多个图层的方法为：在按住【Ctrl】键的同时可以选择多个不连续的图层，在按住【Shift】键的同时可以选择多个连续的图层。

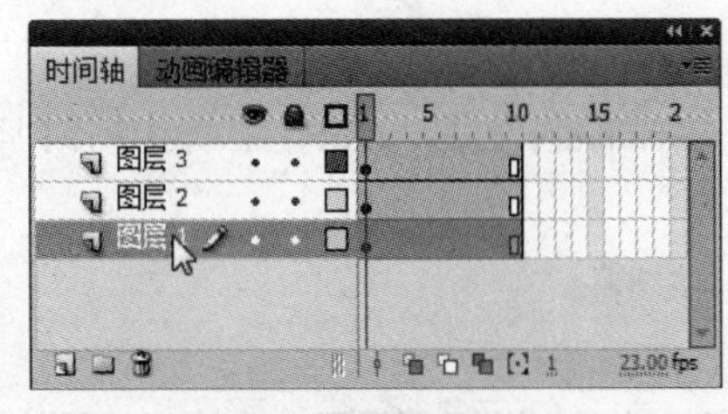

图3-30

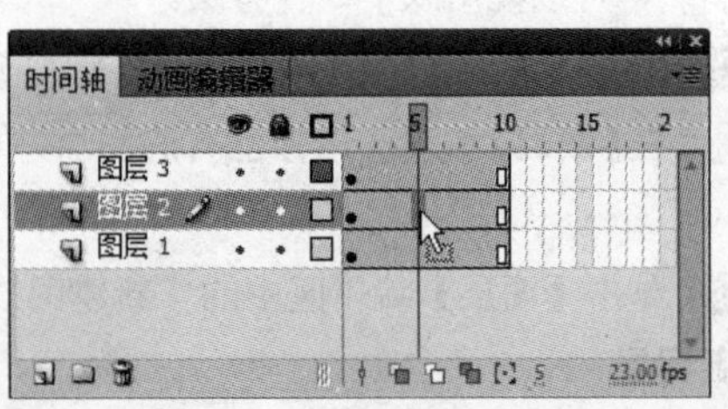

图3-31

4. **删除图层**

对于不需要的图层上的内容，可以将其删除，方法主要有以下 3 种。

Step01 选择要删除的图层，按住鼠标左键不放，将其拖曳到【删除】按钮上，释放鼠标即可删除所选图层，如图 3-32 所示。

Step02 选择要删除的图层，然后单击【删除】按钮，即可将选择的图层删除。

Step03 选择要删除的图层，单击鼠标右键，在弹出的快捷菜单中选择【删除图层】命令即可，如图 3-33 所示。

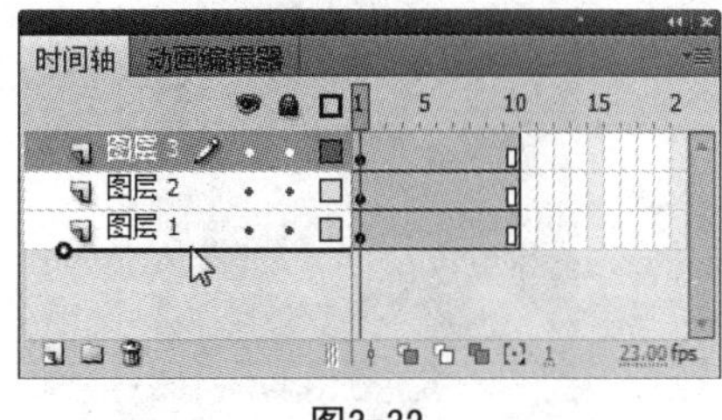

图3-32

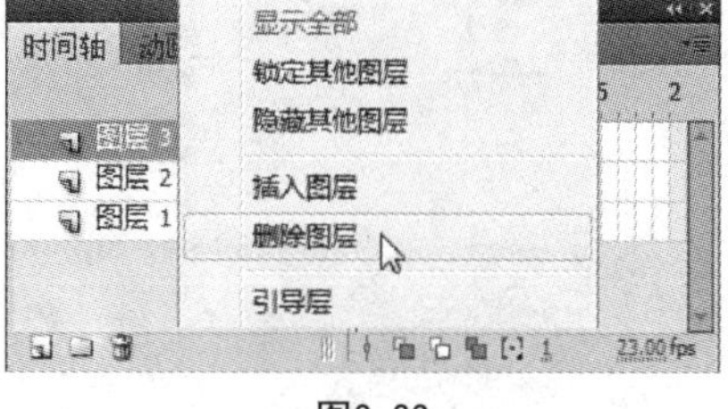

图3-33

5. **复制图层**

在 Flash 中，要想复制某图层中的内容，可先选择要复制的图层，执行【编辑】>【时间轴】>【复制帧】命令，或在要复制的帧上右击，在弹出的快捷菜单中执行【复制帧】命令，如图 3-34 所示。然后选择要粘贴的新图层，执行【编辑】>【时间轴】>【粘贴帧】命令，或在要粘贴的帧上右击，在弹出的快捷菜单中执行【粘贴帧】命令，即可将图层中的内容进行复制，如图 3-35 所示。

图3-34

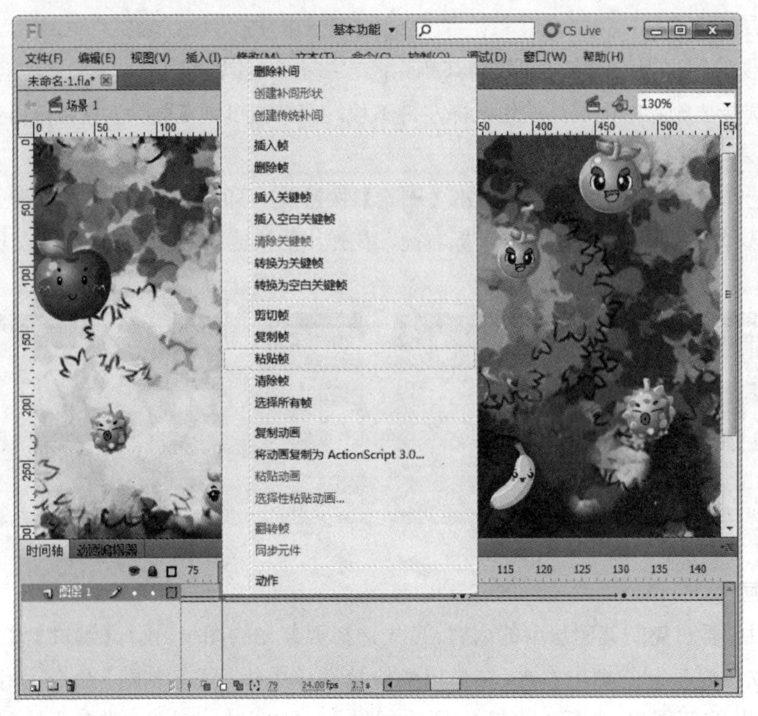

图3-35

6. 排列图层顺序

在 Flash 中，可以通过移动图层来重新排列图层的顺序。选择要移动的图层，按住鼠标并拖曳，图层以一条粗横线表示，拖曳图层到其他图层的上方或下方，释放鼠标，即可将图层拖曳到新的位置。如将图 3-36 中的“图层 1”移到“图层 2”的上方，效果如图 3-37 所示，“图层 2”中的云被“图层 1”的背景遮盖住了。

图3-36

图3-37

3.4.4 设置图层状态

在 Flash 文档中，可以查看图层的当前状态，并可以显示或隐藏图层、锁定图层及显示图层的轮廓。下面分别介绍这几种图层状态的特点及应用。

1. 显示与隐藏图层

当舞台上的对象太多，操作起来感觉纷繁杂乱、无从下手，但又不能删除舞台上的对象时，可以将部分图层隐藏。这样舞台会显得更有条理，操作起来也更加方便了。隐藏和显示图层有以下 3 种方法。

Step01 单击图层名称右侧的隐藏栏，如图 3-38 所示。隐藏的图层上将标记一个 ✕ 符号，图层被隐藏，如图 3-39 所示。再次单击隐藏栏则显示图层。

图3-38

图3-39

Step 02 单击【显示/隐藏所有图层】按钮，如图 3-40 所示，所有的图层隐藏均被隐藏，如图 3-41 所示。再次单击该按钮则显示所有图层。图层被隐藏后不能对其进行编辑。

图3-40

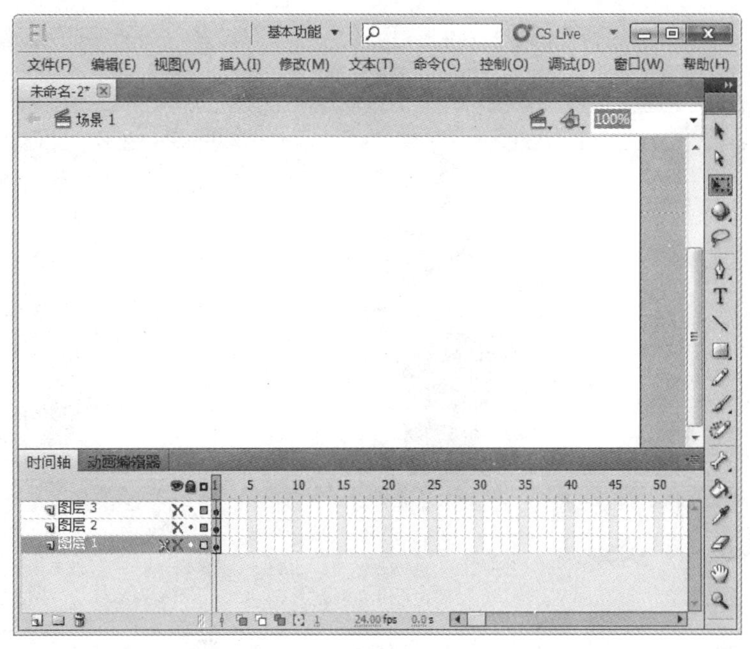

图3-41

Step03 在图层的隐藏栏上下拖曳鼠标，可以隐藏多个图层或取消隐藏多个图层。

2. 锁定图层

除了隐藏图层外，还可以用锁定图层的方法防止不小心修改已编辑好的图层中的内容。选定要锁定的图层，单击图标下方该层的•图标，图标将变为形状，这表明该图层处于锁定状态，再次单击该层中的图标即可解锁。

3. 显示图层的轮廓

图层处于轮廓显示时，舞台中的对象只显示其角色外的轮廓。当某个图层中的对象被另外一个图层中的对象所遮盖时，可以使遮盖层处于轮廓显示状态，以便于对当前图层进行编辑。显示轮廓有以下 3 种方法。

Step01 单击某个图层中的【显示轮廓】按钮，可以使该图层中的对象以轮廓方式显示，如图 3-42 所示。再次单击该按钮，可恢复图层中对象的正常显示，如图 3-43 所示。

图3-42

图3-43

Step02 单击【时间轴】面板上的【将所有对象显示为轮廓】按钮■，可将所有图层上的对象显示为轮廓，再次单击可恢复显示。

Step03 在轮廓线一列拖曳鼠标可以使多个图层中的对象以轮廓的方式显示或恢复正常显示。每个对象的轮廓颜色和其所在图层右侧的“将所有对象显示为轮廓”图标颜色相同，这样就可以一眼看出哪个对象属于哪个图层，从而方便影片的操作。

3.4.5 图层的属性

在 Flash 中可以利用【图层属性】对话框对图层属性进行设置，如设置图层名称、显示与锁定、图层类型、对象轮廓的颜色、图层的高度等。

在需要设置属性的图层上单击鼠标右键，在弹出的快捷菜单中选择【属性】命令，打开【图层属性】对话框，如图 3-44 所示。

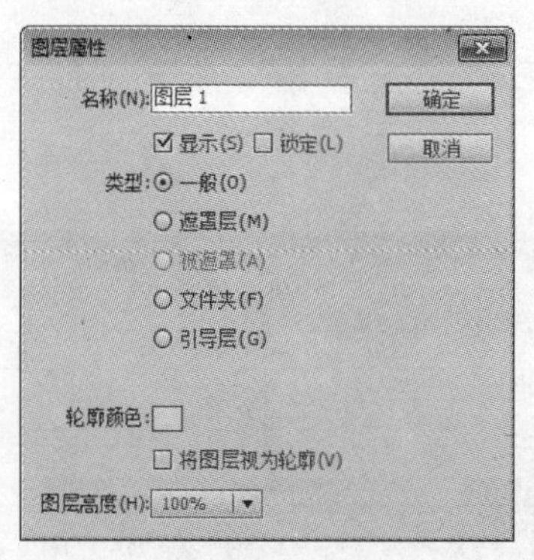

图3-44

3.5　综合案例——烟花绽放

学习目的

通过本案例的学习，使用户能够有效理解时间轴、图层与帧的概念，并加强对图层基本知识的理解与操作。帮助用户开发思维，使用户能够做一些自主性的实践操作。

重点难点

- 时间轴、图层和帧的关系
- 库的概念与应用
- 图层的管理与编辑

本实例效果如图 3-45 所示。

图3-45

操作步骤

Step 01 新建一个 Flash 文档，设置其舞台大小为 550 像素 ×400 像素。按【Ctrl+Shift+S】组合键，以“烟花绽放”为名称保存文件。接着将所有素材导入到库中，如图 3-46 所示。

Step 02 新建影片剪辑元件“背景”，并将库中的图片“背景”拖曳至影片剪辑元件“背景”的编辑区。将图片“背景”转换为影片剪辑元件“背景 1”，如图 3-47 所示。

图3-46

图3-47

Step 03 返回影片剪辑元件“背景”，在“图层 1”的第 110 帧处插入普通帧。新建“图层 2”，在第 28 帧处插入空白关键帧，在“图层 2”的第 1 帧处，将库中图片“红”拖曳至舞台并居中对齐，如图 3-48 所示。

Step 04 将图片“红”转换为影片剪辑“红 1”。在第 27 帧处插入关键帧，依次将第 1、第 27 帧上的影片剪辑“红 1”的 Alpha 值设置为“50%”和“10%”。在第 1 ～ 27 帧之间创建传统补间动画，如图 3-49 所示。

图3-48

图3-49

Step 05 在第 57 帧上插入空白关键帧，选择第 28 帧，将库中图片“蓝”拖曳至舞台并居中对齐。将图片“蓝”转换为影片剪辑“蓝 1”，如图 3-50 所示。

Step 06 在第 56 帧上插入关键帧，并依次将第 28、第 56 帧上影片剪辑“蓝 1”的 Alpha 值设置为“20%”和“50%”。在第 28 ～ 56 帧之间创建传统补间动画，如图 3-51 所示。

图3-50

图3-51

Step 07 在第 84 帧处插入空白关键帧，在第 57 帧处，将库中的图片“绿”拖曳至舞台并居中对齐。将图片“绿”转换为影片剪辑“绿 1”。如图 3-52 所示。

Step 08 在第 83 帧处插入关键帧，依次将第 57、第 83 帧上影片剪辑“绿 1”的 Alpha 值设置为“50%”和“10%”。在第 57 ～ 83 帧之间创建传统补间动画，如图 3-53 所示。

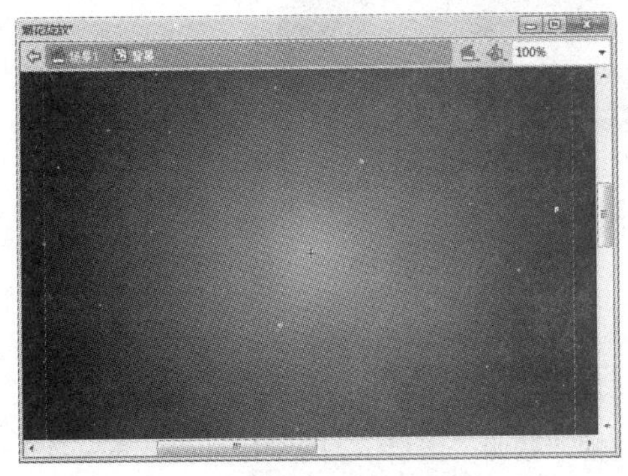

图3-52

图3-53

Step 09 选择第 84 帧，将库中图片“黄”拖曳至舞台并居中对齐。将图片“黄”转换为影片剪辑“黄 1”，在第 110 帧处插入关键帧，如图 3-54 所示。

Step 10 依次将第 84、第 110 帧上影片剪辑“黄 1”的 Alpha 值设置为“20%”和“50%”。在第 84 ～ 110 帧间创建传统补间动画，如图 3-55 所示。

图3-54

图3-55

Step 11 返回主场景，将库中的影片剪辑元件“背景”拖曳至舞台并居中。新建影片剪辑元件“烟花 1”，绘制一个 50mm×50mm 的径向渐变圆形图形，并将其转换为图形元件“圆”，如图 3-56 所示。

Step 12 返回到影片剪辑元件“烟花 1”，在第 2 帧处插入关键帧，将图形元件“圆”适当放大，依次往后适量放大，并调整其 Alpha 值各不相同，使其达到由小到大，逐渐消失的烟花效果，如图 3-57 所示。

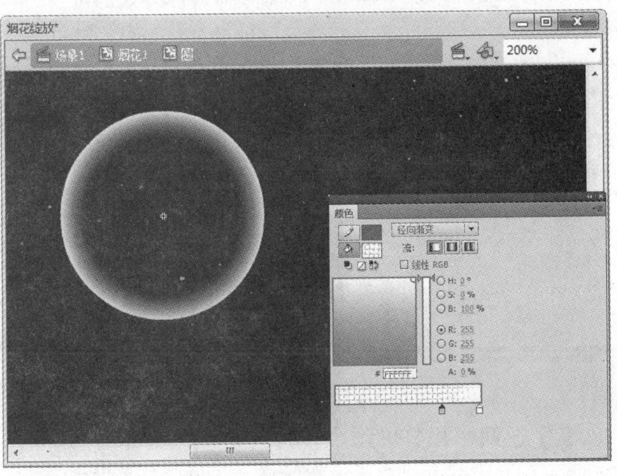

图3-56

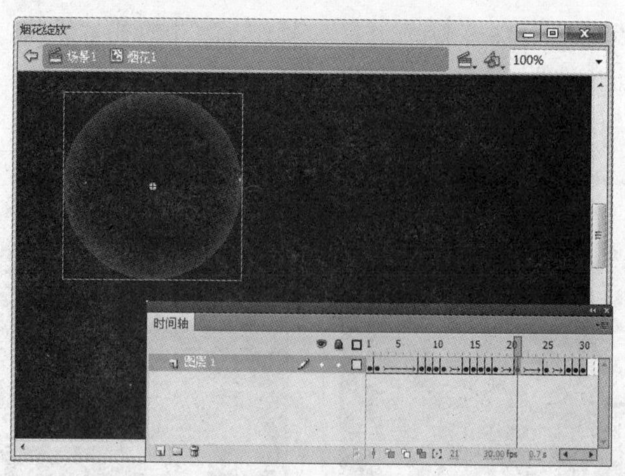

图3-57

Step 13 新建“图层 2”，在第 30 帧处插入关键帧，按照“图层 1”的制作过程，再一次制作图形元件“圆”的运动过程，控制其在“图层 1”的运动范围之内，如图 3-58 所示。

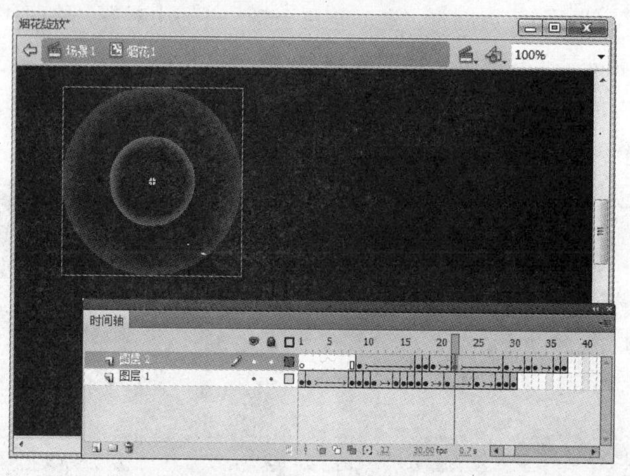

图3-58

Step 14 新建“图层 3”，制作烟花飞溅的效果。在第 6 帧处插入关键帧，绘制烟花溅出的图形形状，并将其转换为图形元件“溅出”，如图 3-59 所示。

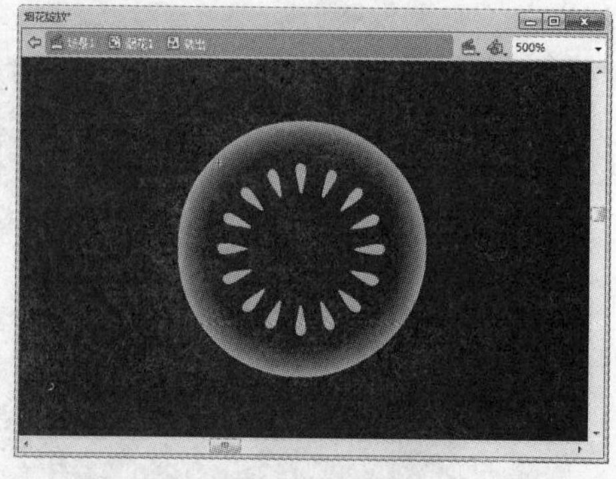

图3-59

Step 15 返回影片剪辑元件“烟花 1”，在第 30 帧处插入关键帧，制作图形元件“溅出”的传统补间动画，使其由小变大，逐渐消失，如图 3-60 所示。

图3-60

Step 16 用同样的方法，新建“图层 4、图层 5”，以制作烟花飞溅的效果，使其运动自然、美观，如图 3-61 所示。

图3-61

Step 17 返回主场景，在“图层 1”的第 56 帧处插入普通帧，新建“图层 2”，将库中影片剪辑元件“烟花 1”拖曳至舞台上，然后改变其显示的色彩效果，如图 3-62 所示。

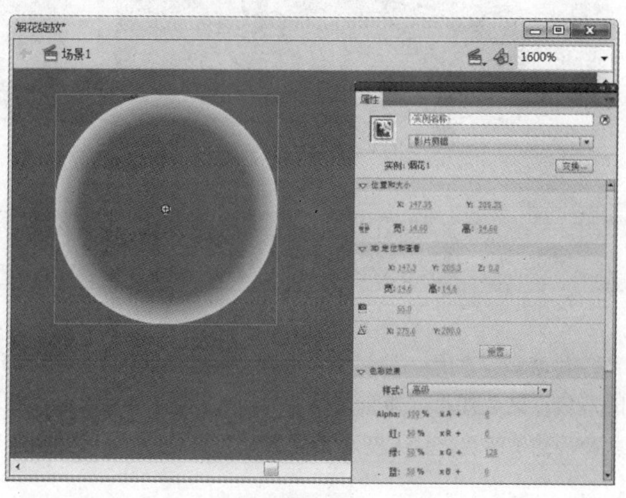

图3-62

Step 18 新建“图层 3 ～ 6”，依次在各图层的第 11、24、38、1 帧处插入关键帧，将库中影片剪辑元件“烟花 1”拖曳至各帧，并改变其色彩效果，使其呈现出五颜六色的烟花效果，如图 3-63 所示。

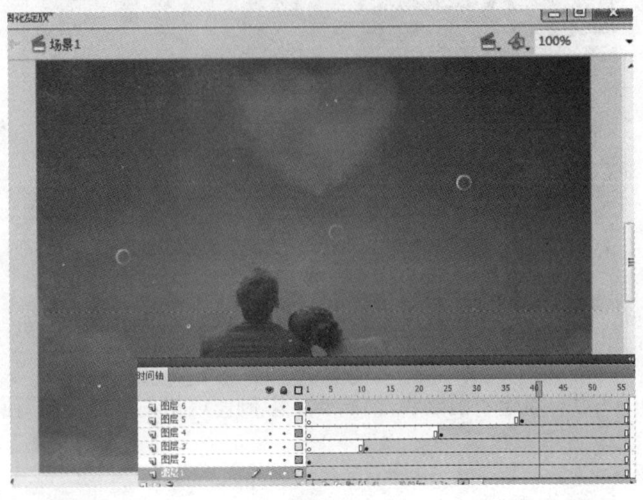

图3-63

Step 19 新建影片剪辑“文字”，为了使整个画面看起来更加丰富，用制作烟花飞溅的方式，制作文字飞溅，按照个人喜好设计文字。返回主场景，新建“图层 7 ～ 8”，如图 3-64 所示。

Step 20 分别将库面板中的影片剪辑元件“文字”和“声音”文件拖曳至舞台。按【Ctrl+Enter】组合键对该动画进行测试，至此，完成烟花绽放的制作，如图 3-65 所示。

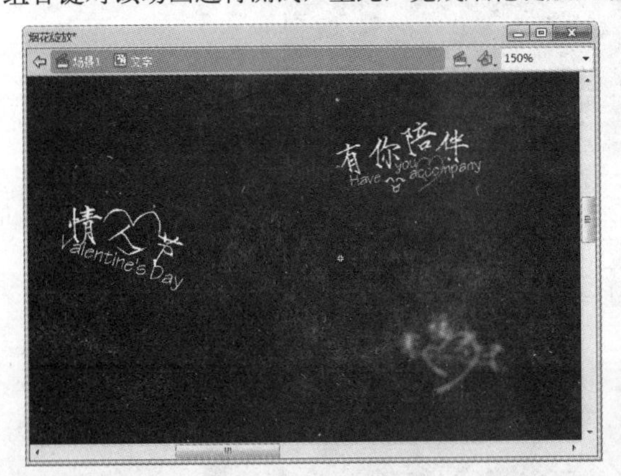

图3-64

图3-65

3.6 经典商业案例赏析

在商业广告中，加入一些动画元素可以使广告变得生动活泼，更具吸引力。尤其是婴幼儿产品的广告，更是如此。如图 3-62 所示为一则商业广告，它是为婴儿纸尿裤“安儿乐”做的广告宣传，其画面甜美活泼，让人赏心悦目。

图3-66

3.7 课后练习

一、选择题

1. 动画和电影利用了人眼的视觉暂留特性，实验证明，如果动画或电影每秒播放约（ ）幅画面，人眼看到的就是连续的画面。

A.12　　B.24　　C.36　　D.48

2. 形成动画的最基本的时间单位是（ ）。

A. 时间轴　　B. 图层　　C. 帧　　D. 场景

3.（ ）用于表示动画当前所在帧的位置。

A. 当前帧　　B. 时间轴　　C. 播放头　　D. 帧频率

4. 下面是删除图层的操作，哪一个操作是错误的。（ ）

A. 按住鼠标左键将图层拖曳至垃圾桶中

B. 选中图层后，单击时间轴左下角的垃圾桶按钮

C. 选中图层后，按下键盘上的【Delete】键

D. 在图层上右击，在弹出的快捷菜单中选择“删除图层”命令

5. 若要选择多个连续的帧，按住（ ）键，分别选中连续帧中的第一帧和最后一帧。

A. Shift　　B.Ctrl　　C.Alt　　D.Ctrl+Shift

二、填空题

1.＿＿＿＿＿、＿＿＿＿＿和＿＿＿＿＿是构成 Flash 动画最基本的三要素。

2. 播放头指示当前在舞台中显示的帧。播放文档时，播放头从＿＿向＿＿通过时间轴。

3. 普通帧、关键帧和空白关键帧的快捷键分别是＿＿＿＿、＿＿＿＿和＿＿＿＿。

三、上机操作题

1. 建立一个 Flash 文档，将图层 1 命名为“背景”，导入图片。新建图层 2，将元件小鸟拖曳至舞台上。将图层内容扩展到 24 帧。新建图层 3，将其设置为引导层，让小鸟做飞进窗户的动作。

2. 在第（1）题的基础上，做小鸟飞进窗户里面时的遮罩。

第4章 元件、库与实例

动画是通过调用各种元件来实现的，因此，创建动画离不开元件、库与实例的应用。熟悉动画中元件的创建与使用，掌握库面板中的各种管理操作，熟练应用对实例的各种编辑操作是制作动画必须具备的能力，本章将对这些内容进行全面讲解。

本章知识要点

- 元件、库与实例的概念
- 元件、库与实例之间的关系
- 元件的创建与使用
- 库面板中的各种管理与操作
- 实例的各种操作与编辑

4.1 元件的定义和类型

元件是 Flash 中非常重要的概念，它使得 Flash 的功能更加强大，是 Flash 动画所占空间小的重要原因。下面将介绍元件的概念和类型。

4.1.1 元件的定义

元件是一些可以重复使用的图形、动画或按钮，它们被保存在该动画文档的【库】面板中。用户在制作动画时，运用元件可以大量减少文件的大小。保存一个元件比保存每一个出现在场景中的元素要节省更多空间。制作 Flash 动画过程中，如需对许多重复的元素进行修改时，只要对元件做出修改，程序就会自动地根据修改的内容对所有的该元件的实例进行更新，因此使用元件便使动画的编辑更加容易了。

4.1.2 元件的类型

每个元件都有一个唯一的时间轴和舞台，以及几个图层，可以将帧、关键帧和图层添加至元件时间轴，就像它们被添加至主时间轴一样。创建元件时需要选择元件类型，Flash 中的元件包括 3 种类型，分别是图形、按钮和影片剪辑，各元件类型的含义如下。

（1）图形元件

图形元件通常用于存放静态的对象。还能用来创建动画，在动画中也可以包含其他的元件。但用户不能为图形元件添加声音，也不能为图形元件的实例添加脚本动作。

（2）按钮元件

按钮元件用于在影片中创建对鼠标事件（如单击和滑过）响应的互动按钮。用户不可以为按钮元件创建补间动画，但用户可以将影片剪辑元件的实例运用到按钮元件中，使按钮有更好的效果。

（3）影片剪辑元件

使用影片剪辑元件可以创建一个独立的动画。在影片剪辑元件中，用户可以为其添加声音、创建补间动画，或者为其创建的实例添加脚本动作。

这 3 种类型的元件在【库】面板中的显示有所不同。图形元件在【库】面板中以一个几何图形构成的图标表示；影片剪辑元件以一个齿轮图标表示；按钮元件则以一个手指向下按的图标表示，如图 4-1 所示。

图4-1

4.2 创建元件

元件在 Flash 影片中是一种比较特殊的对象，它在 Flash 中只需创建一次，便可以在整部影片中反复使用而不会显著增加文件的大小。下面将介绍图形元件、影片剪辑元件和按钮元件的创建。

4.2.1 创建图形元件

每种元件都有其各自的时间轴、舞台和图层。在创建元件时，首先要选择元件的类型，创建何种元件主要取决于在影片中如何使用该元件。

执行【插入】>【新建元件】命令，或者按下【Ctrl+F8】组合键，均可以打开【创建新元件】对话框。还可以在【库】面板中的空白处单击鼠标右键，在弹出的快捷菜单中选择【新建元件】命令；或者单击【库】面板右上角的面板菜单按钮，在弹出的下拉菜单中选择【新建元件】命令；或者单击【库】面板底部的【新建元件】按钮来建立元件，如图 4-2 所示。

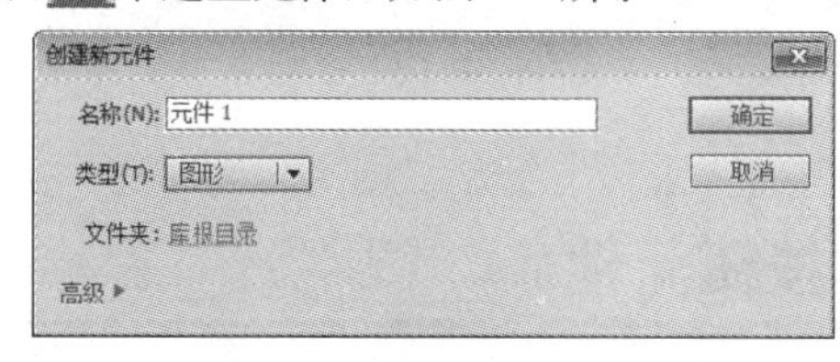

图4-2

在该对话框中，各主要选项的含义如下。

Step 01 名称：在该文本框中可以设置元件的名称。

Step 02 类型：可以设置元件的类型，包含“图形”、“按钮”和“影片剪辑”3 个选项。

Step 03 文件夹：在【库根目录】上单击，打开【移至文件夹…】对话框，用户可以将元件放置在新创建的文件夹，也可以将元件放置在现在的文件夹中，如图 4-3 所示。

Step 04【高级】按钮，可以展开该面板，对元件进行高级设置，如图 4-4 所示。

设置完各选项后，单击【确定】按钮即可创建一个新元件。

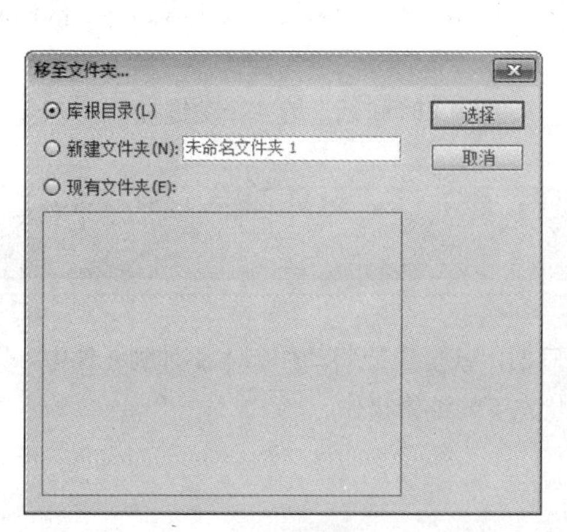

图4-3

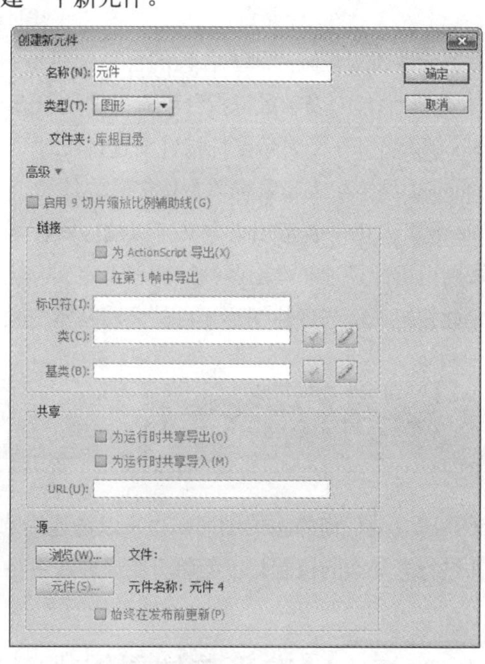

图4-4

4.2.2 创建影片剪辑元件

影片剪辑元件就像是 Flash 中嵌套的小型影片一样，使用它可以创建重用的动画片断，它具有和主时间轴相对独立的时间轴属性。创建影片剪辑元件的方法与创建图形元件的方法相同。只要在【类型】里选择【影片剪辑】即可，如图 4-5 所示。

图4-5

4.2.3 创建按钮元件

按钮元件是一种特殊的元件，具有一定的交互性，是一个具有 4 帧的影片剪辑。按钮在时间轴上的每帧都有一个固定的名称。在【创建新元件】的【类型】下拉列表框中选择【按钮】选项，并单击【确定】按钮，进入按钮元件的编辑模式，如图 4-6 所示。

图4-6

按钮元件所对应时间轴上各帧的含义分别如下。

Step01 弹起：表示鼠标指针没有滑过按钮或者单击按钮后又立刻释放时的状态。

Step02 指针…：表示鼠标指针经过按钮时的外观。

Step03 按下：表示鼠标单击按钮时的外观。

Step04 点击：表示用来定义可以响应鼠标事件的最大区域。如果这一帧没有图形，鼠标的响应区域则由指针经过和弹出两帧的图形来定义。

创建按钮元件与创建图形元件的步骤基本一致，只需定义时间轴上的 4 个关键帧。

4.3 编辑元件

元件可以是任何静态的图形，也可以是连续的画面，甚至还能将动作脚本添加到元件中，以便对元件进行更复杂的控制。下面将介绍元件在各种状态下的编辑操作。

4.3.1 在当前位置编辑元件

在 Flash CS5 中，使用以下 3 种方法可以在当前位置编辑元件。

Step01 在舞台上双击要进入编辑状态的元件的一个实例。

Step02 在舞台上选择元件的一个实例，单击鼠标右键，在弹出的快捷菜单中选择【在当前位置编辑】命令。

Step03 在舞台上选择要进入编辑状态的元件的一个实例，然后执行【编辑】>【在当前位置编辑】命令。

执行【在当前位置编辑】命令在舞台上与其他对象一起进行编辑，其他对象以灰显方式出现，从而将它们和正在编辑的元件区别开来。正在编辑的元件的名称显示在舞台顶部的编辑栏内，位于当前场景名称的右侧，如图4-7和图4-8所示分别为要编辑的元件和在当前位置编辑元件。

图4-7

图4-8

进入元件编辑区后，如果要更改注册点，可在舞台上拖曳该元件。一个十字光标会标明注册点的位置。

4.3.2 在新窗口中编辑元件

如果认为在当前位置编辑元件不方便，也可以在新窗口中进行编辑。在舞台上选择要进行编辑的元件并右击，在弹出的快捷菜单中选择【在新窗口中编辑】命令，如图4-9所示。此时用户可以同时看到该元件和主时间轴。正在编辑的元件的名称会显示在舞台顶部的编辑栏内，位于当前场景名称的右侧，如图4-10所示。

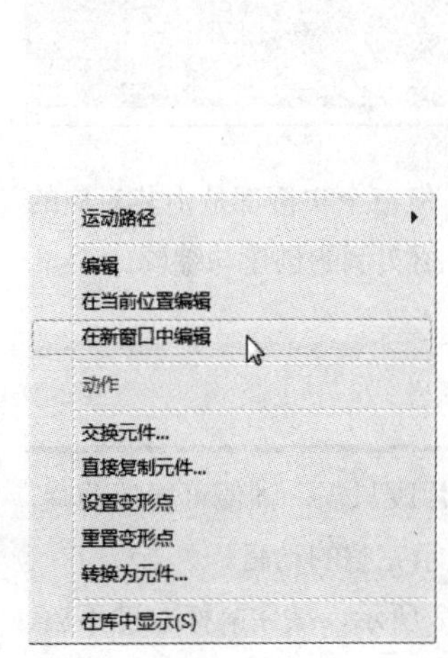

图4-9

图4-10

当编辑元件时，Flash 将更新文档中该元件的所有实例，以反映编辑的结果。编辑元件时，可以使用任意绘画工具、导入媒体或创建其他元件的实例。

4.3.3 在元件的编辑模式下编辑元件

在 Flash CS5 中，要在元件的编辑模式下编辑元件，可使用以下 4 种方法。

Step01 选择进入编辑模式的元件所对应的实例并右击，在弹出的快捷菜单中选择【编辑】命令。

Step02 选择进入编辑模式的元件所对应的实例，执行【编辑】>【编辑元件】命令。

Step03 按【Ctrl + E】组合键。

Step04 在【库】面板中双击要编辑元件名称左侧的图标。

使用以上任意一种方法，均可在元件的编辑模式下编辑元件，使用该编辑模式，可将窗口从舞台视图更改为只显示该元件的单独视图。当前所编辑的元件名称会显示在舞台上方的编辑栏内，位于当前场景名称的右侧，如图 4-11 所示。

图4-11

4.4 创建与编辑实例

通过元件创建的对象就是实例，每一个元件可以创作无数个实例，但每个实例都是由其对应的一个元件创建的。在制作动画时，运用的是实例而不是元件。下面将介绍实例的创建与编辑。

4.4.1 创建实例

影片剪辑实例的创建和包含动画的图形实例的创建是不同的，电影片段只需一帧便可播放动画，而包含动画的图形实例，则必须在与其元件同样长的帧中放置，才能显示完整的动画。

创建实例的方法很简单，只需在【库】面板中选择元件，如图 4-12 所示，按住鼠标左键不放，将其直接拖曳至场景，释放鼠标即可创建实例，如图 4-13 所示。

图4-12

图4-13

4.4.2 复制实例

对于已经创建好的实例，如果想直接在舞台上复制实例，可用鼠标选择要复制的实例，然后按住【Ctrl】键或【Alt】键同时拖曳实例，此时鼠标指针的右下角将显示一个小的“+”标识，将目标实例拖曳到目标位置时，释放鼠标即可复制所选择的目标实例对象。复制前后的效果分别如图 4-14 和图 4-15 所示。

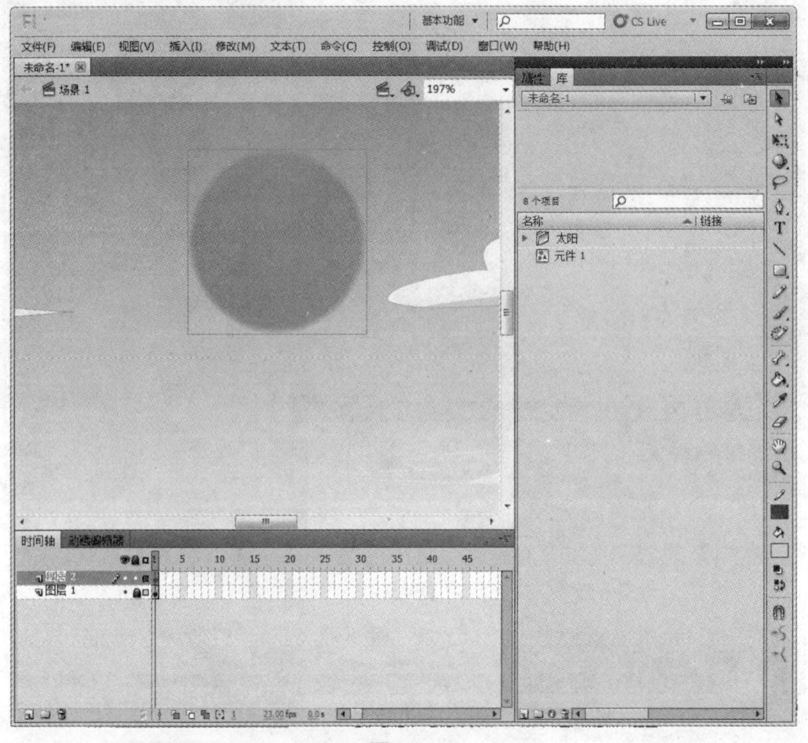

图4-14

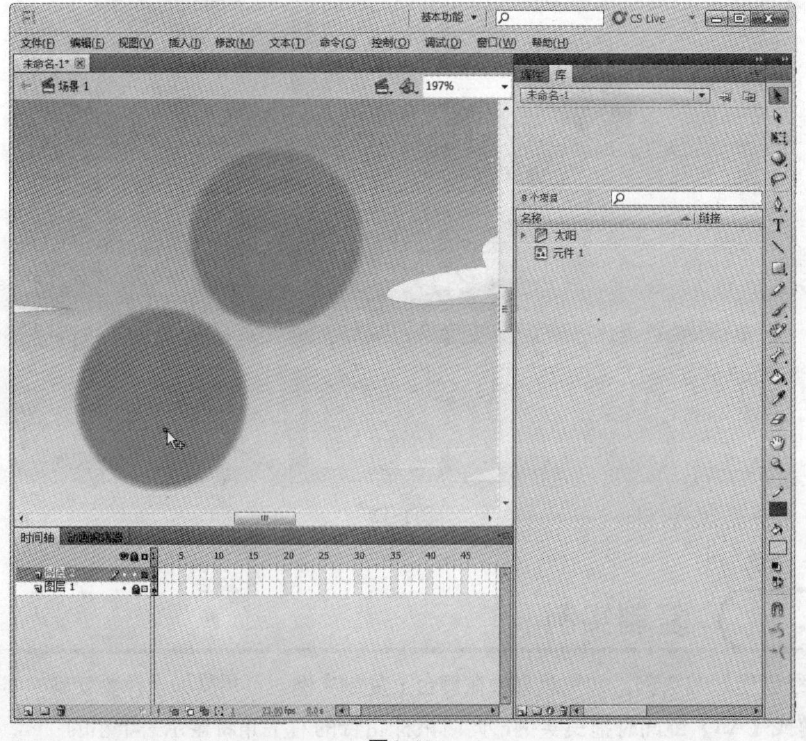

图4-15

4.4.3　设置实例的颜色样式

每个元件实例都可以有自己的色彩效果。使用【属性】面板，可以设置实例的颜色和透明度选项。【属性】面板中的设置也会影响放置在元件内的位图。当在特定帧中改变一个实例的颜色和透明度时，Flash 会在显示该帧时立即进行这些更改。要进行渐变颜色更改，可应用补间动画。当补间颜色时，可在实例的开始关键帧和结束关键帧中输入不同的效果设置，然后补间这些设置，以至于让实例的颜色随着时间逐渐变化。

在舞台上选择实例，在【属性】面板的【色彩效果】栏中的【样式】下拉列表中选择相应的选项，如图 4-16 所示，即可设置实例的颜色样式。

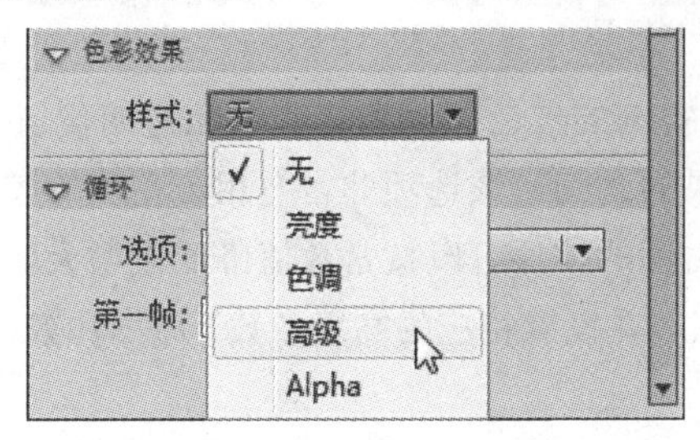

图4-16

在【颜色样式】下拉列表中包含了 5 个选项，各选项的含义分别如下。

Step01 无：选择该选项，表示不设置任何颜色效果。

Step02 亮度：用于调整实例的明暗对比度，度量范围是从黑 (− 100%) 到白 (100%)。可直接输入数值，也可以拖曳右侧的滑块来设置数值。例如为月亮设置亮度值为 0 和 60% 的实例，原图和效果图分别如图 4-17 和图 4-18 所示。

图4-17

图4-18

Step03 色调：用相同的色相为实例着色。要设置色调百分比从透明（0）到完全饱和（100%），可使用【属性】面板中的色调滑块。若要调整色调，可单击此三角形并拖曳滑块或在文本框中输入一个值。如果要选择颜色，可在各自的框中输入红、绿和蓝色的值；或者单击【颜色】控件，然后从颜色调板中选择一种颜色。例如为文本实例设置【色调】的“着色”为“红色”，原图和效果图分别如图 4-19 和图 4-20 所示。

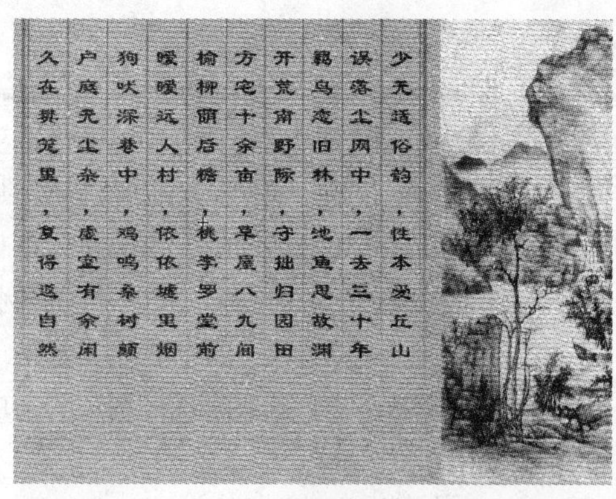

图4-19

图4-20

Step 04 高级：用于调节实例的红色、绿色、蓝色和透明度值。对于在位图这样的对象上创建和制作具有微妙色彩效果的动画，该选项非常有用。左侧的控件使用户可以按指定的百分比降低颜色或透明度的值。右侧的控件可以按常数值降低或增大颜色或透明度的值。例如为气球实例设置【高级】颜色样式，并设置相应的高级参数，原图和效果图分别如图 4-21 和图 4-22 所示。

图4-21

图4-22

Step 05 Alpha：用于调节实例的透明度，调节范围是从透明（0）到完全饱和（100%）。如果要调整 Alpha 值，可单击此三角形并拖曳滑块或在框中输入一个值。例如为雨伞设置【Alpha】值为 70% 的颜色样式，原图和效果图分别如图 4-23 和图 4-24 所示。

图4-23

图4-24

4.4.4 改变实例的类型

在 Flash 中，实例的类型是可以相互转换的。通过改变实例的类型可以重新定义它在动画中的行为。在【属性】面板的【实例行为】下拉列表框中提供了 3 个选项，分别是【影片剪辑】、【按钮】和【图形】，如图 4-25 所示。当改变实例的类型后，【属性】面板中的参数也将进行相应的变化。

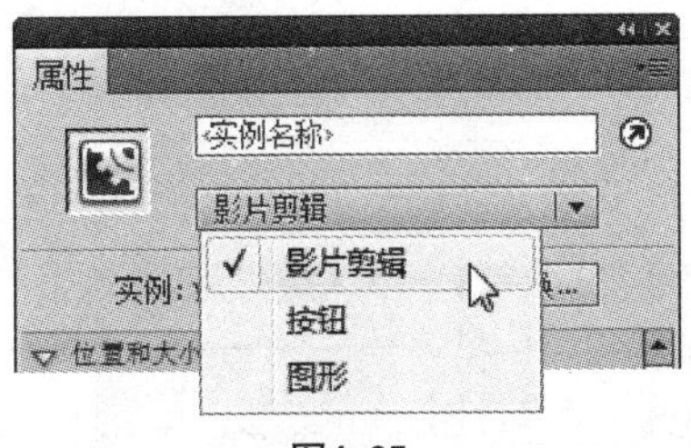

图4-25

4.4.5 分离实例

要断开一个实例与一个元件之间的链接，并将该实例放入未组合形状和线条的集合中，可以分离该实例。此功能对于实质性更改实例而不影响任何其他实例非常有用。选中要分离的实例，执行【修改】>【分离】命令或按【Ctrl+B】组合键将实例分离，分离前后的效果分别如图 4-26 和图 4-27 所示。

图4-26

图4-27

4.5 库的管理

Flash CS5 文档中的库存储了在 Flash 中创建的元件，以及导入的元件、声音剪辑、位图和影片剪辑等。【库】面板显示一个滚动列表框，其中包含库中所有项目的名称，可以在工作时查看并组织这些元素。

4.5.1 库面板的组成

【库】面板的作用是存放和组织可重复使用的元件、位图、声音和视频文件等，它可以有效地提高工作效率，若将元件从【库】面板中拖曳到场景中，将生成该元件的一个实例。

执行【窗口】>【库】命令，或按【Ctrl+L】组合键，即可打开【库】面板，如图 4-28 所示。

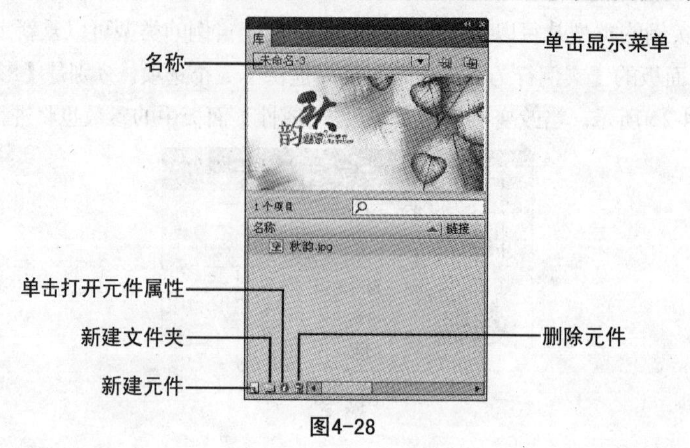

图4-28

4.5.2 创建库元素

在【库】面板的元素列表框中，可选择的文件类型有【图形】、【按钮】、【影片剪辑】、【媒体声音】、【视频】、【字体】和【位图】等。前面 3 种是在 Flash CS5 中产生的元件，后面几种是导入素材后产生的。

4.5.3 调用库文件

在 Flash 中，可以打开其他文件中的【库】面板，从而调用该文档的【库】面板中的元件，这样就可以利用更多已有的素材。

执行【文件】>【导入】>【打开外部库】命令，如图 4-29 所示，在弹出的对话框中选择相应的文件，单击【打开】按钮，打开外部【库】面板，如图 4-30 所示。选择外部库中的元件，将其直接拖曳到当前文档所对应的【库】面板或舞台中，释放鼠标即可将外部库中的元件添加到当前文档中。

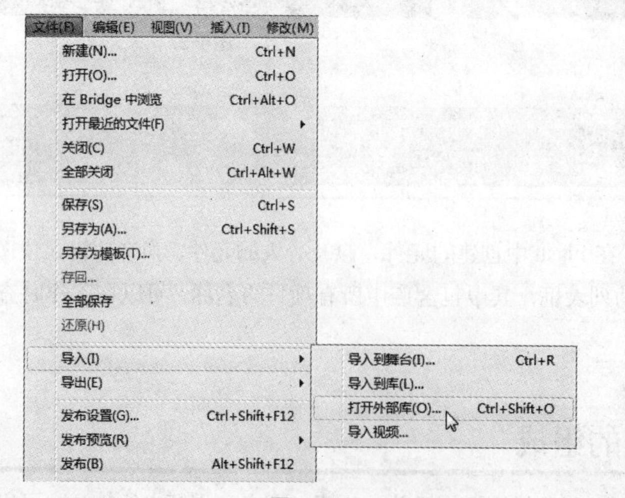

图4-29

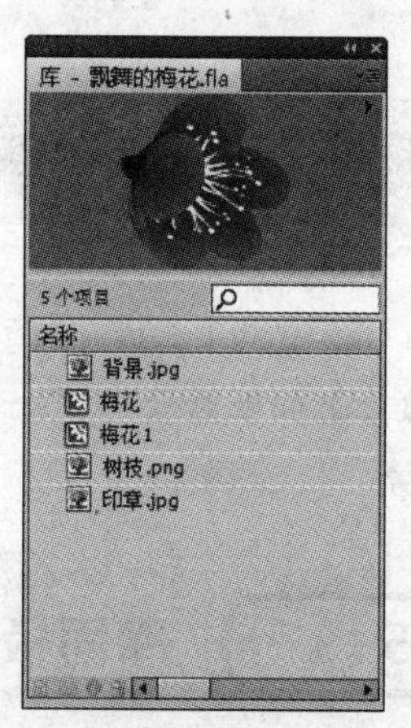

图4-30

4.5.4 公用库

公用库是 Flash 自带的一个素材库。使用 Flash 附带的公用库可以向文档中添加按钮或声音，还可以创建自定义公用库，然后与创建的任何文档一起使用。不能在公用库中编辑元件，只有当调用到当前动画后才能进行编辑。公用库共分 3 种，分别是【声音】、【按钮】和【类】。

在 Flash 中，执行【窗口】>【公用库】命令，在弹出的子菜单中包含 3 个命令，如图 4-31 所示。

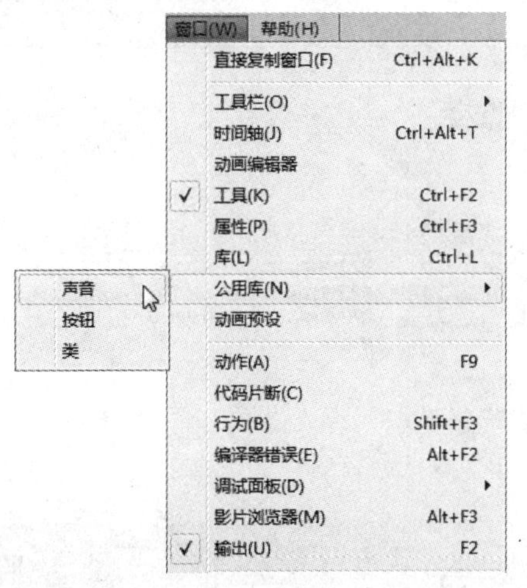

图4-31

【声音】库中包含了多种类型的声音，可以根据自己的具体需要在【声音】库中选择合适的声音，如图 4-32 所示。【按钮】库中提供了内容丰富且形式各异的按钮标本，可以根据自己的具体需要在【按钮】库中选择合适的按钮，如图 4-33 所示。【类】库中包括“DataBingdingClasses”（数据绑定组件）、“UtilsClasses”（应用组件）和“WebServiceclasses”（网络服务组件）3 个元件，如图 4-34 所示。

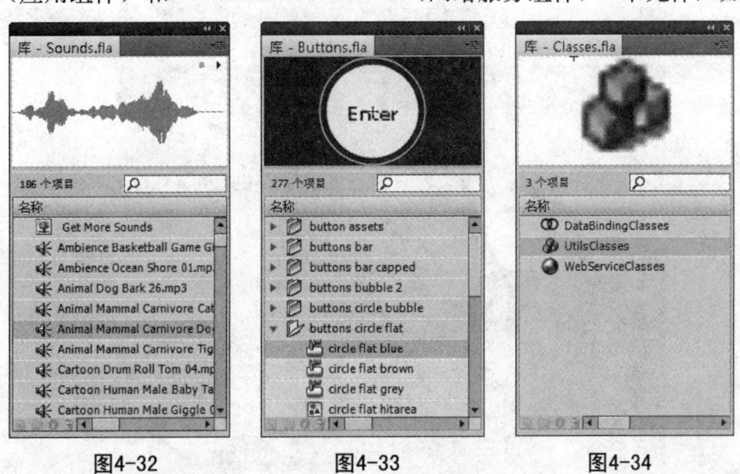

图4-32　　图4-33　　图4-34

4.5.5 图像素材的应用

在制作 Flash 动画的过程中，仅使用自带的绘图工具远远不能满足对素材的需求，这就需要从外部导入创作时所需要的素材。使用现有的外部资源会极大地提高工作效率，缩短制作时间。

1. **导入图像素材**

执行【文件】>【导入】>【导入到舞台】命令，如图 4-35 所示。在弹出的对话框选择导入的图像，然后单击【打开】按钮，即可将图像导入到舞台中，如图 4-36 所示。

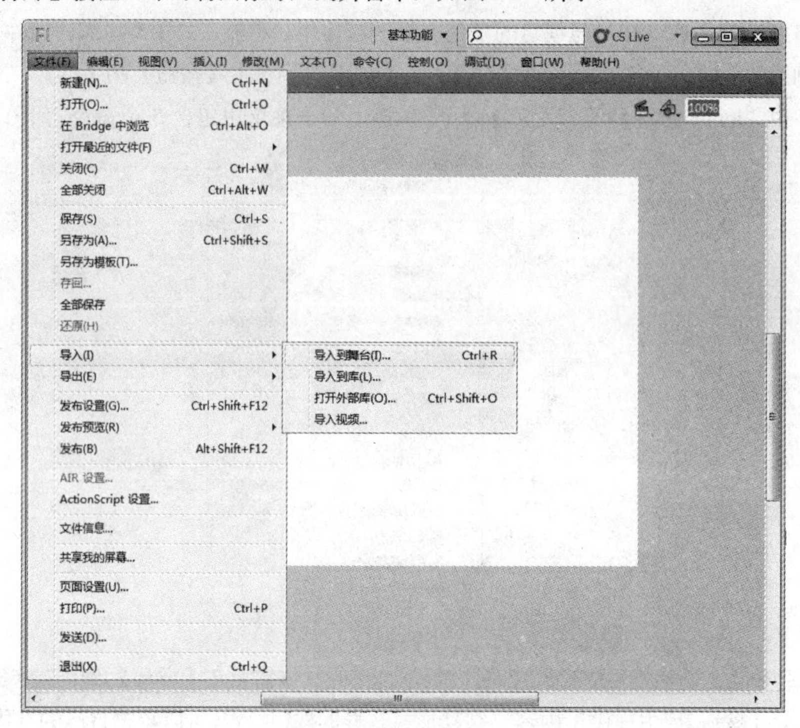

图4-35

图4-36

另外，执行【文件】>【导入】>【导入到库】命令，将弹出【导入到库】对话框，如图 4-37 所示。从中选择要导入到库中的图像，然后单击【打开】按钮，可以将图像导入到【库】面板中，如图 4-38 所示。

图4-37　　图4-38

2. 选择外部编辑器

打开【库】面板，在编辑的位图上单击鼠标右键，在弹出的快捷菜单中选择【编辑方式】命令，如图 4-39 所示，弹出【选择外部编辑器】对话框，从中选择编辑软件即可，如图 4-40 所示。

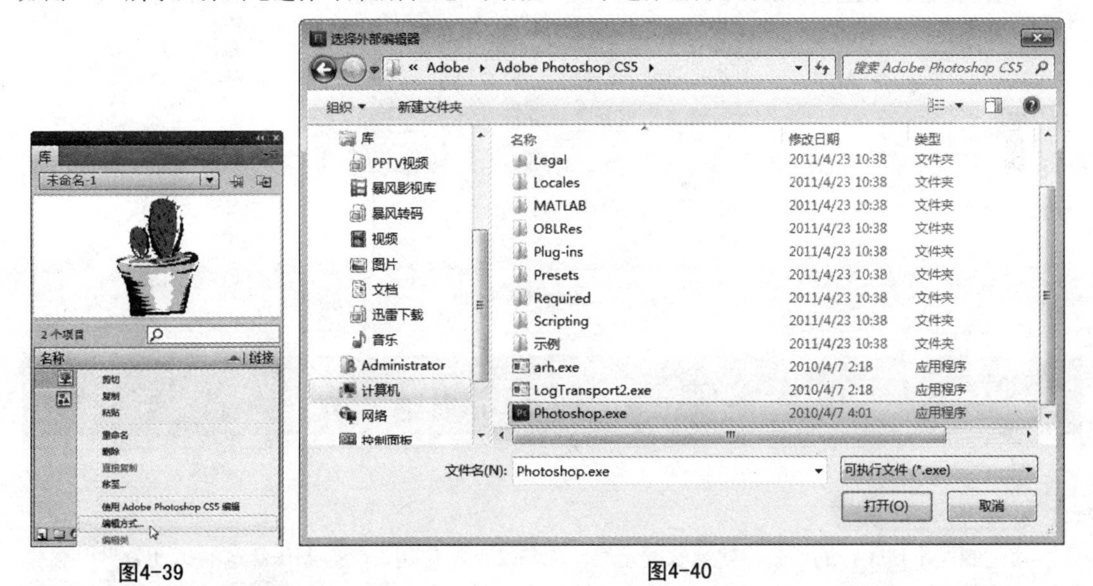

图4-39　　图4-40

3. 将位图转换为矢量图

在 Flash 中不能编辑导入的位图，如果将其转化为矢量图，就可以改变色彩及外形等，还可以减少图形的体积。选中需要转换的位图图像，如图 4-41 所示。然后执行【修改】>【位图】>【转换位图为矢量图】命令，弹出【转换位图为矢量图】对话框，然后进行设置并确认即可，如图 4-42 所示。

图4-41

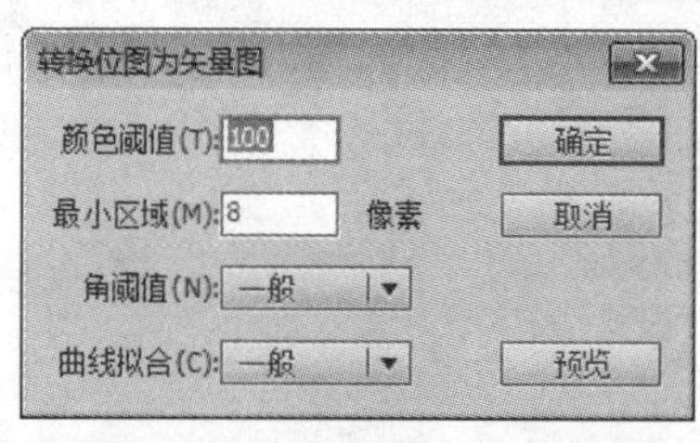

图4-42

4.6 综合案例——自由的小鸟

学习目的

通过制作小鸟飞行的场景，熟练掌握元件、库与实例的应用，学会制作简单的运动效果，强化引导层与被引导层的应用。

重点难点

- 元件、库与实例的应用与操作
- 引导层与被引导层的应用
- 动画补间的应用

本实例效果如图 4-43 所示。

图4-43

操作步骤

Step01 新建一个 Flash 文档，设置其尺寸为 550 像素 ×550 像素，帧频为 24。将文档名保存为“小鸟”。如图 4-44 所示。

Step02 执行【文件】>【导入】>【导入到库】命令，将所需素材全部导入到库中，如图 4-45 所示。

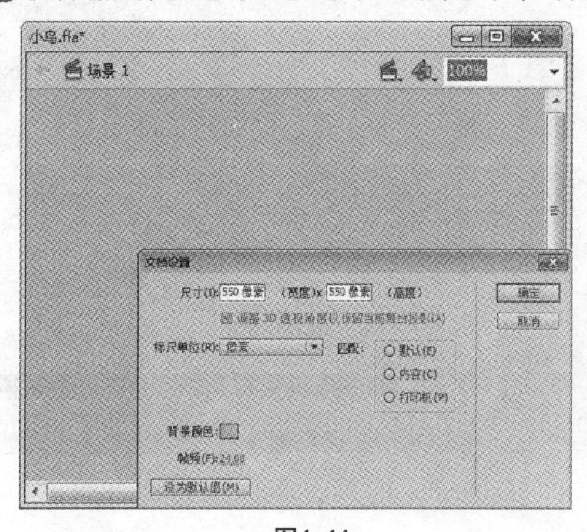

图4-44

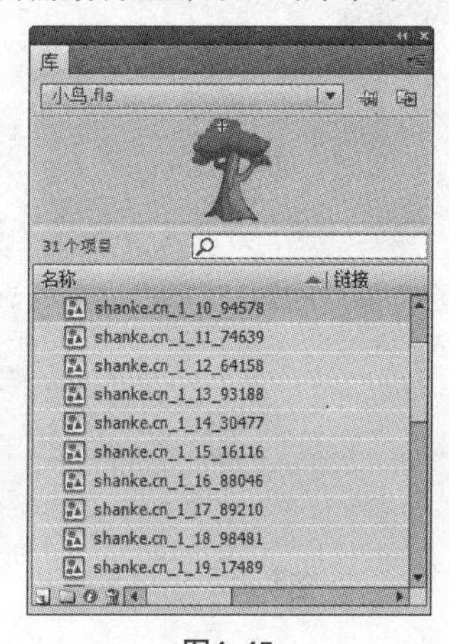

图4-45

Step03 执行【插入】>【新建元件】命令，在弹出的对话框中更改其名称为“小鸟”，在类型下拉列表中选择“影片剪辑”，单击【确定】按钮即可创建影片剪辑“小鸟”，如图 4-46 所示。

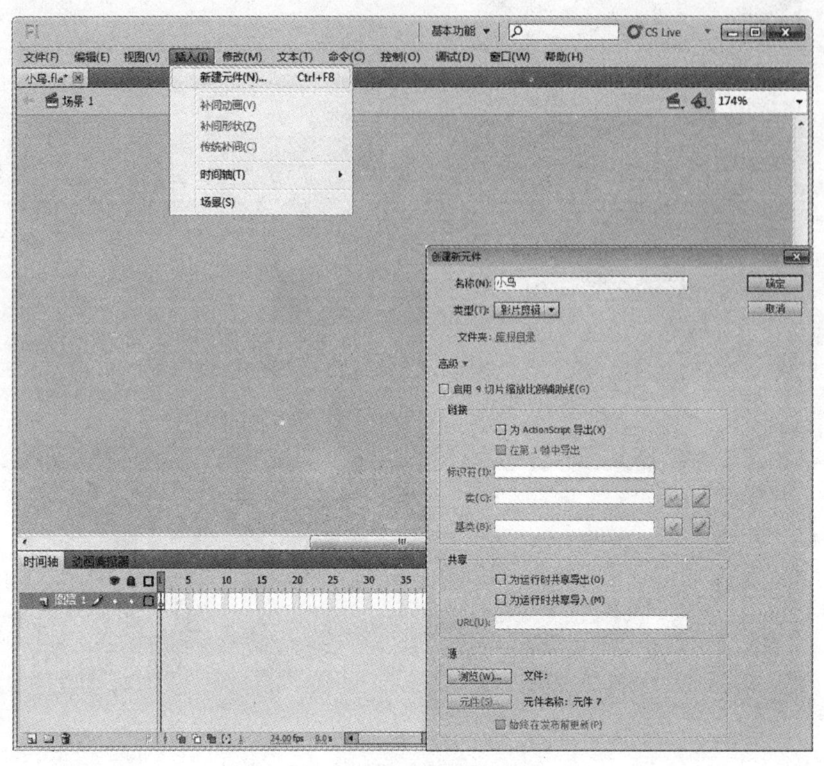

图4-46

Step04 将【库】面板中的图形元件“八哥”拖曳至编辑区域的居中偏上位置，并利用任意变形工具将其缩小，如图 4-47 所示。

Step05 在 160 帧处插入关键帧，利用选择工具将元件“八哥”移至编辑区域的下方，并利用任意变形工具将其放大，如图 4-48 所示。

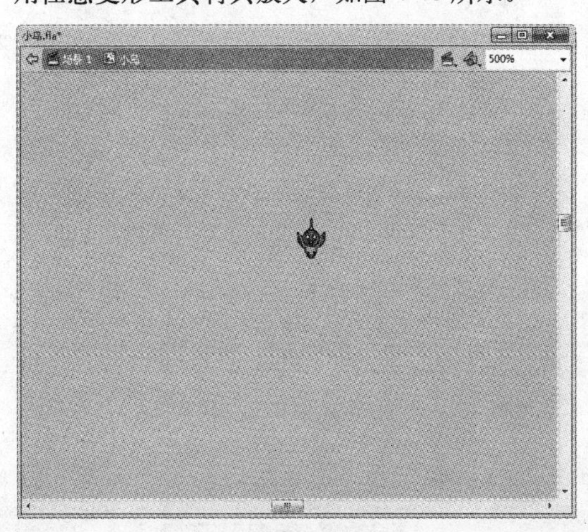

图4-47

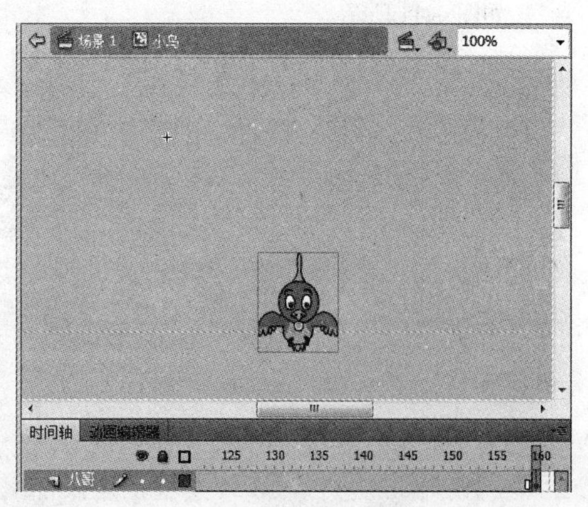

图4-48

Step06 新建图层 2，在“图层 2”上单击鼠标右键，在弹出的快捷菜单中选择【引导层】命令，将其设置为引导层，如图 4-49 所示。

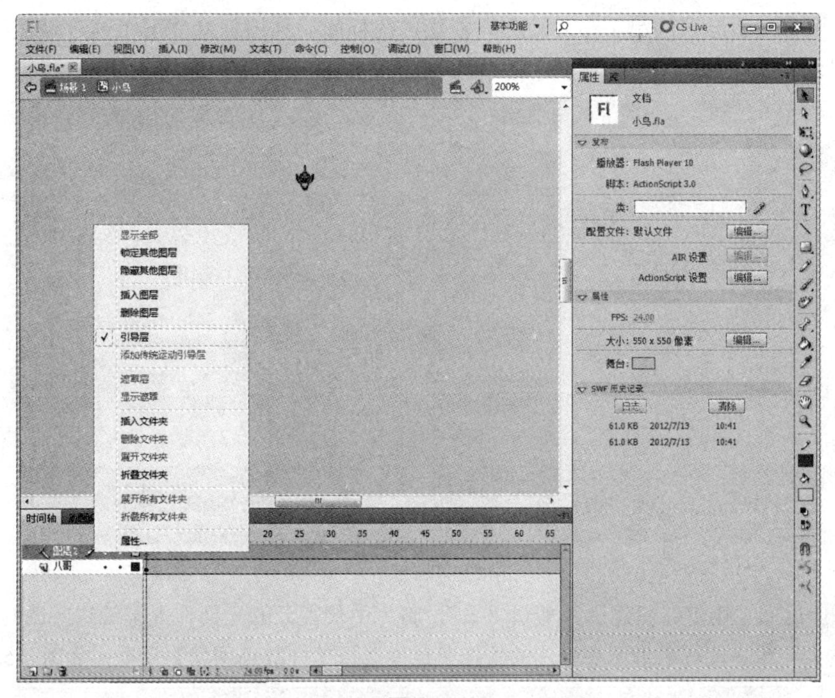

图4-49

Step07 将“八哥”图层拖曳至其与“图层 2”图层的中间位置，当出现一条黑框线时即释放鼠标，此时“八哥”图层为被引导层，如图 4-50 所示。

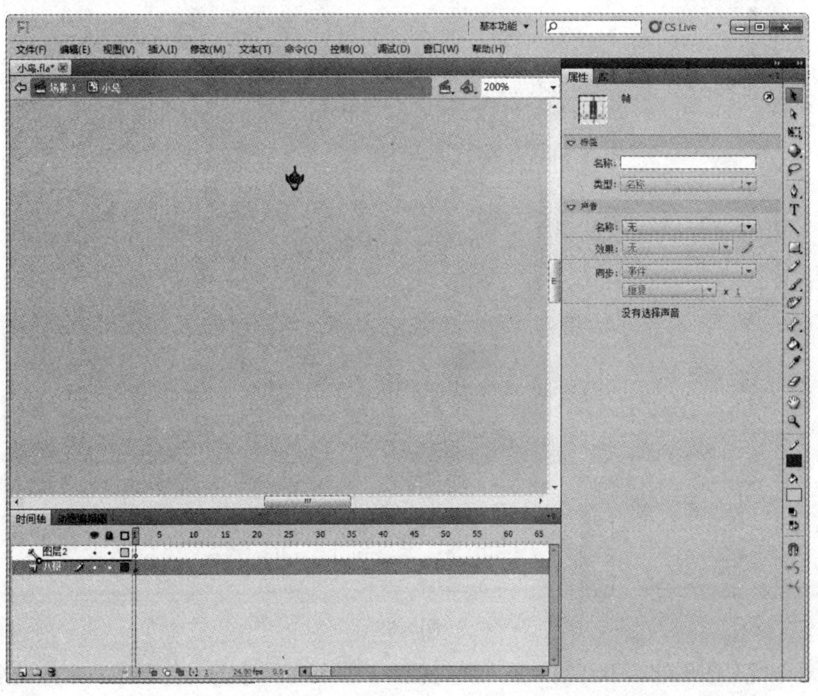

图4-50

Step 08 利用铅笔工具绘制一条弯曲的线段，线段的两个端点分别设在第 1 帧和第 160 帧处的元件小鸟的节点上，如图 4-51 所示。

Step 09 在被引导层的第 1~160 帧之间创建传统补间，利用任意变形工具分别在第 1 帧和第 160 帧处调整小鸟的大小，使其从第 1~160 帧做由远及近的运动，如图 4-52 所示。

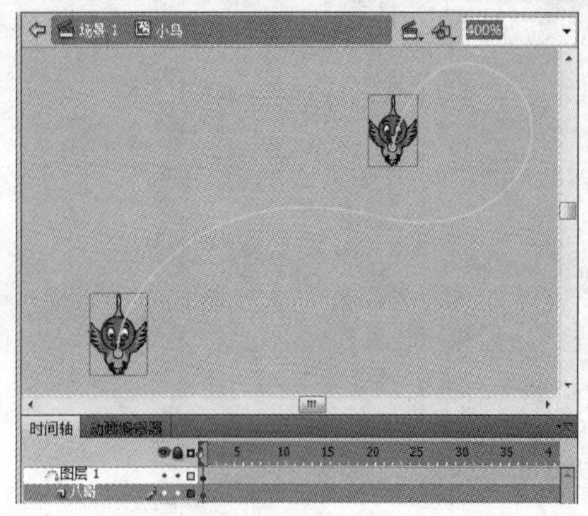

图4-51

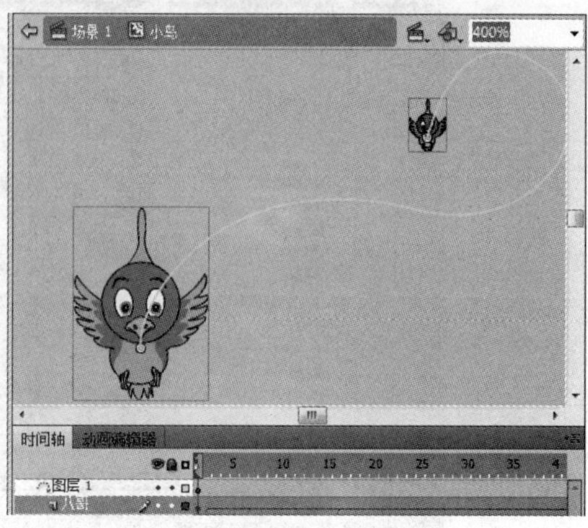

图4-52

Step 10 返回主场景。新建影片剪辑“云”，将库中代表云的元件拖曳至编辑区域的合适位置。选中所有的云，单击鼠标右键，在弹出的快捷菜单中选择【分散到图层】命令，如图 4-53 所示。

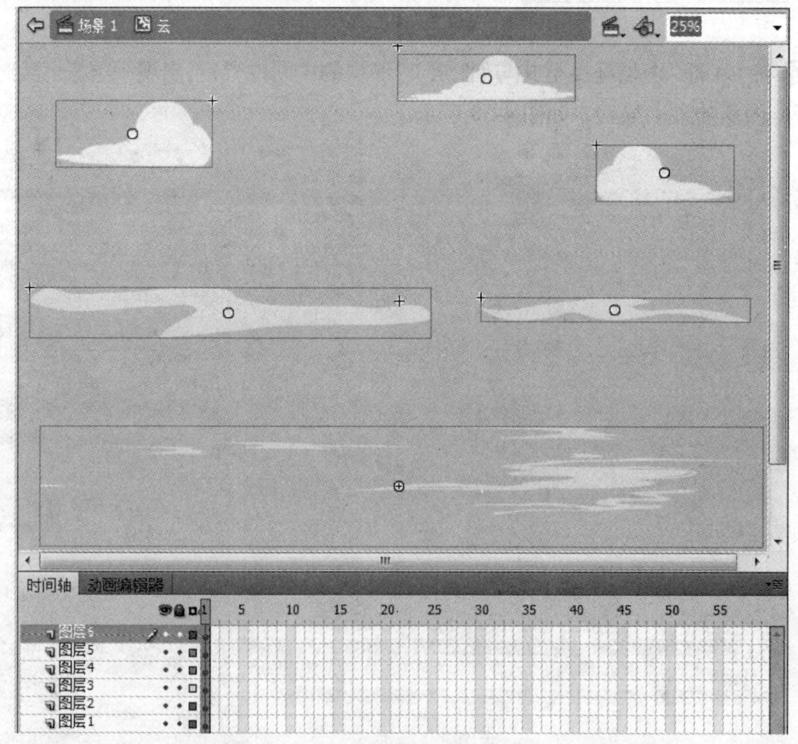

图4-53

Step 11 在所有图层的第 160 帧处插入关键帧，分别将每层上的元件任意向右拖曳至合适位置。在所有图层的第 1~160 帧之间创建传统补间，如图 4-54 所示。

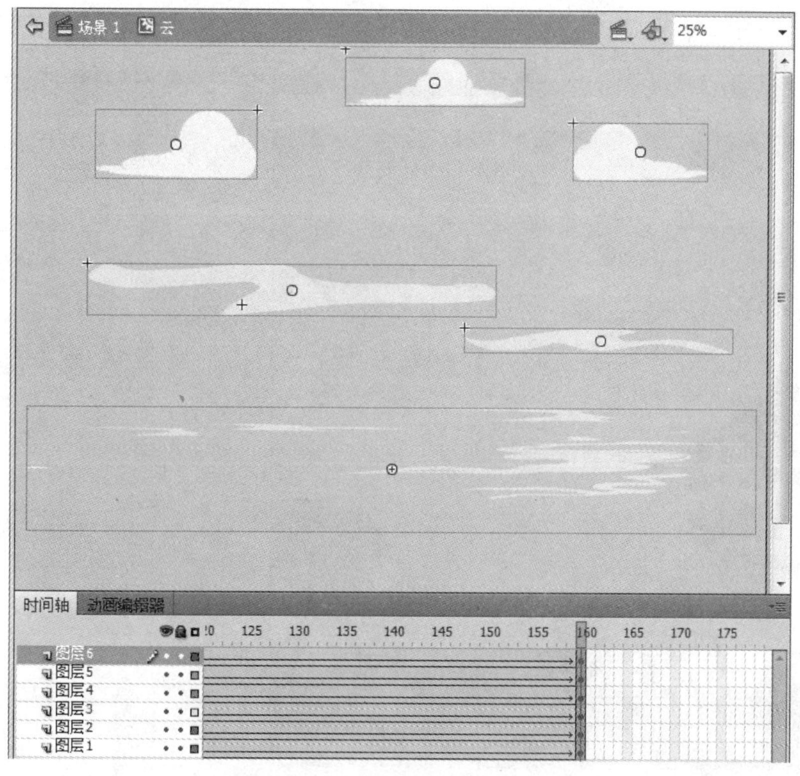

图4-54

Step 12 返回主场景。新建影片剪辑 BG，将库中的所有背景元件拖曳至编辑区域，调整其大小和位置，如图 4-55 所示。

Step 13 返回主场景。将【库】面板中的影片剪辑元件“BG”拖曳至舞台合适位置，如图 4-56 所示。

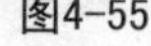
图4-55

图4-56

Step 14 新建“图层 2”，将【库】面板中的影片剪辑元件“云”拖曳至舞台合适位置，如图 4-57 所示。

图4-57

Step 15 新建图层 3，将库中的影片剪辑元件小鸟拖曳至舞台合适位置。按【Ctrl+Enter】组合键，测试影片制作效果，如图 4-58 所示。

图4-58

4.7 经典商业案例赏析

如今，商业广告一波又一波地袭向人们的眼球，几乎所有的广告都离不开 Flash 动画的插入，Flash 制作的广告不仅效果一流，且投资成本低。如图 4-59 所示为一则房产广告，它就是由 Flash 制作而成的纯动画广告。

图4-59

4.8 课后练习

一、选择题

1. 元件是一些可以重复使用的图形、按钮或动画，它们被存放在（ ）中。

A. 窗口　　B. 时间轴　　C. 图层　　D. 库

2. 影片剪辑元件用（ ）图标表示。

A. 齿轮　　B. 手指　　C. 几何图形　　D. 圆点

3. 在 Flash CS5 中，要在元件的编辑模式下编辑元件，需按（ ）组合键。

A.Ctrl+T　　B.Ctrl+E　　C.Ctrl+Enter　　D.Ctrl +Shift

4. 用于调节实例的透明度的是（ ）。

A. Alpha　　B. 亮度　　C. 色调　　D. 高级

5. 在 Flash CS5 中，分离实例的组合键是（ ）。

A. Ctrl+D　　B. Ctrl+B　　C. Ctrl+N　　D. Ctrl+E

二、填空题

1.Flash 中的元件包括 3 种类型，分别是 ________、________ 和 ________。

2. 图形元件通常用于存放静态的对象。用户不能为图形元件添加________和________。

3.________元件就像是 Flash 中嵌套的小型影片一样，使用它可以创建重用的动画片段，它具有和主时间轴相对独立的时间轴属性。

4. 按钮元件是一种特殊的元件，具有一定的交互性，是一个具有 4 帧的影片剪辑，这 4 帧分别是________、________、________和________。

三、上机操作题

1. 新建一个 Flash 文档，将图 4-60 中的素材导入到库中，并从库中拖曳至编辑区域，将它们按照自己的喜好摆放在合适的位置。

图4-60

2. 在第一题的基础上，改变卧室的整个色调，如图 4-61 所示。

图4-61

第5章 文本的编辑

文本工具是优秀 Flash 作品创作过程中必不可少的重要工具。文本内容可以直接传达制作者们想要表达的思想。并且会提升整个作品的质量。本章将主要对文本创建的方法、文本属性的设置、文本变形的处理等内容进行详细介绍。

本章知识要点

- 掌握几种文本的创建方法
- 了解文本的属性设置
- 掌握文本的变形处理
- 掌握滤镜的创建

5.1 文本的使用

在 Flash CS5 中提供了两类文本，除了传统文本外，还提供了 TLF 文本。传统文本包括静态文本、动态文本、输入文本 3 种，此外还可以创建滚动文本。

5.1.1 静态文本

静态文本是指在动画的制作阶段创建，在动画运行期间不能修改编辑的文本。静态文本是 Flash 动画中应用最广泛的一种文本格式。静态文本最基本的功能是显示状态信息，文字的输入和编排。

静态文本的创建有两种方法，分别是选择工具箱里面的文本工具T 或使用快捷键【T】来创建静态文本。

在创建静态文本时，默认状态下文本的输入框是不固定宽度的单行模式，输入框会根据用户输入的内容自动扩展。当用户设置了文本输入框相应的宽度后，如果输入的内容超过设置的宽度时，会自动换行。

在 Flash CS5 中，可以通过单击【属性】面板中静态文本右侧的【改变文本方向】按钮，在弹出的下拉列表选择相应的命令，即可改变文本的方向，如图 5-1 所示。

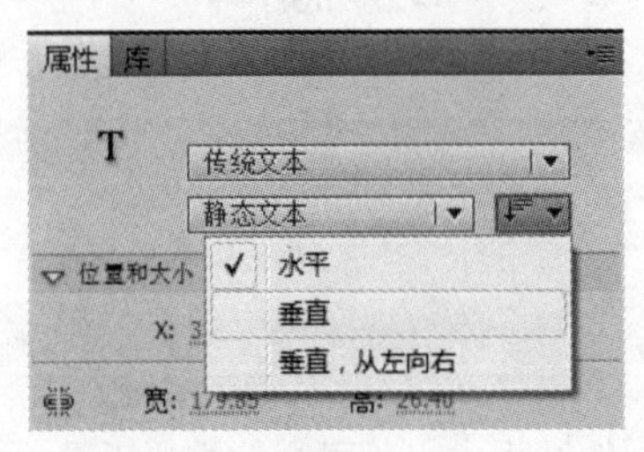

图5-1

静态文本的创建很简单，首先在工具箱中选择文本工具，打开【属性】面板，选择【文本引擎】下拉列表中【传统文本】选项，选择【文本类型】下拉列表中的【静态文本】选项，如图 5-2 所示。随后对文字的字体、大小、颜色等属性进行设置，最后在舞台上输入静态文本内容“鸟语花香”即可，如图 5-3 所示。

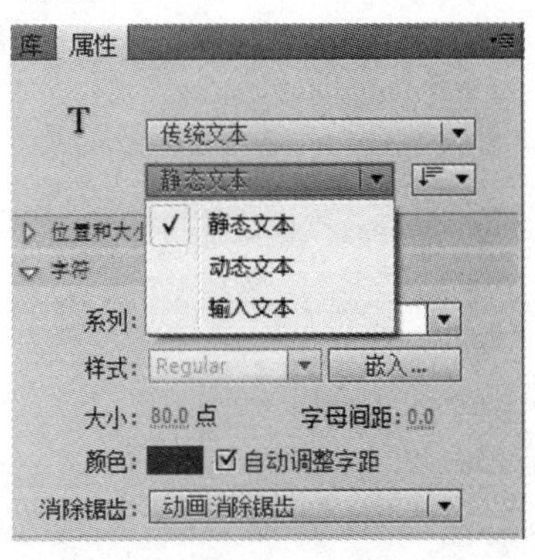

图5-2

图5-3

5.1.2 动态文本

动态文本主要应用于数据的更新，外部文件的显示。一些可以被浏览者选择的文本，以及需要动态更新的文本用动态文本来显示。在 Flash 动画制作过程中，创建一个动态文本区域，创建一个外部文件，通过脚本语言的编写，来实现动态文本与外部文件的连接。

动态文本的【属性】面板中，基本选项的含义如下。

- 实例名称：为当前操作的动态文本指定对象名称。
- 行为：指当前操作的文本多于一行时，可在【属性】面板【段落】选项区的【行为】下拉列表中选择“单行”、“多行”（自动回行）、“多行不换行”进行显示。
- 变量：是指在该文本框中，输入动态文本的变量名称。
- 在文本周围显示边框：单击该按钮，即可显示文本边框。

动态文本的创建与静态文本的创建基本相同，首先在工具箱中选择文本工具，打开【属性】面板，选择【文本引擎】下拉列表中【传统文本】选项，选择【文本类型】下拉列表中的【动态文本】选项，如图 5-4 所示。随后对文字的字体、大小、颜色等属性进行设置。最后在舞台上输入动态文本“鸟语花香”即可，如图 5-5 所示。

图5-4

图5-5

5.1.3 输入文本

输入文本主要应用于实现交互操作，通过浏览者填写信息，来实现信息的交互。例如搜索引擎、用户登录栏等。

在输入文本中，对文本的各种属性设置主要是针对浏览用户的输入进行设置的。在工具箱中选择文本工具，打开【属性】面板，选择【文本引擎】下拉列表中【传统文本】选项，选择【文本类型】下拉列表中的【输入文本】选项，并对文字的字体、大小、颜色等属性进行设置，如图 5-6 所示。

输入文本的创建与静态文本和动态文本的创建基本相同，只是在选择【文本类型】下拉列表中，选择【输入文本】即可，在输入文本的【行为】下拉列表菜单中还包括【密码】选项，选择该选项后，用户输入的内容全部显示为“*”，如图 5-7 所示。

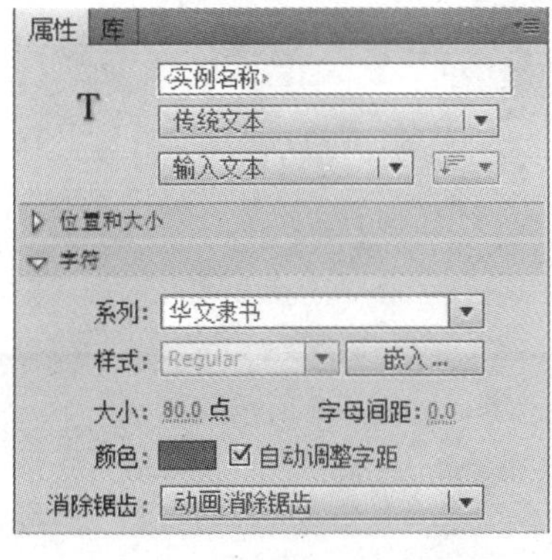

图5-6

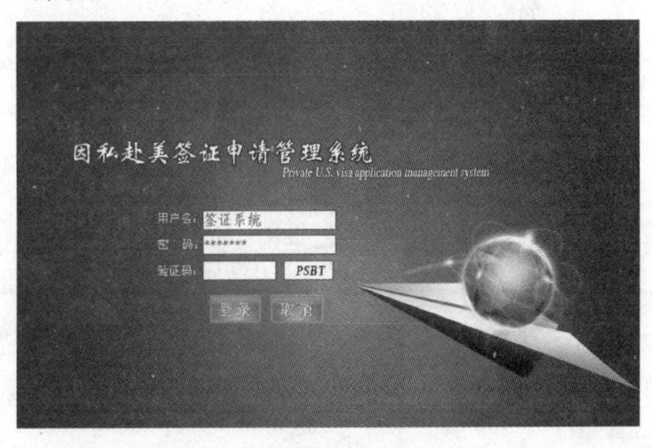

图5-7

5.2 编辑与设置文本样式

在 Flash CS5 中，用户可以通过文本的属性面板对文本的位置和大小、字符、段落等属性进行相应的设置。

5.2.1 消除锯齿文本

消除锯齿文本的功能,能够更清晰地显示较小的文本内容。用户在输入文本内容后,执行【视图】>【预览模式】>【消除文字锯齿】命令即可,如图 5-8 所示。

图5-8

5.2.2 设置文字属性

字符的属性包括字体系列、样式、大小、字母间距、颜色等,如图 5-9 所示。

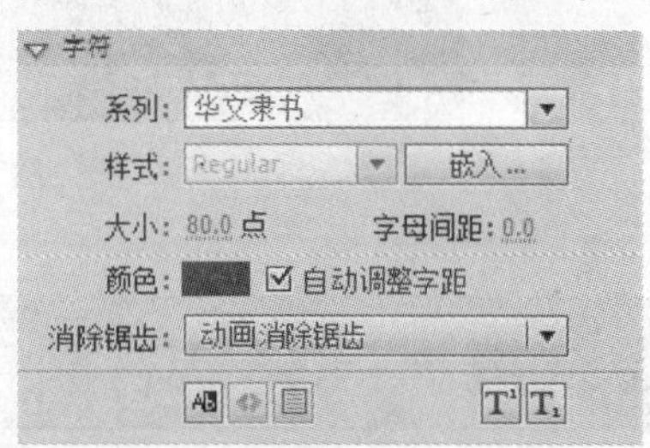

图5-9

- 系列:用于设置字体名称。
- 样式:用于设置常规、斜体、粗体等样式。

● 大小：用于设置字符大小。
● 颜色：用于设置文本颜色。
● 消除锯齿：用于设置设备字体、动画消除锯齿、自定义消除锯齿、可读性消除锯齿等。
● 切换上标：用于将字符移动到标准线的上方，并稍微缩小字符。
● 切换下标：用于将字符移动到标准线的下方，并稍微缩小字符。

5.2.3 为文本添加超链接

为文本创建超链接后，单击该文本即可以链接相应的网页或网站。选择文本工具输入文本，如图 5-10 所示。接着在【选项】选项区中的【链接】文本框中输入相应的链接地址，如图 5-11 所示。在测试影片的时候当鼠标指针指向文字时，鼠标指针将会变成手状。

图5-10

图5-11

5.2.4 设置段落格式

在 Flash CS5 中，用户可以在【属性】面板符的【段落】选项区域中设置文本的缩进、行距、左右边距、左对齐、居中对齐、右对齐、两端对齐等属性，可以根据文本的实际需要进行相应的调整，如图 5-12 所示。

● 格式：用于设置左对齐、右对齐、居中对齐、两端对齐。
● 间距：用于设置字符左右和上下间距。
● 边距：用于设置字符左右边距。
● 行为：用于设置单行、多行、单行不换行。

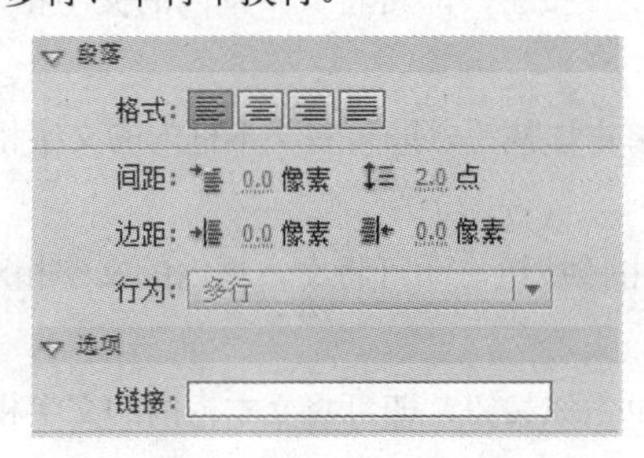

图5-12

在 Flash CS5 中，设置文本的对齐方式有两种，水平文本和垂直文本。创建水平文本，在属性面板中单击相应的按钮即可创建该文本的对齐方式。

- 【左对齐】按钮：单击该按钮，即可将文本框内的文字相对于文本框的水平位置左对齐，如图 5-13 所示。
- 【居中对齐】按钮：单击该按钮，即可将文本框内的文字相对于文本框的水平位置居中对齐，如图 5-14 所示。

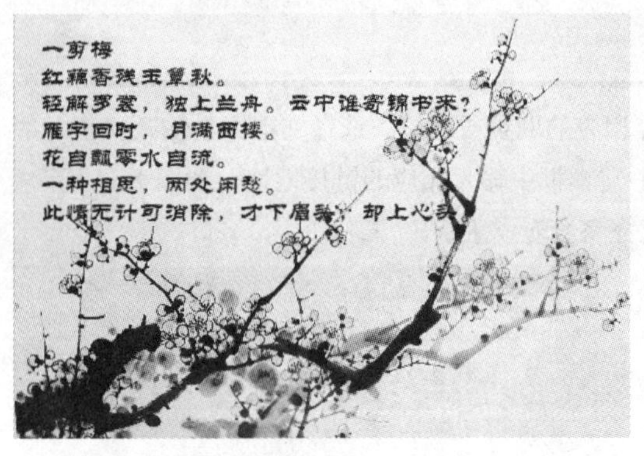

图5-13

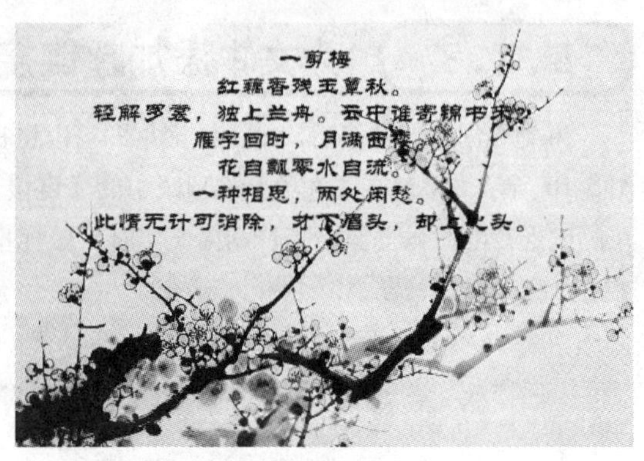

图5-14

- 【右对齐】按钮：单击该按钮，即可将文本框内的文字相对于文本框的水平位置右对齐，如图 5-15 所示。
- 【两端对齐】按钮：单击该按钮，即可将文本框内的文字相对于文本框的水平位置两端对齐，如图 5-16 所示。

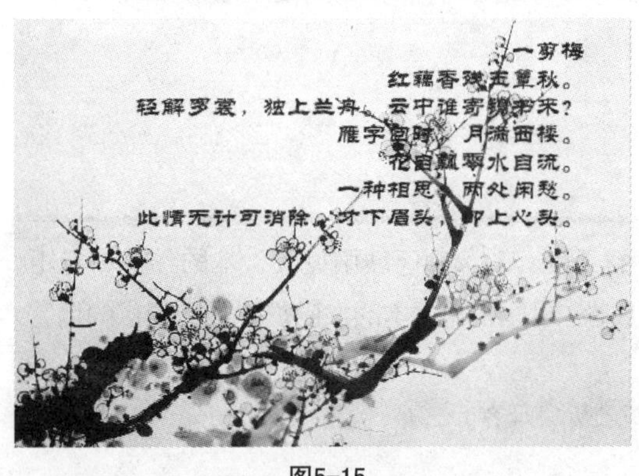

图5-15

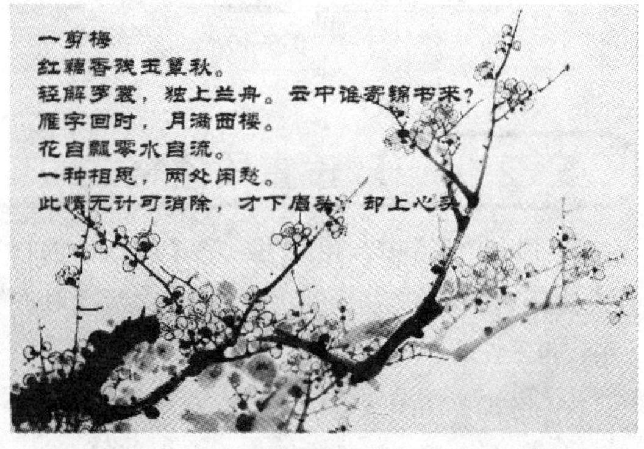

图5-16

创建垂直文本时，按钮功能如下。

- 【顶对齐】按钮：单击该按钮，即可将文本框内的文字相对于文本框的垂直位置顶对齐，如图 5-17 所示。
- 【居中对齐】按钮：单击该按钮，即可将文本框内的文字相对于文本框的垂直位置居中对齐，如图 5-18 所示。
- 【底对齐】按钮：单击该按钮，即可将文本框内的文字相对于文本框的垂直位置底对齐，如图 5-19 所示。
- 【两端对齐】按钮：单击该按钮，即可将文本框内的文字相对于文本框的垂直位置两端对齐，如图 5-20 所示。

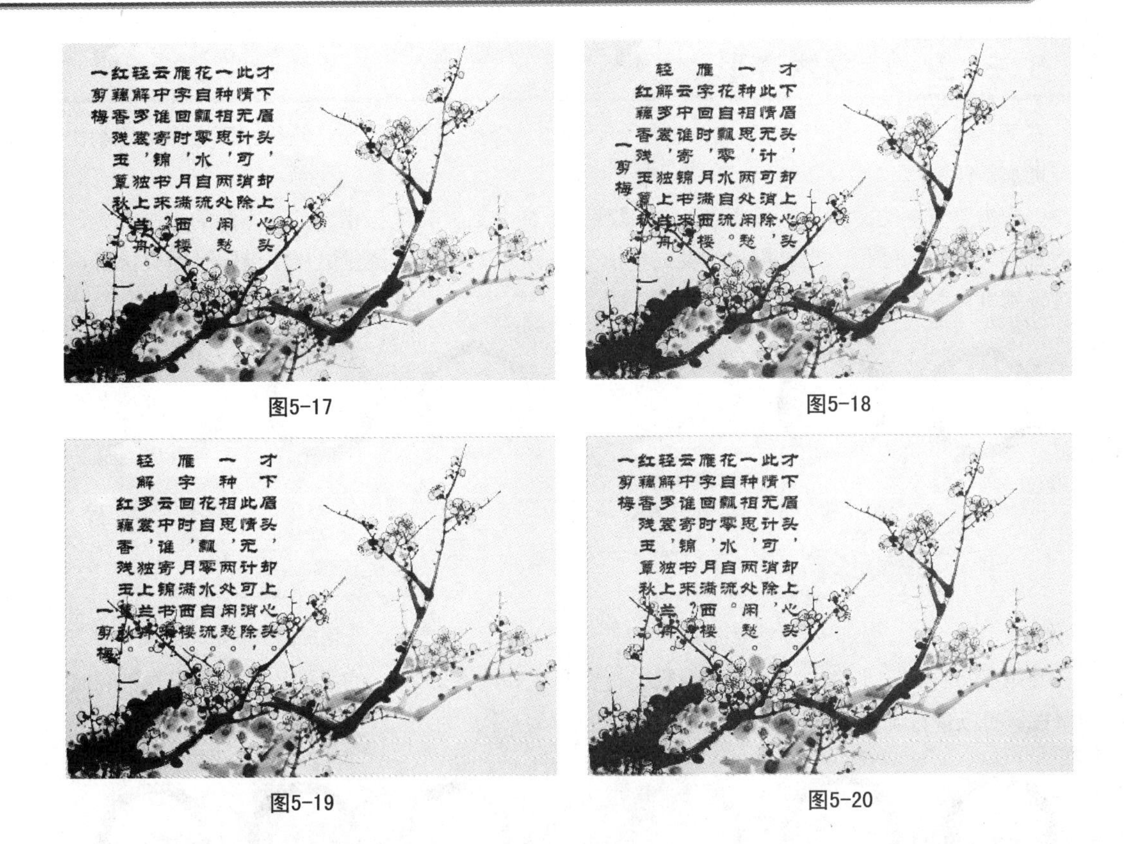

图5-17　　图5-18

图5-19　　图5-20

5.3　文本的分离与变形

通常输入的文本不是矢量对象，因此不能够对其进行颜色填充、变形等操作。要执行这些操作，用户首先需要对文本进行分离操作。

5.3.1　分离文本

Flash CS5 中的文字对象的性质与一般图形对象相同，都可以进行分离和组合的操作。执行【分离】命令可以把文本的字符分离成一个独立的文本块，但是经过分离处理的文字将不能够进行文本编辑。

选中所输入的文本，如图 5-21 所示。执行【修改】>【分离】命令，即可实现文本分离，如图 5-22 所示。

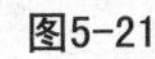

图5-21

图5-22

5.3.2 文本变形

在 Flash CS5 中，用户可以对文本进行变形操作。例如缩放、旋转、倾斜，等操作，使制作的动画更加丰富多彩。

选中需要变形的文本，执行【修改】>【变形】命令后，将鼠标指针放在不同的控制点上，鼠标指针的形状也会变化。当鼠标指针变成如图 5-23 所示的时候，按住鼠标左键同时拖曳鼠标，可以进行倾斜文本的操作，倾斜效果如图 5-24 所示。

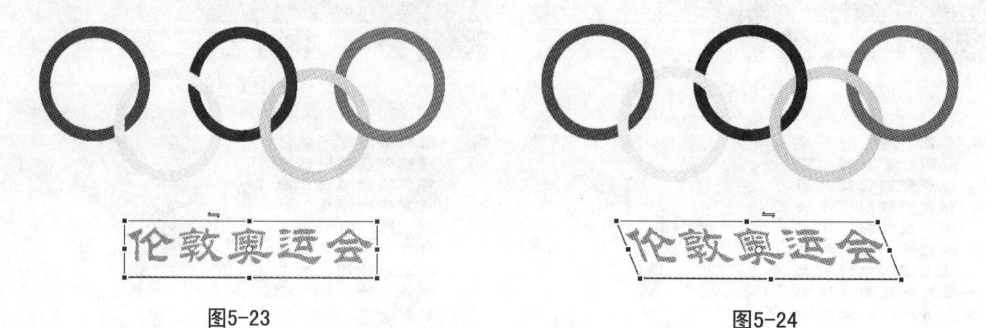

图5-23　　图5-24

将鼠标指针移动至文本右上角，当鼠标指针变成如图 5-25 所示的时候。按住鼠标左键同时拖曳鼠标，可以进行旋转文本操作，旋转效果如图 5-26 所示。

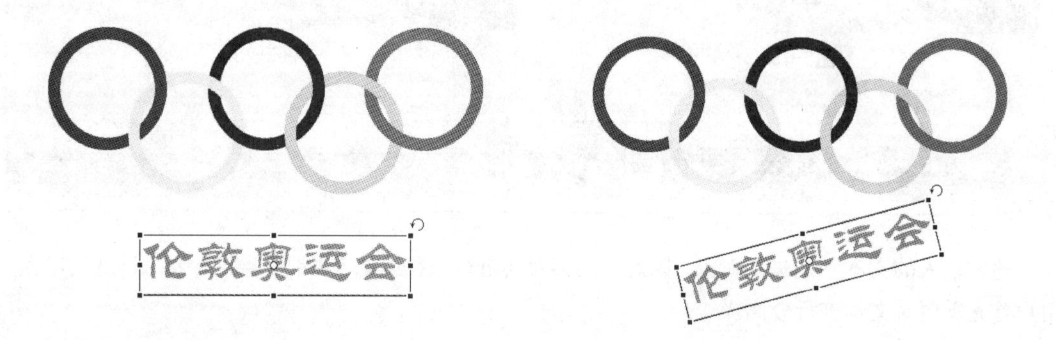

图5-25　　图5-26

将鼠标指针移动至文本右下角，当鼠标指针变成如图 5-27 所示的时候。按住鼠标左键同时拖曳鼠标，可以进行缩放文本操作，缩放效果如图 5-28 所示。

图5-57　　图5-28

5.3.3 对文字局部变形

Flash CS5 中也可以对文本进行一些更复杂的变形操作，执行【修改】>【分离】命令将文本转化为图像，然后通过扭曲、封套等命令制作出更复杂更丰富的文字效果。下面将介绍对文字局部变形的具体步骤。

Step01 在 Flash 文档中，输入静态文本“扬帆起航”。选中文本后执行两次【修改】>【分离】命令，将文本转化为图形对象，如图 5-29 所示。

Step02 使用钢笔工具改变“帆”字的形状，如图 5-30 所示。

图5-29

图5-30

Step03 选中所有文字对其填充颜色，类型为线性渐变，色值参考【颜色】面板进行设置，如图 5-31 所示。

图5-31

5.4 Flash CS5的滤镜功能

在 Flash CS5 中可以通过滤镜来为文本、按钮、影片剪辑添加更丰富有趣的视觉效果。可以直接从【属性】面板中的【滤镜】选区为选中的对象添加滤镜特效。

5.4.1 滤镜的基本操作

运用滤镜功能可以制作出很多特殊的效果，如投影、模糊、斜角、发光、渐变发光等。在 Flash CS5 中，编辑滤镜的主要工具是【属性】面板中的【滤镜】选项区，在此选项区中可以进行添加、删除、修改滤镜等操作，如图 5-32 所示。

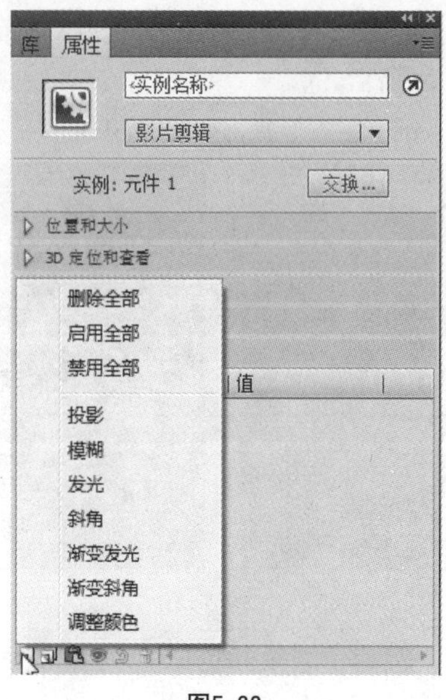

图5-32

5.4.2 设置滤镜效果

下面将对滤镜添加的方法，以及每种滤镜的效果特点进行详细的介绍。

- 模糊滤镜：可以模糊对象的边缘和细节，使用模糊滤镜可以为对象添加模糊效果，如图 5-33 所示。
- 发光滤镜：使用发光滤镜可以为对象添加发光效果，既可以使对象内部发光也可以使对象外部发光，如图 5-34 所示。

图5-33

图5-34

- 斜角滤镜：为对象应用加亮效果，使对象看起来凸出背景的表面，如图 5-35 所示。
- 投影滤镜：为对象添加影子的效果，如图 5-36 所示。

图5-35

图5-36

- 渐变发光：渐变发光滤镜，可以使应用对象表面产生带渐变颜色的发光效果，如图 5-37 所示。
- 渐变斜角：渐变斜角滤镜与斜角滤镜的效果相似，如图 5-38 所示。

图5-37

图5-38

5.5　综合案例——秋天的童话

学习目的

通过对本实例的练习，可以熟练掌握文本的创建、文本的分离与变形、图形的描边，以及渐变颜色的填充等操作。

重点难点

- 文本的分离
- 文本的变形
- 渐变颜色的填充

操作步骤

Step 01 执行【文件】>【新建】命令，新建一个 Flash 文档，并设置其尺寸、帧频等属性，如图 5-39 所示。

Step 02 将图片“秋天”从库中拖曳到舞台上，将舞台大小设置与图片大小相同。将图层 1 命名为“背景”图层，如图 5-40 所示。

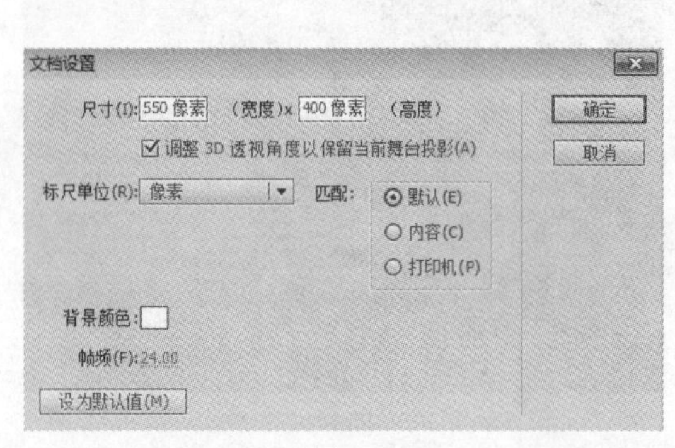

图5-39

图5-40

Step 03 选择文本工具，设置文本工具相应的参数，如图 5-41 所示。

Step 04 新建图层 2，在舞台上面输入文本“秋天的童话”，如图 5-42 所示。

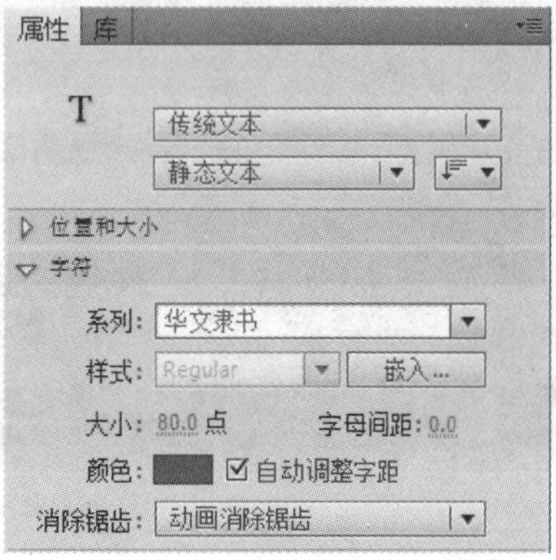

属性 库

T

传统文本

静态文本

位置和大小

字符

系列：华文隶书

样式：Regular　嵌入...

大小：80.0 点　字母间距：0.0

颜色：　自动调整字距

消除锯齿：动画消除锯齿

图5-41

图5-42

Step 05 选中文本内容，然后按【Ctrl+B】组合键将其分离为文本图形。

Step 06 选择墨水瓶工具，在【属性】面板中设置【笔触颜色】和【笔触高度】分别为“白色”和“1”，在分离后的文本上单击鼠标左键为文本添加图形描边，如图 5-43 所示。

Step 07 按【Delete】键删除选中状态的文本填充图形，如图 5-44 所示。

图5-43

图5-44

Step 08 新建图层 3，将【颜色】面板中的【线性渐变】颜色设置为“紫色”（#9933FF）、“蓝色”（#6699FF）、“绿色”（#66FF99），绘制一个矩形完全遮住图层 2 的内容，如图 5-45 所示。

图5-45

Step 09 将图层 2 的内容“剪切”,“粘贴”到图层 3 的当前位置，并删除多余填充和描边，如图 5-46 所示。

图5-46

Step 10 选择相应的图形文本，执行【修改】>【变形】>【任意变形】命令，如图 5-47 所示。对文本图形进行相应的放大和缩小，如图 5-48 所示。

图5-47

图5-48

Step 11 选中文本图形单击鼠标右键，将文本图形转化为“影片剪辑”元件，并在【属性】面板【滤镜】选项区中设置“发光滤镜”效果，如图 5-49 所示。调节“影片剪辑”在舞台上的位置完成绘制，如图 5-50 所示。

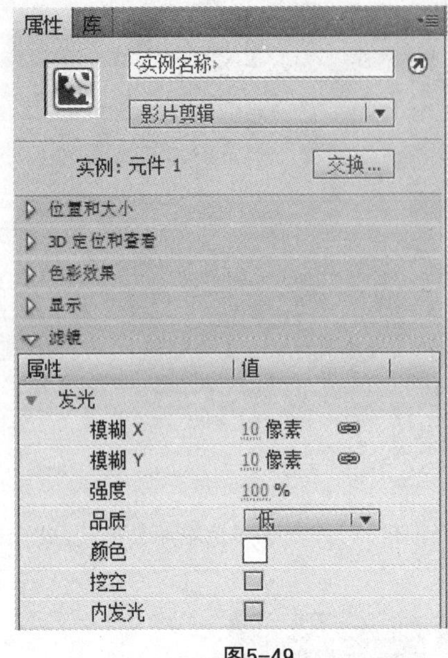

图5-49

图5-50

Step 12 制作完成按【Ctrl+S】组合键后保存文件，并按【Ctrl+Enter】组合键测试影片，如图 5-51 所示。

图5-51

5.6 经典商业案例赏析

如图 5-52 所示的动画为印象杂志广告。该广告的文本运用比较巧妙，对文本进行了分离和变形的处理，使文字看上去更加生动。该案例文本布局合理，颜色搭配和谐，给人一种美观大方的感觉。

图5-52

5.7　课后练习

一、选择题

1. 在 Flash 中，要将文本转化为图形并填充颜色时，需要（ ）次分离操作。

A.1　　B.2

C.3　　D.4

2. 创建了一个文本对象后即可对其进行（ ）操作。

A. 分离文本　　B. 变形文本

C. 填充文本　　D. 以上都不对

3. 在设置动态文本和输入文本的线条类型时，选择（ ）选项可以在多行中显示文本，但是只在最后一个字符是换行字符时才会换行。

A. 多行　　B. 单行

C. 多行不换行　　D. 以上都不对

二、填空题

1. 在 Flash 中可以创建 3 种传统文本：_________、_________ 和 _________。

2. 使用字符间距可以调整 _________ 的间距。

3. 文本的滤镜效果有 _________、_________、_________、_________、_________、_________ 和 _________。

三、操作题

1. 参照图 5-53、图 5-54 所示的内容，自己自拟主题，制作一些具有创意的文字排版。

图5-53

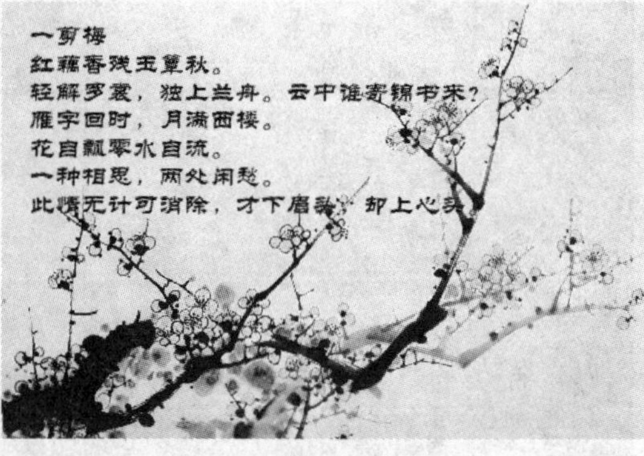

图5-54

2. 参照图 5-55、图 5-56 所示，运用本章所学的文字变形处理和滤镜工具，自拟主题制作一些漂亮的变形文字。

图5-55

图5-56

第6章 基础动画设计

制作动画是 Flash 软件最主要的功能，本章将对逐帧动画、补间动画、引导层动画以及遮罩动画等内容进行介绍。通过对本章内容的学习，读者可以了解动画制作的基本原理和过程，熟悉不同动画的创建方法和技巧，最终达到熟练应用的目的。

本章知识要点

- 各类动画的特点
- 各类动画的实现方法

6.1 逐帧动画

逐帧动画有许多单个关键帧组成，每个关键帧都可以进行独立的编辑。逐帧动画每一帧的内容都不相同，因此逐帧动画可以表现出最丰富的动画效果。

6.1.1 逐帧动画的概念

逐帧动画是 Flash 中最基本的动画编辑方式，与传统的动画制作方式相同，其原理是插入连续的关键帧，通过向每一帧添加不同的图像来创建简单的动画。每个关键帧上的内容都不相同，通过连续播放关键帧得到动画效果。

逐帧动画由许多的单个关键帧组合而成，每个关键帧都可以独立编辑。由于逐帧动画的每个帧的内容都要手动编辑，工作量很大，所以如果不是特别需要，建议尽量不要采取逐帧动画的方式。

逐帧动画具有以下特点。

- 由多个关键帧组成。
- 每个关键帧上内容都不相同，相邻的关键帧内容差别不大。
- 由于是关键帧构成，因此占用内存大。
- 每一帧都需要编辑，工作量较大。

6.1.2 创建逐帧动画

下面将通过创建一个小鸟挥动翅膀的逐帧动画实例，来详细介绍逐帧动画的制作方法。

Step01 执行【文件】>【新建】命令，新建一个 Flash 文档，设置尺寸、帧频等属性，如图 6-1 所示。

Step02 执行【文件】>【导入】>【导入到库】命令，将所需的素材导入到库中。

Step03 在第 1 帧处将小鸟向下挥动翅膀的图片拖曳到舞台上，如图 6-2 所示。

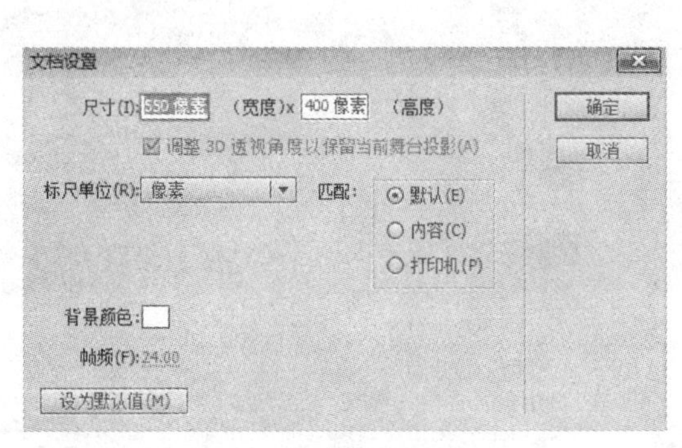

图6-1

图6-2

Step04 在第 2 帧处插入空白关键帧，将小鸟向上挥动翅膀的图片拖曳到舞台上，如图 6-3 所示。

Step05 在第 3 帧处插入空白关键帧，将小鸟挥起翅膀的图片拖曳到舞台上，如图 6-4 所示。

图6-3

图6-4

Step06 在第 4 帧处插入空白关键帧，将小鸟向下挥动翅膀的图片拖曳到舞台上，如图 6-5 所示。

Step07 制作完成按【Ctrl+S】组合键后保存文件，并按【Ctrl+Enter】组合键测试影片，会得到小鸟挥动翅膀的动画效果，如图 6-6 所示。

图6-5

图6-6

6.2　形状补间动画

创建补间动画的对象，必须是舞台上的实例，如文字、图形以及导入的对象等。补间动画的类型有传统补间、补间形状、补间动画三种。根据不同的需要选择合适的补间方式，可以实现补间对象的位置、形状、大小、颜色等变化设置。

6.2.1　创建形状补间动画的条件

形状补间动画的创建必须介于关键帧和关键帧之间，创建的对象必须是图形。通过形状补间，可以创建出类似形状渐变的补间动画效果，使一个形状逐渐渐变成另一个形状。形状补间动画也可以对大小、颜色、位置等进行渐变。

在形状补间中，在时间轴中的一个特定帧上绘制一个矢量形状，然后更改该形状，或在另一个特定帧上绘制另外一个形状。Flash 将内插中间帧的中间形状，创建一个形状变形为另一个形状的动画。对于形状补间动画，要为一个关键帧中的形状指定属性，然后在后续关键帧中修改形状或者绘制另外一个形状，最后 Flash 在关键帧之间创建补间动画。

6.2.2　创建形状补间动画

形状补间动画适用于图形对象，在两个关键帧之间可以制作出图形变形效果，下面将通过实例来具体讲解形状补间动画的创建。

Step 01 执行【文件】>【新建】命令，新建一个 Flash 文档，设置尺寸、帧频等属性，如图 6-7 所示。

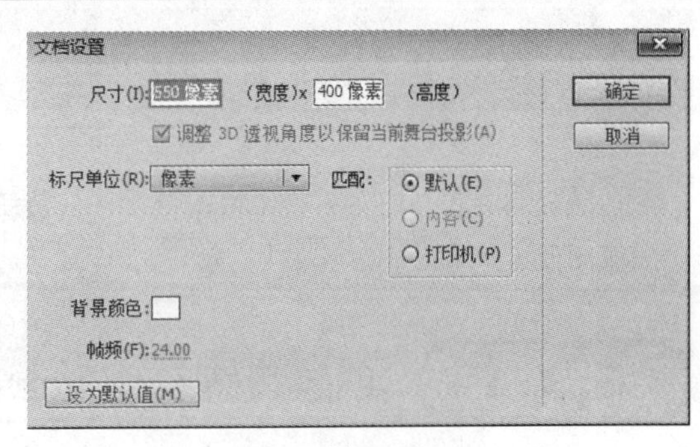

图6-7

Step 02 在舞台中输入大写字母“A”，执行【修改】>【分离】命令，如图 6-8 所示。

Step 03 在第 40 帧插入空白关键帧，在舞台上输入大写字母“B”，执行【修改】>【分离】命令，如图 6-9 所示。

图6-8

图6-9

Step 04 在两个关键帧之间单击鼠标右键，在弹出的快捷菜单中选择“创建补间形状”，如图 6-10 所示。

Step 05 制作完成按【Ctrl+S】组合键保存文件，并按【Ctrl+Enter】组合键测试影片，会得到图形渐变的效果，如图 6-11 所示。

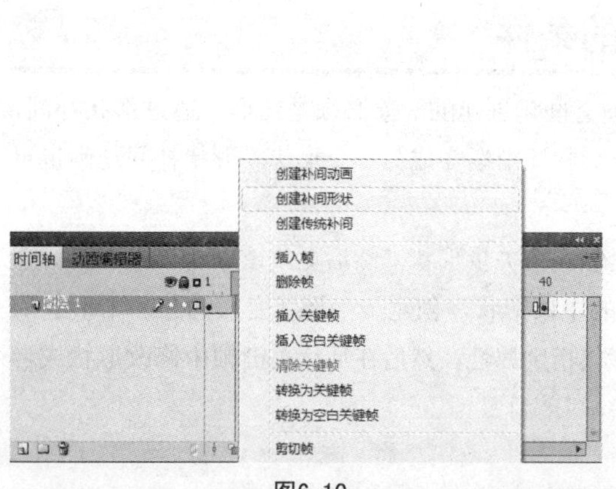

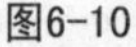
图6-10

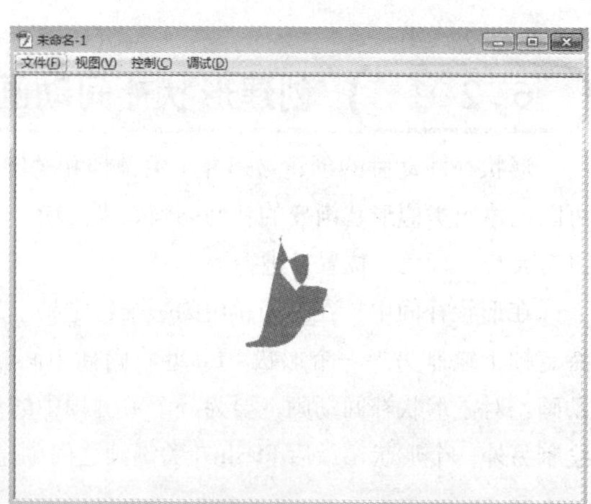

图6-11

6.3 传统补间动画

传统补间会将补间对象转化为图形元件，传统补间动画可以用于元件、影片剪辑等，但不能用于矢量图形。

6.3.1 创建传统补间动画的条件

创建传统补间动画的条件，首先要在时间轴上的不同时间点设定好关键帧，每个关键帧上都有相应的对象。之后，在关键帧之间单击鼠标右键选择相应命令创建传统补间。传统补间动画是最简单的点对点平移，没有速度变化，没有路径偏移，一切效果都需要通过后续的其他方式去调整。

6.3.2　创建运动补间动画

运动补间动画主要运用于图形元件、组、按钮、影片剪辑等，运动补间是同一对象在不同关键帧之间大小、位置、透明度等属性的差别生成的。下面将通过实例来详细讲解运动补间动画的创建。

Step01 执行【文件】>【新建】命令，新建一个 Flash 文档，然后设置尺寸、帧频等属性，如图 6-12 所示。

Step02 将图层 1 命名为“背景”图层，使用矩形工具绘制一个如图 6-13 所示的渐变背景图像。

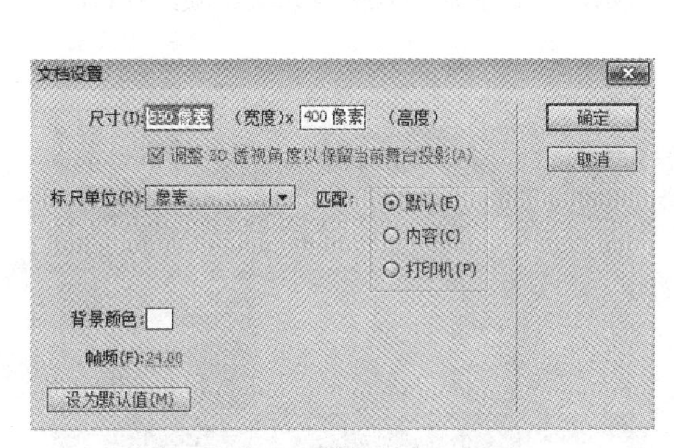

图6-12

图6-13

Step03 新建图层 2 命名为“草地”图层，将库中的“草地”元件拖曳到舞台上，如图 6-14 所示。

Step04 新建图层 3 命名为“公路”图层，将库中的“公路”元件拖曳到舞台上，如图 6-15 所示。

图6-14

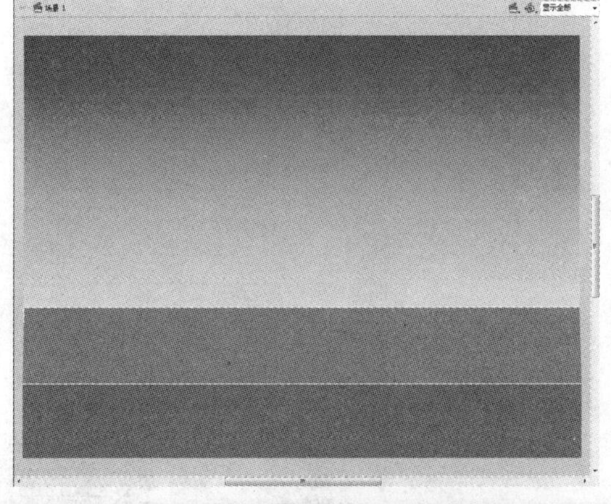

图6-15

Step05 新建图层 4 命名为“房子”图层，将库中的“房子”元件拖曳到舞台上，如图 6-16 所示。

Step06 新建图层 5 命名为“白云”图层，将库中的“白云”元件拖曳到舞台上，如图 6-17 所示。

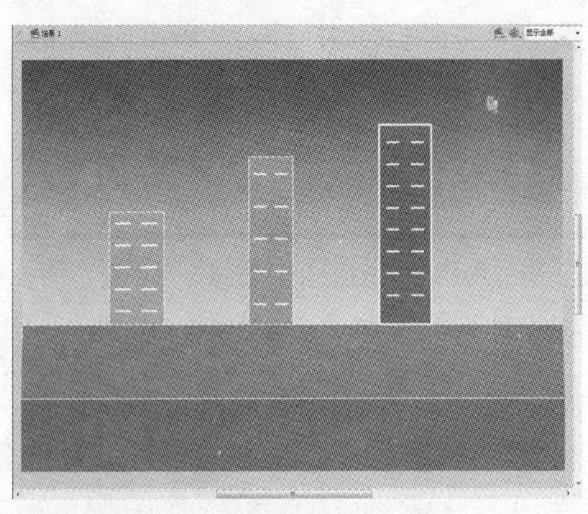

图6-16

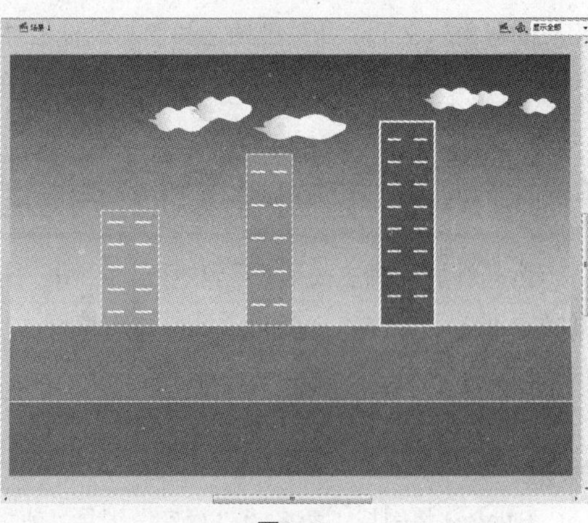

图6-17

Step07 新建图层 6 命名为“汽车”图层，将库中的“汽车”元件拖曳到舞台上。

Step08 将汽车移动到舞台的右边，如图 6-18 所示，然后在第 40 帧处插入关键帧，并将汽车移动到舞台的左边，如图 6-19 示。

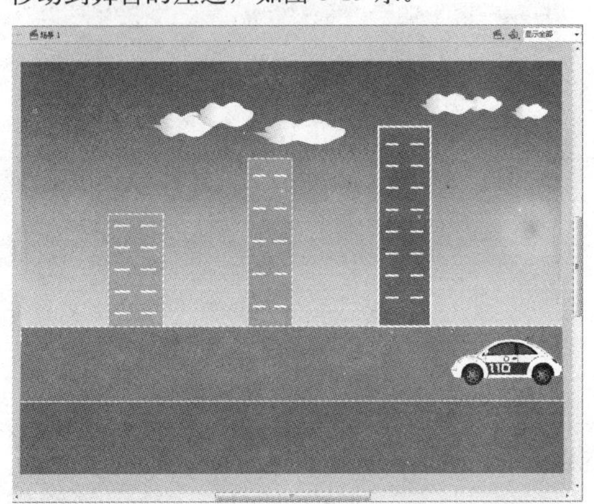

图6-18

图6-19

Step09 在两个关键帧之间单击鼠标右键选择相应命令创建传统补间动画，如图 6-20 所示。

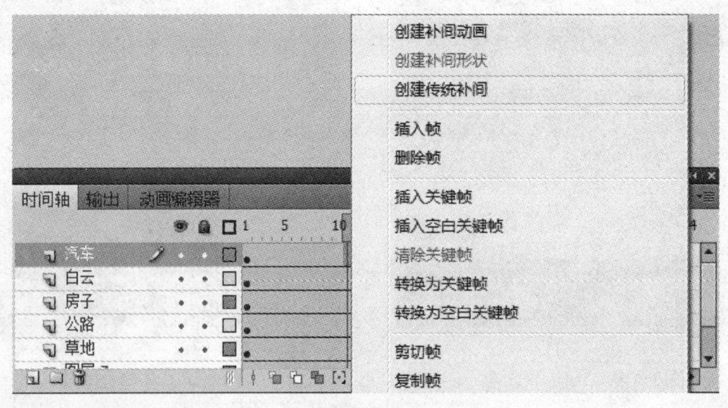

图6-20

Step10 制作完成按【Ctrl+S】组合键保存文件，并按【Ctrl+Enter】组合键测试影片，如图 6-21 所示。

图6-21

6.4　补间动画

补间动画是 Flash CS5 新引入的补间方式，具有强大的功能。补间动画在整个补间范围上由一个对象目标组成。舞台上的调动手柄能够有效地提高补间控制的效率。

6.4.1　补间动画的创建

在舞台上新建一个元件，不需要在时间轴的其他地方插入关键帧，直接在本图层时间轴上单击鼠标右键选择【创建补间动画】选项，会发现该图层变成蓝色，之后，在时间轴上需要加关键帧的地方单击鼠标左键，直接拖动舞台上的元件，就自动形成一个补间动画。并且这个补间动画的路径是可以直接显示在舞台上。

下面将通过实例来详细介绍补间动画的创建。

Step01 执行【文件】>【新建】命令，新建一个 Flash 文档，然后设置文档属性如图 6-22 所示。

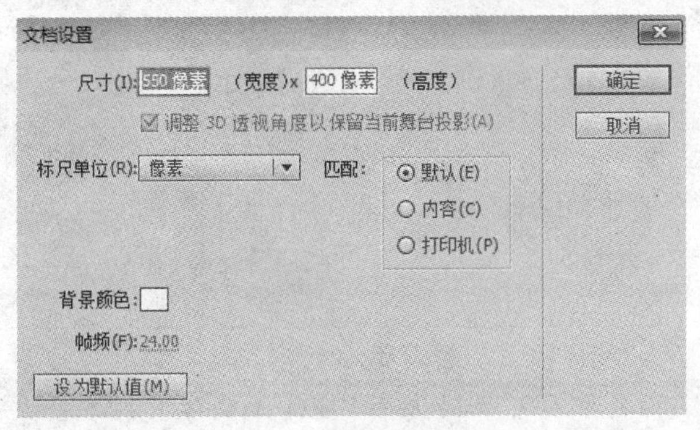

图6-22

Step02 新建图层 1 命名为“背景”图层，使用矩形工具在舞台上绘制一个渐变矩形，如图 6-23 所示。

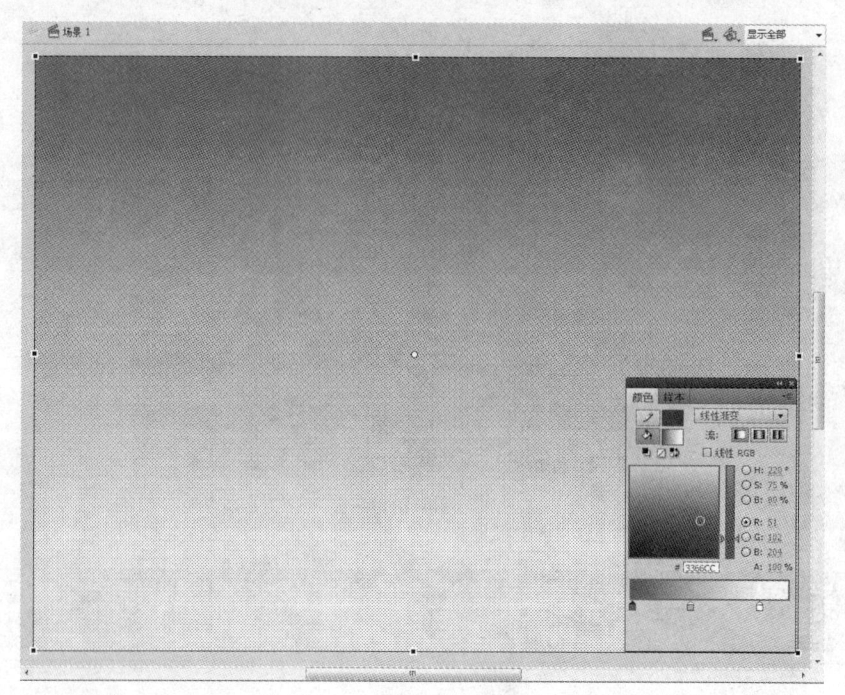

图6-23

Step 03 新建图层 2 命名为“草地”图层，使用钢笔工具绘制草地轮廓并填充绿色，如图 6-24 所示。

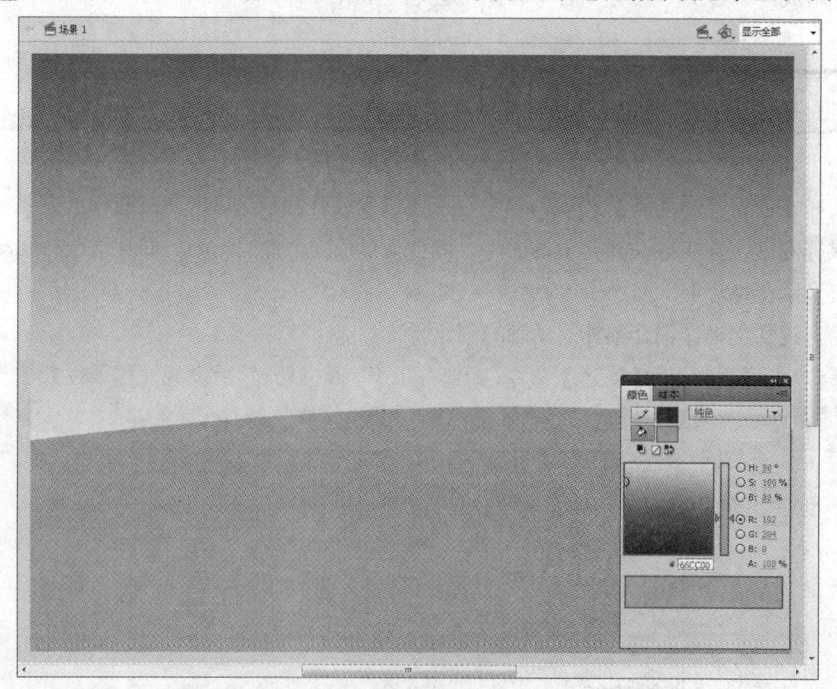

图6-24

Step 04 新建图层 3 命名为“石头”图层，从库中拖曳“石头”元件到舞台上，并复制多个适当缩放，如图 6-25 所示。

Step 05 新建图层 4 命名为“白云”图层，从库中拖曳“白云”元件到舞台上，如图 6-26 所示。

图6-25

图6-26

Step06 新建图层 5 命名为“蜗牛”图层，从库中拖曳“蜗牛”元件到舞台上，如图 6-27 所示。

Step07 新建图层 6 命名为“花”图层，从库中拖曳“花”元件到舞台上，并复制多个适当缩放其大小，如图 6-28 所示。

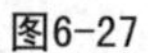

图6-27

图6-28

Step08 选择“蜗牛”图层，单击鼠标右键在弹出的快捷菜单中选择【创建补间动画】选项，会发现该图层变成浅蓝色，如图 6-29 所示。

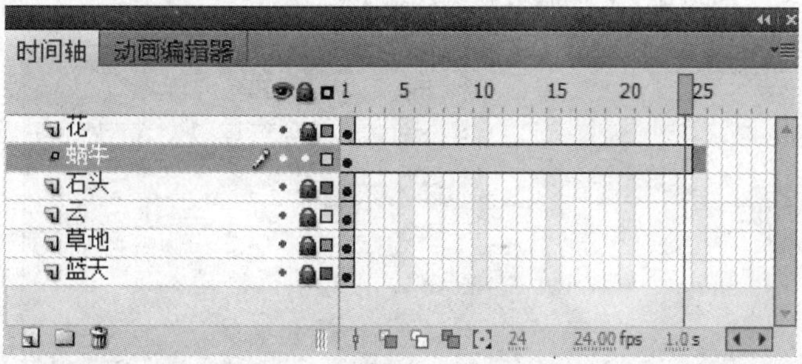

图6-29

Step09 在第 40 帧处单击鼠标左键，将蜗牛移动至舞台右边，这时舞台上会生成调动手柄，如图 6-30 所示。

Step10 制作完成按【Ctrl+S】组合键保存文件，并按【Ctrl+Enter】组合键测试影片，如图 6-31 所示。

图6-30

图6-31

6.4.2 使用动画编辑器调整补间动画

动画编辑器面板在场景的下方，执行【窗口】>【动画编辑器】命令，可以打开动画编辑器面板，如图 6-32 所示。在动画编辑器中可以执行以下操作。

- 设置各属性关键帧的值。
- 添加或删除属性关键帧。
- 将属性关键帧移动到补间内的其他帧。
- 创建自定义曲线。
- 将属性曲线从一个属性复制并粘贴到另一个属性中。
- 翻转各属性的关键帧。
- 重置各属性或属性类别。
- 添加或删除滤镜或色彩效果并调整其设置。
- 向各个属性和属性类别添加不同的预设缓动。
- 对 X、Y 和 Z 属性的各个属性关键帧启用浮动。通过浮动，可以将属性关键帧移动到不同的帧或在各个帧之间移动以创建流畅的动画。
- 将自定义缓动添加到各个补间属性和属性组中。

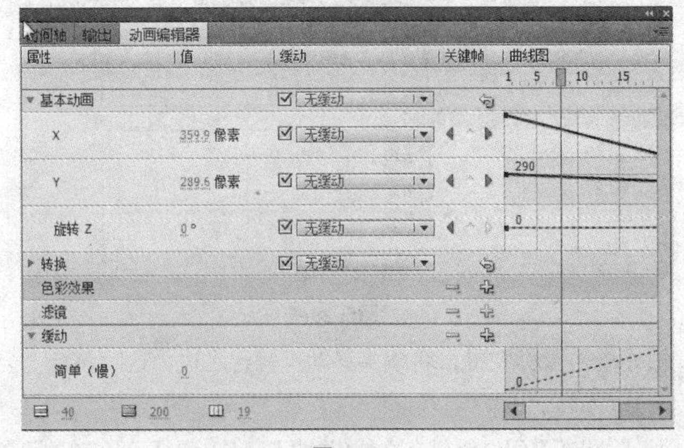

图6-32

6.4.3　在属性面板中编辑属性关键帧

在【属性】面板中也可以对属性关键帧进行相应的编辑，通过此面板可以对属性关键帧进行以下设置，如图 6-33 所示。

- 实例名称：用于为实例命名。
- 缓动：用于设置缓动时间。
- 旋转：用于设置次数、角度、方向以及是否调整到路径等。
- 路径：用于设置运动路径的 X 和 Y 的位置。

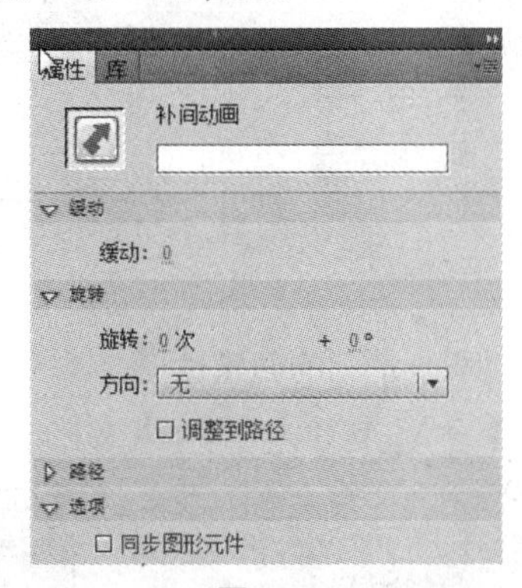

图6-33

6.5　引导动画

引导动画分为两种，普通引导和运动引导。普通引导，起到辅助定位的作用。运动引导，是被引导对象随着引导的路径进行运动。引导层是 Flash 中一种特殊的图层，只是起到辅助作用，不会被导出在 SWF 文件中。

6.5.1　普通引导动画

在动画制作及绘制的时候，为了能够对齐对象，可以创建引导层，将其他对象与引导层上的对象对齐，起到辅助定位的作用。

在 Flash CS5 中选择需要创建引导层的图层单击鼠标右键，在弹出的快捷菜单中选择 【引导层】命令，如图 6-34 所示。在时间轴上会出现一个引导层图层，如图 6-35 所示。

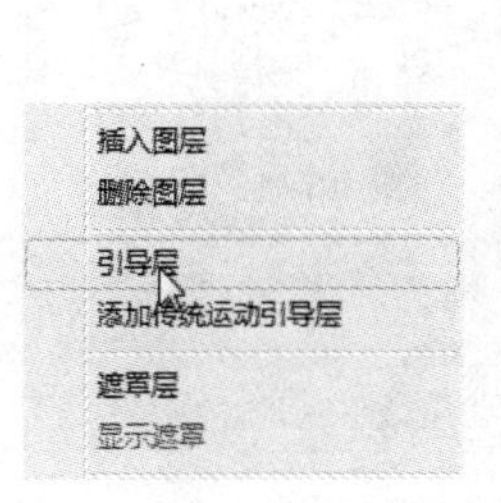

图6-34

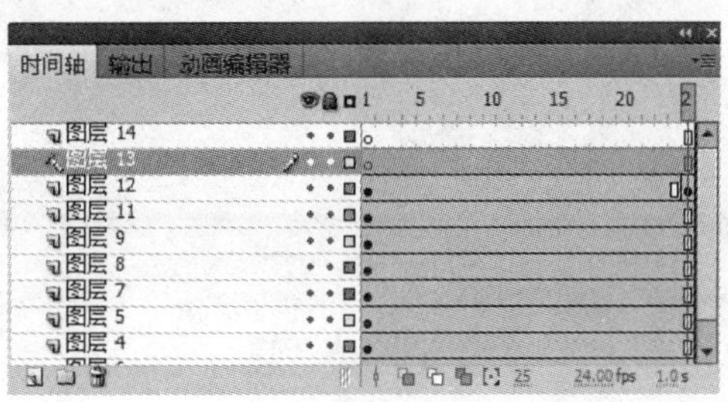

图6-35

6.5.2 运动引导动画

运动引导动画，是被引导对象沿着用户所绘制的路径进行运动。可以将多个图层链接到同一个引导层，链接的图层叫做被引导层。引导层位于被引导层的上方。

在 Flash CS5 中选择需要添加引导动画的图层单击鼠标右键，在弹出的快捷菜单中选择【添加传统运动引导层】命令，如图 6-36 所示。在时间轴上会出现一个运动引导层图层，如图 6-37 所示。

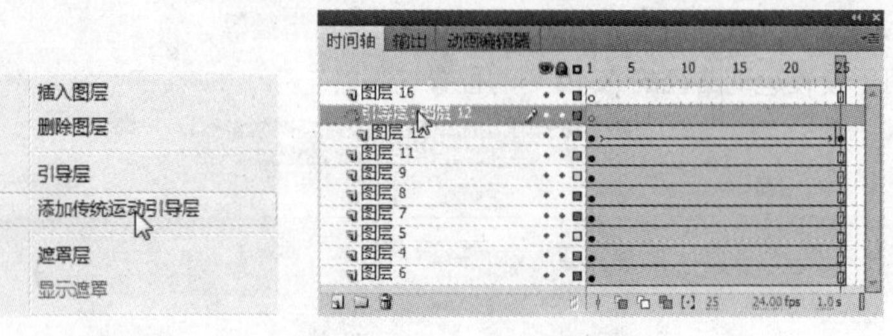

图6-36　　图6-37

下面将通过案例来详细讲解运动引导动画的创建过程。

Step 01 执行【文件】>【新建】命令，新建一个 Flash 文档，然后设置文档属性，如图 6-38 所示。

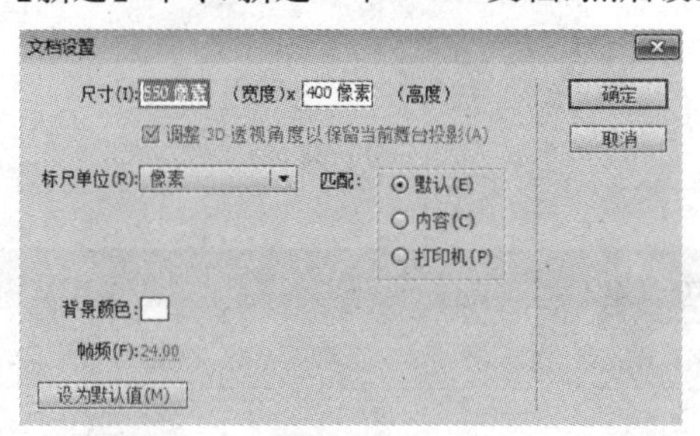

图6-38

Step 02 将图层 1 命名为“背景”图层，使用矩形工具绘制一个如图 6-39 所示的渐变背景图像。

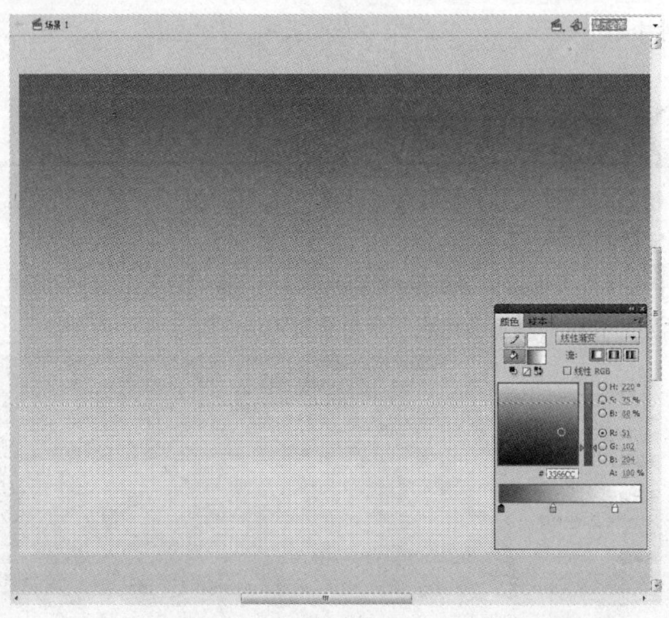

图6-39

Step 03 新建图层 2 命名为“草地”图层，使用钢笔工具绘制草地，如图 6-40 所示。

Step 04 新建图层 3 命名为“树”图层，将库中的“树”元件拖曳到舞台上，如图 6-41 所示。

图6-40

图6-41

Step 05 新建图层 4 命名为“栅栏”图层，将库中的“栅栏”元件拖曳到舞台上，如图 6-42 所示。

Step 06 新建图层 5 命名为“鸟”图层，将库中的“鸟”元件拖曳到舞台上，如图 6-43 所示。

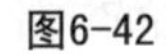

图6-42

图6-43

Step 07 单击鼠标右键为该图层添加传统运动引导层，并在引导层上绘制如图 6-44 所示的曲线。

Step 08 在第 1 帧处将小鸟中心的注册点与线段的右端点对齐，如图 6-45 所示。

图6-44

图6-45

Step 09 在第 40 帧处插入关键帧，将小鸟中心的注册点与线段的左端点对齐，如图 6-46 所示。

Step 10 制作完成按【Ctrl+S】组合键保存文件，并按【Ctrl+Enter】组合键测试影片，如图 6-47 所示。

图6-46

图6-47

6.6 遮罩动画

遮罩动画一种特殊的动画方式，在遮罩层中可以放置实例、字体、图形等对象。在遮罩层中绘制的对象具有透明的效果，透过遮罩对象可以看到被遮罩对象，没有被遮罩到的地方将不会被显示出来。

遮罩动画的创建方法：选择要创建遮罩的图层，单击鼠标右键，在弹出的快捷菜单中选择【遮罩】命令即可创建遮罩层。如果想要取消遮罩层，单击鼠标右键，在弹出的快捷菜单中再次选择【遮罩】命令，即可取消遮罩层。

下面将通过实例来详细讲解遮罩动画的创建。

Step 01 执行【文件】>【新建】命令，新建一个 Flash 文档，然后设置尺寸、帧频等属性，如图 6-48 所示。

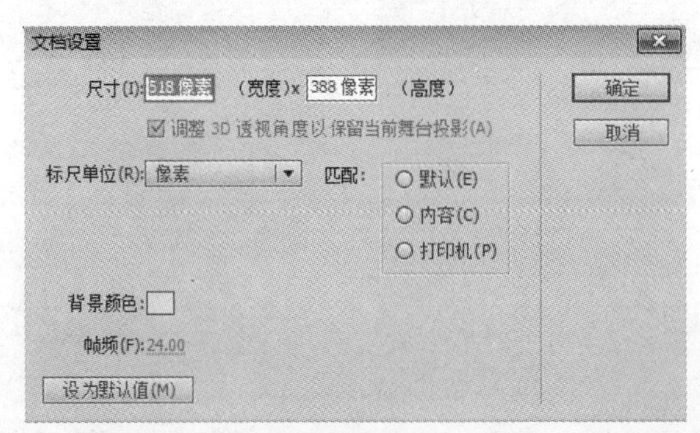

图6-48

Step 02 执行【插入】>【新建元件】命令，新建影片剪辑“元件 1”，在编辑区域绘制一个矩形，如图 6-49 所示。

Step 03 在第 29 帧处插入关键帧然后对图形实施变形，在第 1 帧到第 29 帧间创建形状补间，如图 6-50 所示。

图6-49

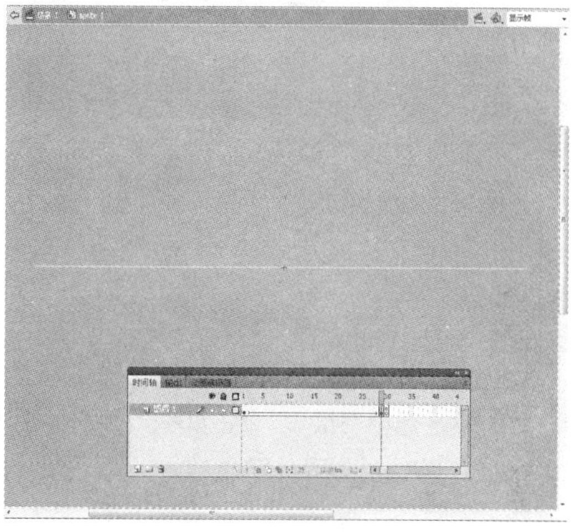

图6-50

Step 04 在第 30 帧处插入空白关键帧，执行【窗口】>【动作】命令，在【动作】面板中输入“Object(root).play()”，如图 6-51 所示。

Step 05 新建影片剪辑“元件 2”并拖入“元件 1”，新建“元件 3”并将“元件 2”多次拖入并进行排列，然后在改变其色彩效果，新建“元件 4”并拖入“元件 3”，如图 6-52 所示。

图6-51

图6-52

Step 06 返回主场景，将库中的图片 1 至图片 6 拖曳到第 1 帧至第 6 帧处，效果如图 6-53 所示。

Step 07 新建图层 2，将图片 6 至图片 1 拖曳到第 1 帧到第 6 帧处，效果如图 6-54 所示。

图6-53

图6-54

Step 08 新建图层 3，将“元件 4”分别拖入到第 1 帧至第 6 帧处并调整其位置，如图 6-55 所示。

Step 09 选中图层 3，单击鼠标右键选择【遮罩层】命令，如图 6-56 所示。此时在时间轴上会出现蓝色的方块，如图 6-57 所示。

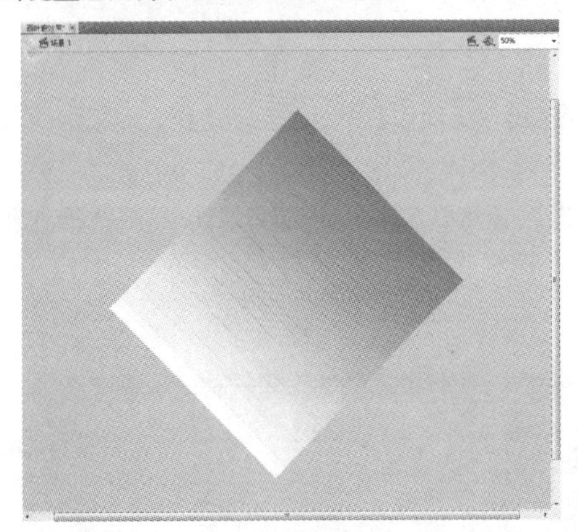

图6-55

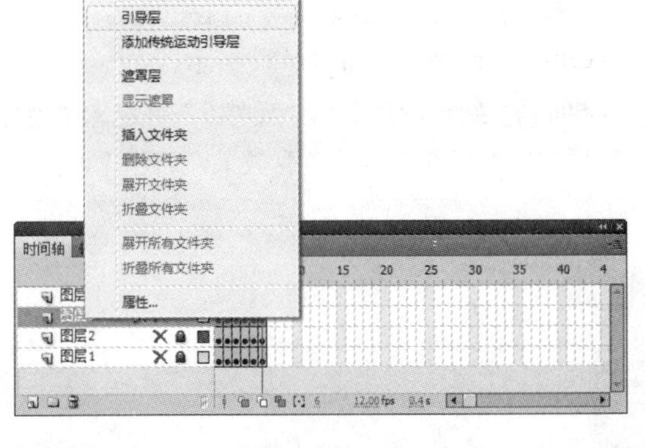

图6-56

Step 10 新建图层 4，在第 2 到第 6 帧处插入空白关键帧，分别在各空白关键帧上执行【窗口】【动作】命令，在弹出的【动作】面板中输入“stop（）;”命令，如图 6-58 所示。

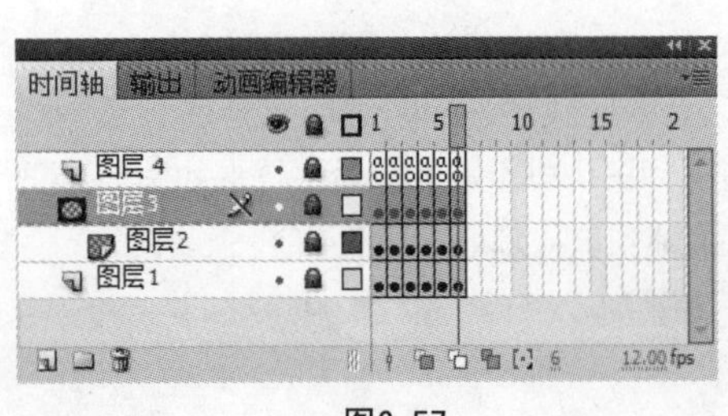

图6-57

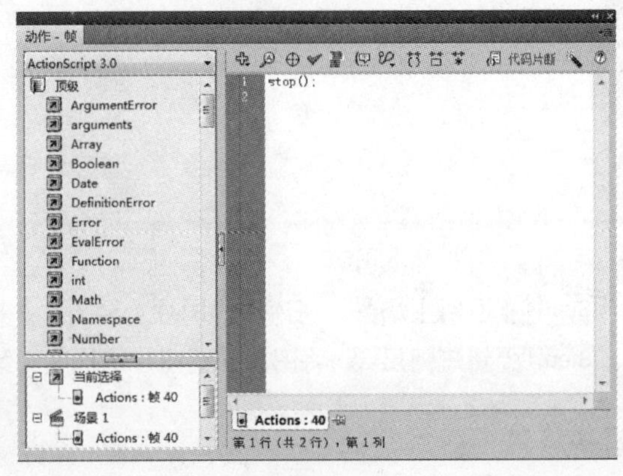

图6-58

Step 11 制作完成按【Ctrl+S】组合键保存文件，并按【Ctrl+Enter】组合键测试影片，如图 6-59 和 6-60 所示。

图6-59

图6-60

6.7 综合案例——制作卡通小短片

学习目的

通过本次实例的制作，可以熟练掌握补间动画、传统补间动画、遮罩动画、引导动画的特点，以及创建方法。

重点难点

- 引导动画的创建
- 传统补间的创建
- 逐帧动画的创建
- 渐变变形工具的应用

操作步骤

Step 01 打开 FlashCS5 软件，执行【文件】>【新建】命令，新建一个 Flash 文档，设置尺寸、帧频等属性，如图 6-61 所示。

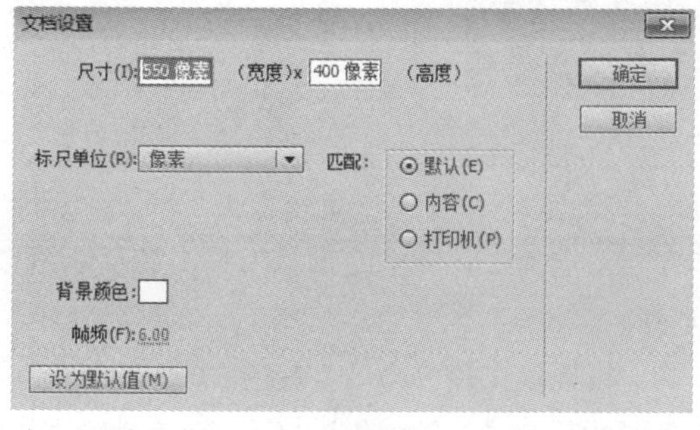

图6-61

Step 02 将图层1命名为“背景”图层，选择矩形工具，设置【笔触颜色】为“黑白”线性渐变，绘制一个与舞台等大的渐变矩形，如图6-62所示。

Step 03 选择渐变变形工具，然后选中渐变矩形，将鼠标指针移至渐变矩形框的右上角，如图6-63所示，按住鼠标左键，将鼠标左旋90°。

图6-62

图6-63

Step 04 将鼠标指针移至调整渐变变形框大小的小矩形上，按住鼠标左键并拖曳，调整变形框的大小，如图6-64所示。

Step 05 将鼠标指针移至【颜色】面板下方的渐变条上，当鼠标指针右下脚出现一个“+”符号时，在渐变条上单击鼠标左键，添加一个颜料桶。

Step 06 在第一个颜料桶上双击鼠标左键，在弹出调色板中设置其颜色为“天蓝色”（#3366FF），分别按照相同的方法来设置其他的颜料桶为“淡绿色”（#66FFFF）和“白色”（#FFFFFF），如图6-65所示。

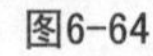

图6-64

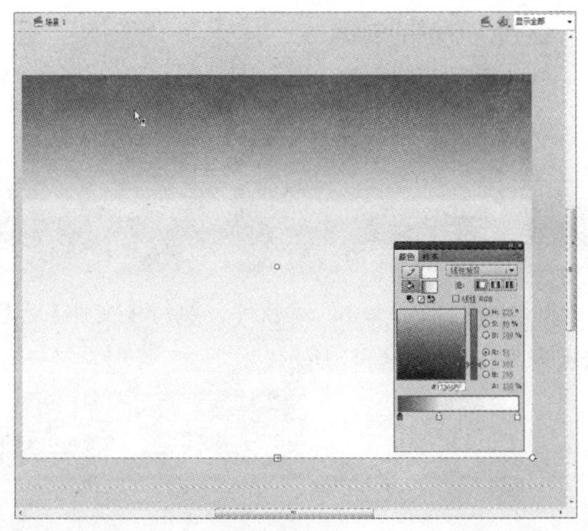

图6-65

Step 07 新建“草地”图层，选择工具箱中的钢笔工具，在草地图层上绘制一个闭合的轮廓，作为草地的轮廓，如图6-66所示。

Step 08 选择颜料桶工具，设置填充颜色为“草黄色”（#A3B531），在草的轮廓内单击鼠标左键填充颜色，并在【属性】面板中设置【笔触颜色】为无，为草地除去轮廓，如图6-67所示。

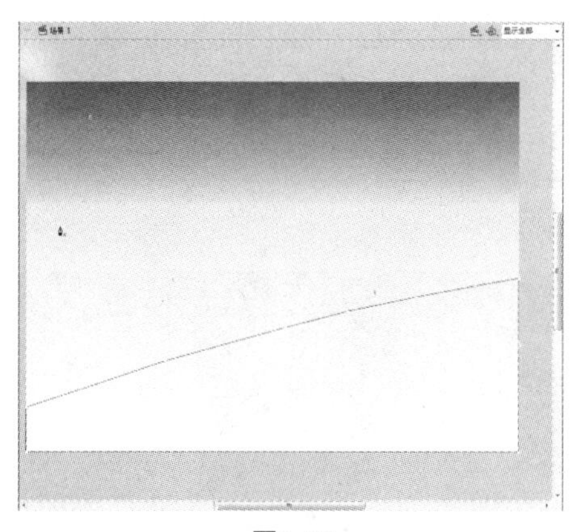

图6-66

图6-67

Step 09 新建“公路”图层，参照草地的绘制方法，绘制一条公路，颜色为“灰色”（#999999）设置【笔触颜色】为白色，如图 6-68 所示。

Step 10 新建“树”图层，运用钢笔工具，在树图层上绘制树的轮廓，树叶部分的颜色填充为“绿色”（#66CC33），树干部分颜色填充为“褐色”（#995F09），选中树后单击鼠标右键，选择相应命令将其转换为“树”图形元件，如图 6-69 所示。

图6-68

图6-69

Step 11 从库中拖曳“树”图形元件到树图层上并调整位置大小，如图 6-70 所示。新建树 2 图层，按照同样的方法从库中拖曳“树”图形元件，如图 6-71 所示。

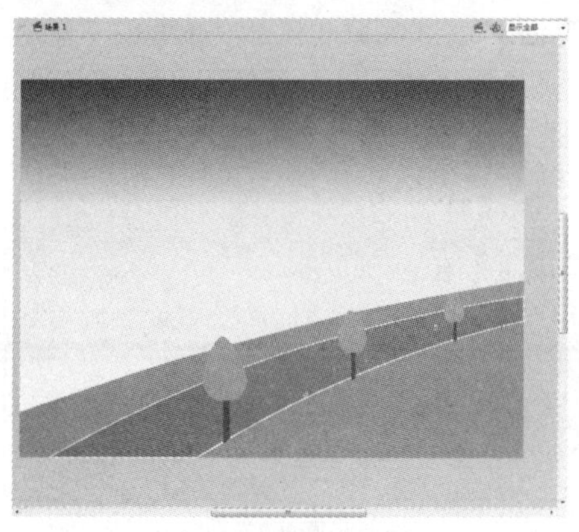

图6-70

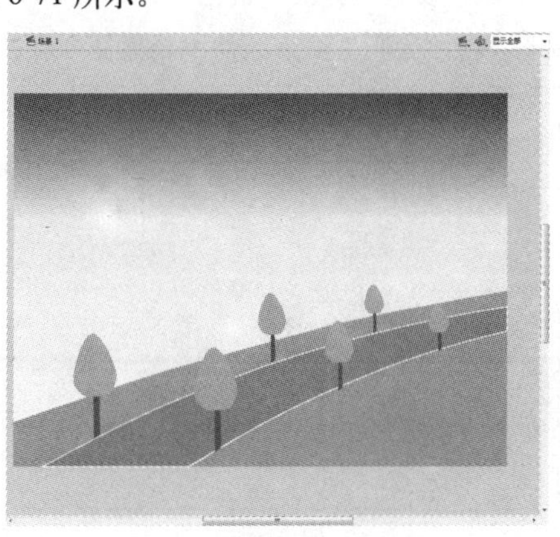

图6-71

Step 12 执行【插入】>【新建元件】命令，新建一个命名为“房子”的图形元件，如图 6-72 所示。用线条工具绘制出房子的轮廓并填充颜色为“橘色”（#FF9933）和“橘色”（#FF9966），线条颜色改为白色，如图 6-73 所示。

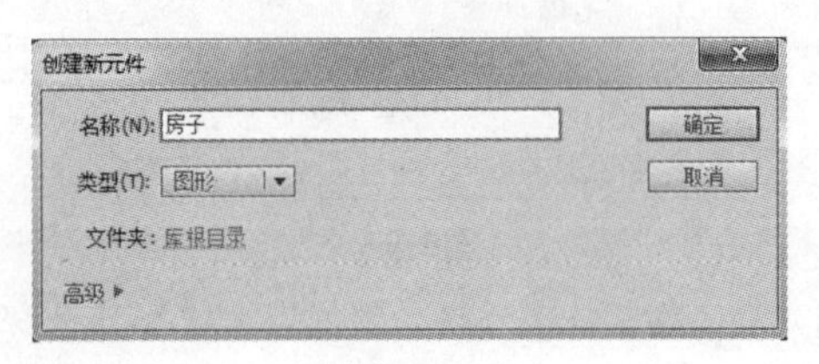

图6-72

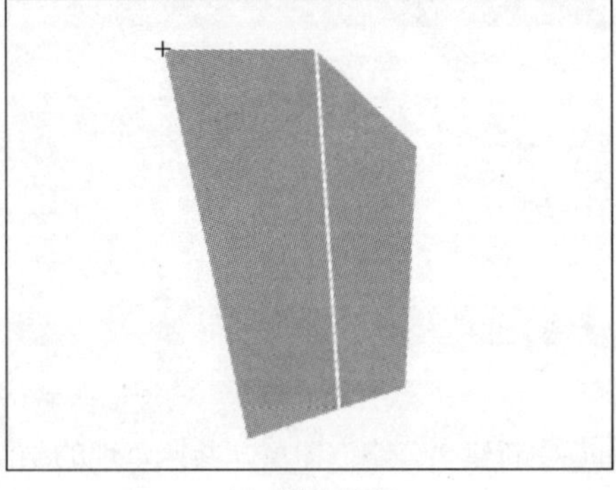
图6-73

Step 13 在“房子”图形元件上新建图层 2，在上面用直线工具绘制装饰小线条并复制多个放在适当位置，如图 6-74 所示。

Step 14 新建“房子”图层，将“房子”图形元件拖曳到“房子”图层上，按照同样的方法新建“房子 2 ”、“房子 3 ”图形元件，拖曳到“房子”图层上，如图 6-75 所示。

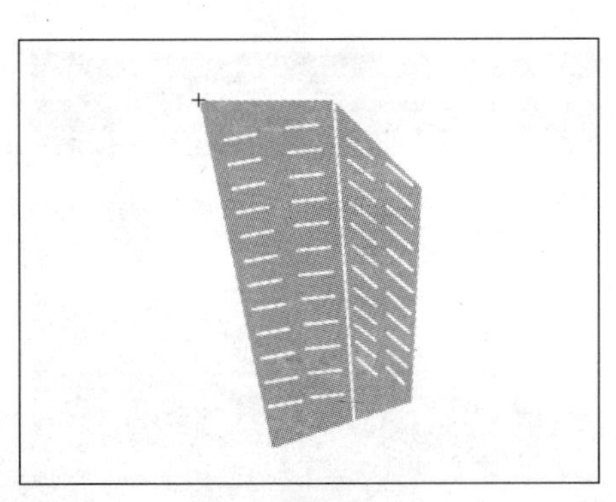
图6-74

图6-75

Step 15 执行【插入】>【新建元件】命令新建一个“太阳”的图形元件，运用椭圆工具和线条工具绘制太阳，颜色填充为“黄色”（#FFFF66），如图 6-76 所示。

Step 16 在“太阳”图形元件上新建图层 2 绘制太阳微笑的眼睛和嘴巴，如图 6-77 所示。

图6-76

图6-77

Step 17 在第 5 帧处单击鼠标右键执行【插入关键帧】命令，调整太阳的笑脸慢慢变成瞌睡的样子，如图 6-78 所示。用相同的方法在第 6 帧到第 10 帧处插入关键帧并调整图形成太阳瞌睡的样子，在第 20 帧处插入帧，如图 6-79 所示。

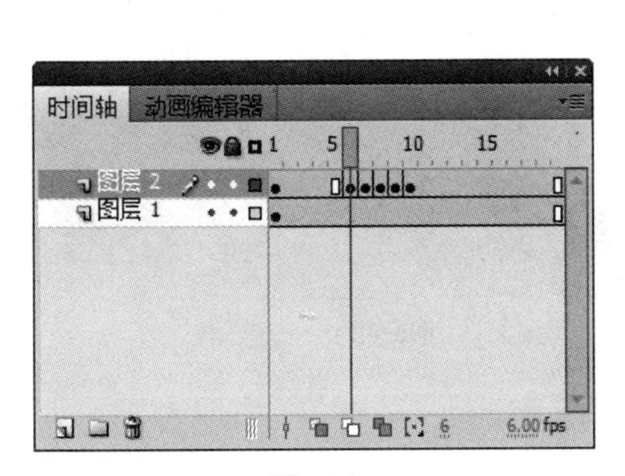

图6-78

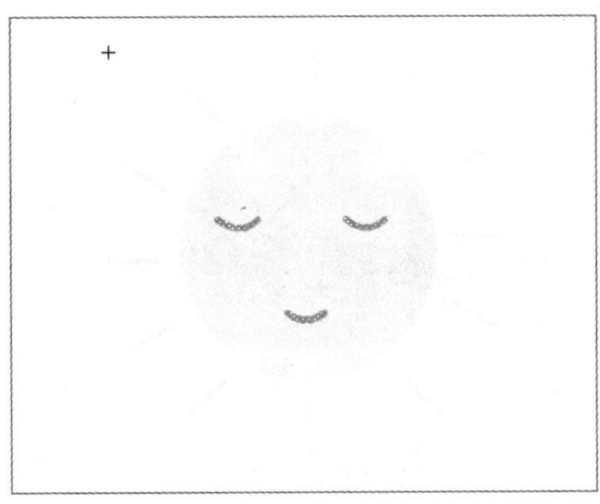

图6-79

Step 18 在主时间轴上新建“太阳”图层，将“太阳”图形元件拖曳到“太阳”图层上，如图 6-80 所示。

Step 19 执行【插入】>【新建元件】命令，新建一个命名为“白云”的图形元件，运用钢笔工具绘制出“白云”的轮廓，选择线性渐变填充色为“灰色”（#CCCCCC）和“白色”（#FFFFFF）。在主时间轴上新建“白云”图层，将“白云”图形元件拖曳到“白云”图层上，复制多个并调整大小和位置，如图 6-81 所示。

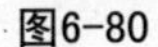
图6-80

图6-81

Step 20 在主时间轴上新建“汽车”图层。执行【插入】>【新建元件】命令新建一个命名为“汽车”的影片剪辑元件，运用钢笔工具绘制汽车的轮廓，填充颜色为“黄色”（#FAEC5E）、“黑色”（#000000）和“白色”（#FFFFFF），线条颜色为“绿色”（#7D9823），将“汽车”元件拖入“汽车”图层，调整大小，如图 6-82 所示。

Step 21 将“树”图层移至“汽车”图层上方形成正确的遮挡效果，如图 6-83 所示。

Step 22 右击“汽车”图层，在弹出的快捷菜单中选择【添加传统运动引导层】命令，如图 6-84 所示。主时间轴上会生成一个“引导层”图层，如图 6-85 所示。

图6-82

图6-83

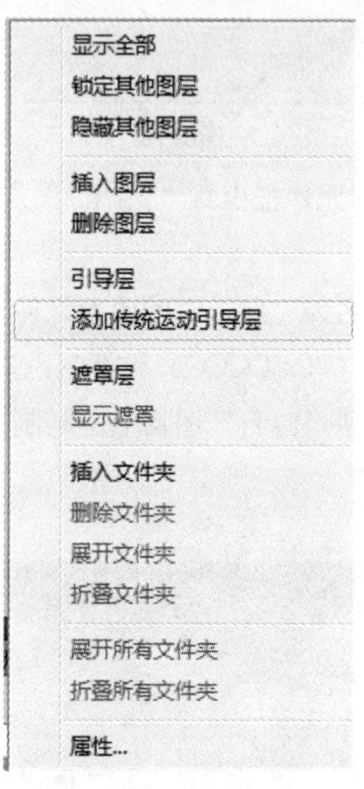

图6-84

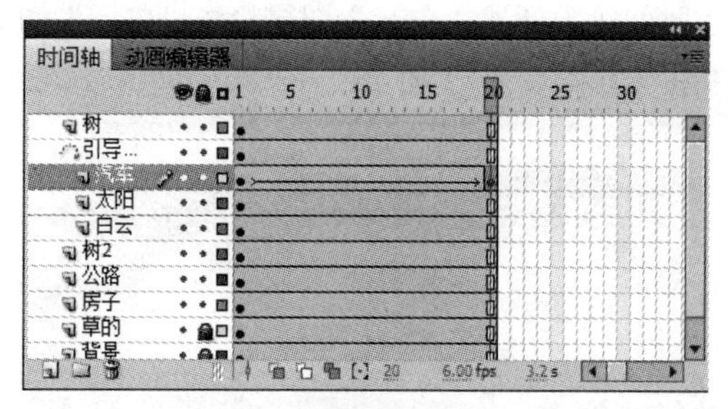

图6-85

Step 23 在“引导层”上运用线条工具绘制一条直线，进行适当变形后与公路平行，如图 6-86 所示。

Step 24 在“汽车”图层第 1 帧处将“汽车”元件中心的注册点与引导线的端点重合，并将“汽车”缩小，如图 6-87 所示。

图6-86

图6-87

Step 25 在“汽车”图层第 20 帧处插入关键帧，在“引导层”第 20 帧插入帧，将“汽车”元件中心的注册点与引导线的另一端点重合，适当放大汽车，创建传统补间，如图 6-88 所示。

Step 26 将其他图层在 20 帧处插入帧，完成整个绘制，测试影片，如图 6-89 所示。

图6-88

图6-89

6.8　经典商业案例赏析

如图 6-90 所示的动画是一个国外购物网站的导航栏，该动画效果的实现就运用了本章所介绍的各种基础动画。利用该导航栏进行页面选择不仅十分方便，从全局来看还具有很好的协调性。

图6-90

6.9　课后练习

一、选择题

1. 插入关键帧的快捷键是（ ）。

A. F5　　B. F6

C. F7　　D. F8

2. 下列关于引导动画叙述错误的是（ ）。

A. 引导动画分为普通引导和运动引导

B. 引导层位于被引导层的上方

C. 运动引导可以同时引导多个对象

D. 引导层会被 swf 文件导出

3. 下列可以通过形状补间产生形状渐变效果的对象是（ ）。

A. 图形　　B. 图形原件

C. 影片剪辑　　D. 按钮

二、填空题

1. 引导动画分为 ________ 和 ________。

2. 动画补间的三种方式分别是 ________、________ 和 ________。

3. 对象随着用户绘制的路径运动的动画是 ________。

三、操作题

1. 根据 6.1 所学的知识，制作一个逐帧动画，如大公鸡的行走，如图 6-91 所示。

2. 根据 6.5 所学的知识，制作一个引导动画，如鱼儿的游动。

3. 根据本章所学的知识，制作一个综合性的动画小短片。

图6-91

第7章 交互式动画

Flash CS5 为用户提供了动作脚本语言 ActionScript，在 Flash CS5 中用户可以通过脚本语言来实现一些特殊的功能，例如制作游戏、创建交互网页、控制动画的播放和停止、实现网页的链接等。ActionScript 是 Flash CS5 交互功能的核心部分。

本章知识要点

- ActionScript 的基本常识
- ActionScript 3.0 的特点
- 动作面板的使用方法
- 创建交互式动画

7.1 ActionScript基本常识

ActionScript 语句是 Flash 的一种脚本语言，与 JavaScript 相似，它是一种编程语言。ActionScript 的老版本提供了创建制作效果丰富的 Web 的开发和应用程序所需的功能和灵活性，而 ActionScript 3.0 现在为基于 Web 的应用程序提供了更多的可能性。它进一步增强了这种语言，提供了更出色的性能，简化了开发的过程，增加更强的报错能力，指定类型更加明确，因此更适合高度复杂的 Web 应用程序和大数据集。ActionScript 3.0 可以为以 Flash Player 为目标的内容和应用程序提供高性能的开发效率。

7.1.1 ActionScript 的版本

ActionScript 是一种基于 ECMAScript 的编程语言，用来编写 Adobe Flash 应用程序。ActionScript1.0

最早随 Flash 5 一起发布，这是第一个完全可编程的版本。Flash 6 增加了一些内置函数，允许通过程序更好地控制动画元素。在 Flash7 中引入了 ActionScript 2.0，这是一种强类型的语言，支持基于类的编程特性，比如继承、接口和严格的数据类型等。与之前的版本相比较，ActionScript 3.0 提供了更安全可靠的编程模型，ActionScript 3.0 引入了一个新的高度优化的 ActionScript Virtual Machine（AVM2），与 AVM1 相比，AVM2 的性能有了显著的提高，使代码的维护更加轻松。

7.1.2 ActionScript 常用术语

下面将介绍一些 ActionScript 中基本的常用术语。

- Actions：是程序语句，它是 ActionScript 脚本语言的核心灵魂。
- Events：执行某一动作，必须要提供一定的必要条件，需要某一个事件对执行该动作的一种触发，这个触发功能的部分就是 ActionScript 中的事件。
- Class：类是一系列相互之间具有联系的数据的集合，用来定义新的对象类型。
- Expressions：在语句中可以产生一个值的任何一部分。
- Function：是指可以被传送参数并能返回值的而且可以被重复使用的代码块。
- Constructor：用来定义类的属性和方法的函数。
- Instances：实例是属于某个类的对象，类的每个实例都包含类的所有属性和方法。
- Identifiers：用来识别属性、变量、对象、函数或方法的名称。
- Variable：变量是储存任意数据类型值的标示符。
- Property：对象所具有的独特属性。
- Objects：属性的集合。每个对象都有自己的名字和值，通过对象可以自由访问某一个类型的信息。
- Instancenames：是在脚本中指向影片剪辑实例的名字。
- Methods：是指被指派给某一个对象的函数，一个函数被分配后，它可以作为这个对象的方法被调用。

7.2 ActionScript程序基础

ActionScript 3.0 是一种强大的面向对象编程语言，在 ActionScript 以往的版本中提供了创建效果丰富的 Web 应用程序所需的功能。ActionScript 3.0 进一步提供了出色的性能，简化了开发的过程，因此更适合高度复杂的 Web 应用程序和大数据集。ActionScript 3.0 可以为以 Flash Player 为目标的内容和应用程序提供高性能和开发效率。

7.2.1 变量的定义

变量是储存任意数据类型值的标示符。声明变量，需要与 var 语句和变量名结合使用。在 ActionScript 2.0 中，只有需要使用类型注释时，才会使用到 var 语句。而在 ActionScript3.0 中必须使用 var 语句定义变量，否则将会出现编译错误。

例如要声明一个名称为“i”的变量，ActionScript 的代码格式如下。

```
var i;
```

如果在声明变量的时候省略 var 语句，将会在标准的模式下出现编译错误，在标准模式下会出现运行错误。

要将变量与一个数据类型相关联，则必须在声明变量时进行如下操作。在声明变量时不指定变量的类型是合法的，但是在严格模式下会产生编译错误的报告。用户可以通过在变量后面追加一个后跟变量类型的冒号（：）来指定变量的类型。

用此方法下面的代码声明一个 int 类型的变量 i。

```
var i:int;
```

可以使用赋值运算符（=）为变量赋值。

下面代码声明一个变量“x”，并为其赋值 20。

```
var x:int;
X = 20;
```

综合上述我们发现在声明变量的同时为其赋值更加方便。

```
var x:int = 20;
```

在创建数组或实例化类的实例时也可以在声明变量时为变量赋值。

```
var numArray:Array =[ “one”,”two”,”three”];
```

若要声明多个变量，可以使用逗号运算符（,）来分隔变量，

```
var q:int = 10,w:int = 20,e:int = 30;
```

也可以在同一行代码中为其每个变量赋值。

```
var x:int = 10,y:int = 20,z:int = 30;
```

可以使用 new 运算符来创建类的实例。

创建一个名为“personClass”的实例，并向命名为“personItem”的变量赋予对该实例的引用。

```
Var personItem:music = new personClass();
```

7.2.2 常量

常量是指定的数据类型表示计算机内存中值的名称，常量是相对于变量而言的。它们的区别是在 ActionScript 程序的运行期间常量只能被赋值一次。常量被赋值后在整个程序的运行期间保持不变。声明常量需要使用关键字 const。

```
const g:Number = 9.8;
```

7.2.3 关键字

在 ActionScript 中有很多的关键字，例如 this、throw、to、true、try、typeof、use、var、void、while 等，下面简单介绍几种。

关键字：typeof——返回对象的类型

例：trace（typeof 100）；输出 number。

关键字：var——定义变量

Var a：int = 100; 声明一个 int 变量，并赋值为 100。

关键字：const——定义常量。

Const a:Number = 10; 定义变量数值。

7.3 使用运算符

运算符是一种特殊的函数，它们具有一个或多个操作数并返回相应的数值。操作数是被运算符用作输入的值，通常是字面值、变量或表达式。将加法运算符（+）和乘法运算符（*）与 3 个字面值（1、2 和 3）结合使用来返回一个值。运算符（=）随后使用该值将返回值 7 赋给变量 num。

Var num:int = 1+2*3;//num = 7.

7.3.1 数值运算符

数值运算符主要有 + 、一 、*、/ 等，如表 7-1 所示。

表 7-1　数值运算符

运算符号	含义	示例
+	加法运算	expression1 + expression2
—	减法运算	expression1 — expression2
*	乘法运算	expression1 * expression2
/	除法运算	expression1 / expression2

7.3.2 比较运算符

比较运算符主要有 ==、<、>、<=、>= 等，如表 7-2 所示。

表 7-2　比较运算符

运算符号	含义	示例
==	相等运算	expression1 == expression2
<	小于运算	expression1 < expression2
>	大于运算	expression1 > expression2
<=	小于等于运算	expression1 <= expression2
>=	大于等于运算	expression1 >= expression2

7.3.3 赋值运算符

赋值运算符主要有 ++、--、+=、-=、/=、*= 等，如表 7-3 所示。

表 7-3　赋值运算符

运算符号	含义	示例
++	自加运算	variable++
--	自减运算	variable--
+=	自加赋值运算	variable += expression
-=	自减赋值运算	variable-= expression
/=	自除赋值运算	variable /= expression
*=	自乘赋值运算	variable *= expression

7.3.4 逻辑运算符

逻辑运算符常用于逻辑运算，运算的结果为 Boolean 型。逻辑运算符主要有 &&、||、! 等，如表 7-4 所示。

表 7-4　逻辑运算符

运算符号	含义	示例
&&	逻辑与运算	expression1 && expression2
||	逻辑或运算	expression1 || expression2
!	不相等运算	expression1 != expression2

7.3.5 位运算符

按位运算符主要有 &、^、|、<<、>>、>>> 等，如表 7-5 所示。

表 7-5　按位运算符

运算符号	含义	示例
~	按位取反运算	~expression 按位 1—>0，0－>1
&	按位与运算	expression1 & expression2 按位 11—>1，10－>0，01—>0，00—>0
|	按位或运算	expression1 | expression2 按位 11—>1，10—>1，01—>1, 00—>0
^	按位异或运算	expression1 ^ expression2 按位 11—>0，10—>1，01—>1, 00—>0
<<	按位左移运算	expression << 3 左移 3 位，右补 0
>>	按位算术右移运算	expression >>2 右移 2 位，左补符号位
>>>	按位逻辑右移运算	expression >>> 2 右移 2 位，左补 0

7.4 ActionScript语法基础

ActionScript 3.0 既包含 ActionScript 核心语言，同时包含了 Adobe Flash Player 应用程序编程接口。核心语言是定义语言语法及顶级数据类型的 ActionScript 部分。ActionScript 3.0 提供对 Flash Player 的编程访问。用户在编写 ActionScript 语言的脚本时，必须遵循语法定义的一组在编写代码时遵循的规律。

1. 点

“.”点运算符，提供对对象的属性和方法的访问。它也用来标识指向影片剪辑或变量的目标路径。使用点语法，可以使用后跟点运算符和属性名或方法名的实例来引用类的属性或方法。

2. 注释

需要记住一个动作的作用时，可以使用注释语句来给帧或按钮动作添加注释。ActionScript 3.0 代码支持两种注释：单行注释和多行注释。在程序运行的时候编译器将忽略注释文本。

3. 分号

“;” 分号用来结束语句。如果省略分号 Flash 仍然可以编译所写的脚本，只是编译器将假设每一行代码代表一条语句。应用分号来终止语句，会更容易读懂代码。

4. 大括号

在 ActionScript 语句中大括号（{ }）用来分块，如下面所示：

```
on(release){
_root.mc.Play();
}
```

5. 小括号

在 ActionScript 3.0 中，小括号（()）的使用通常有 3 种方式，分别是：使用小括号来改变表达式的运算顺序；向函数或方法传递一个或多个参数也可以使用小括号；使用小括号来计算表达式并返回最后一个表达式的结果。

7.5 动作面板的使用

在 Flash 中，脚本语言是通过【动作】面板实现的。在 Flash 中，若要实现动画中按钮、关键帧等交互性的效果，就必须为其添加脚本语言。这里的脚本语言是指实现某一具体功能的命令语句或实现一系列功能的命令语句组合。

在 Flash CS5 中，执行【窗口】>【动作】命令或快捷键 F9 即可打开【动作】面板，如图 7-1 所示。

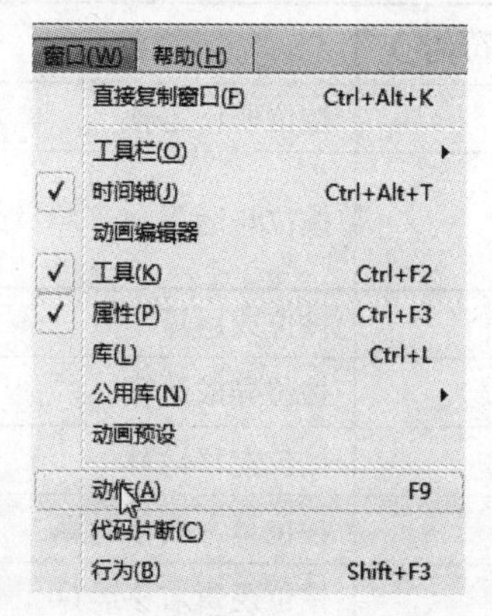

图7-1

“动作”面板由三部分组成，分别是动作工具箱、脚本导航器、脚本窗口，下面将分别对其进行详细的介绍，如图 7-2 所示。

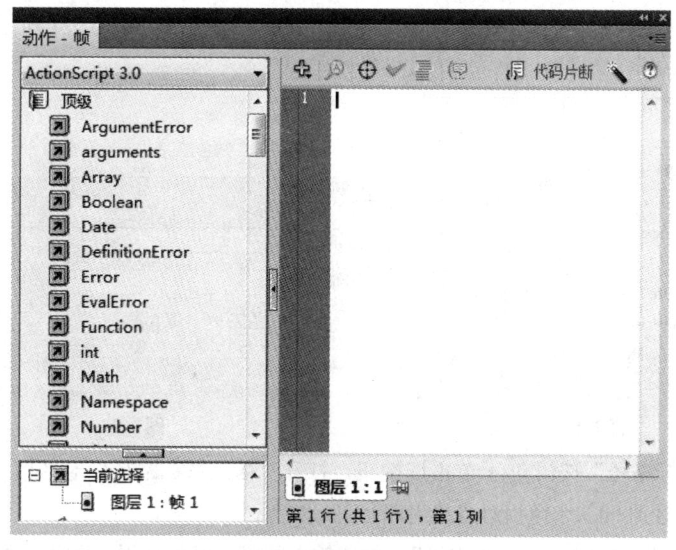

图7-2

- 动作工具箱：动作工具箱在动作面板的左上方，并且可以在下拉列表框中选择不同的 ActionScript 版本类别显示不同的脚本命令，如图 7-3 所示。
- 脚本导航器：脚本导航器在动作面板的左下方，脚本导航器中列出了当前被选择的对象的具体信息，如名称、位置等。通过脚本导航器可以在 Flash 文档创建脚本间导航，如图 7-4 所示。
- 脚本窗口：脚本窗口可以创建导入应用程序的外部文件，如图 7-5 所示。

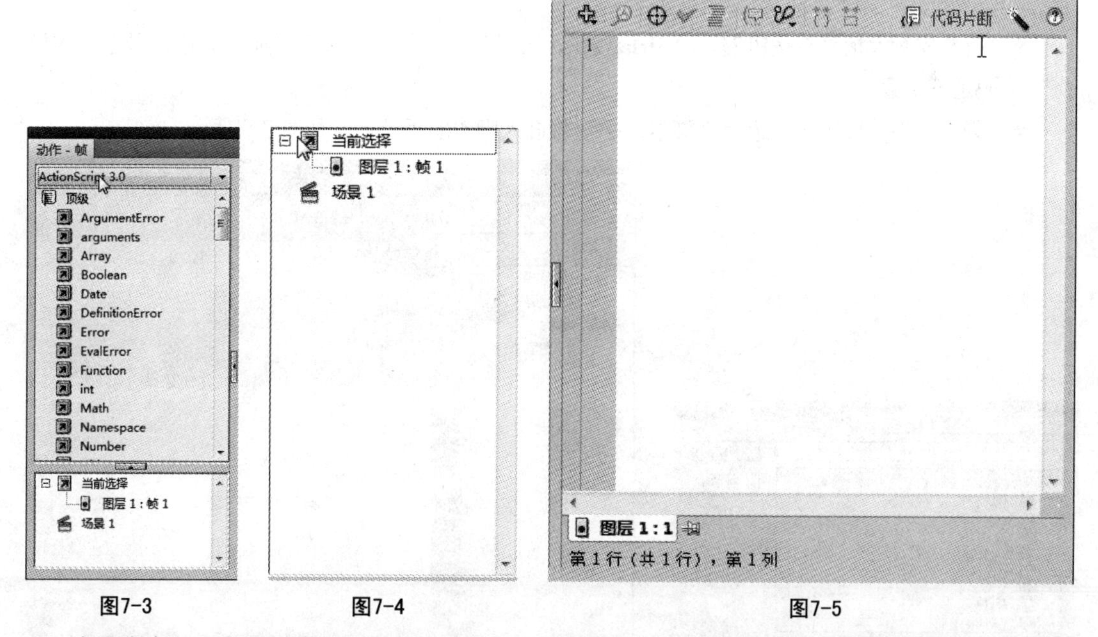

图7-3　　图7-4　　图7-5

在脚本窗口上方可以看到一排按钮工具，在输入脚本语言后这些按钮工具就会被激活，每个按钮都有自己的功能，下面将详细介绍每个按钮工具的用法。

- “将新项目添加到脚本中”按钮：单击该按钮，可以在弹出的下拉菜单中显示出相应的命令，如图 7-6 所示，选择相应的命令即可添加到脚本窗口。
- “查找”按钮：单击该按钮，打开“查找替换”对话框，如图 7-7 所示。可以查找或替换脚本中的文本。

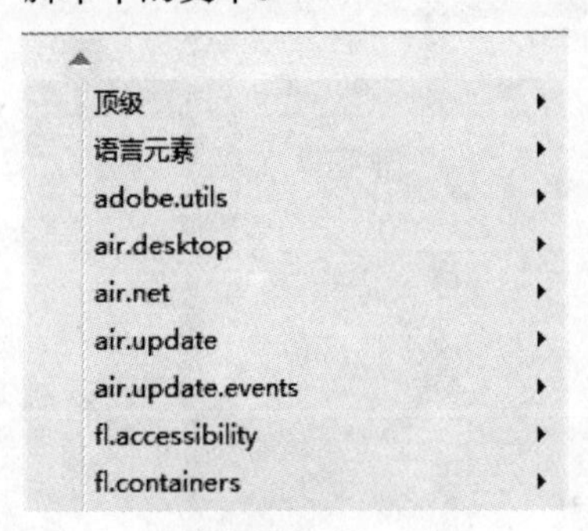

图7-6

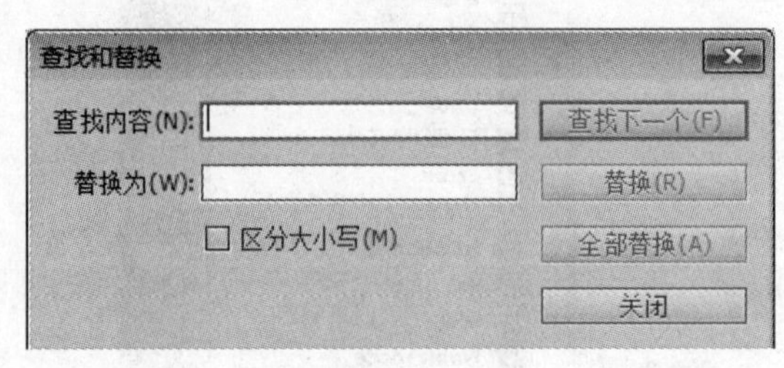

图7-7

- “插入目标路径”按钮：单击该按钮，打开“插入目标路径”对话框，如图 7-8 所示，插入目标路径时可以选择相对或绝对路径。
- “语法检查”按钮：单击该按钮，检查输入的脚本语法错误，如果出错会自动弹出【编译错误】面板显示错误。
- “自动套用格式”按钮：单击该按钮，以设置脚本实现代码的正确性和可读性。
- “显示代码提示”按钮：单击该按钮，用于显示或关闭自动代码提示，显示正在处理的代码提示。
- “调试选项”按钮：单击该按钮，可以在下拉菜单中切换或删除断点，以便在调试时可以逐行执行脚本。
- “折叠成对大括号”按钮：单击该按钮，可以对当前包含插入点的成对大小括号之间的代码进行折叠。
- “脚本助手”按钮：选择“脚本助手”将进入脚本助手模式，如图 7-9 所示。

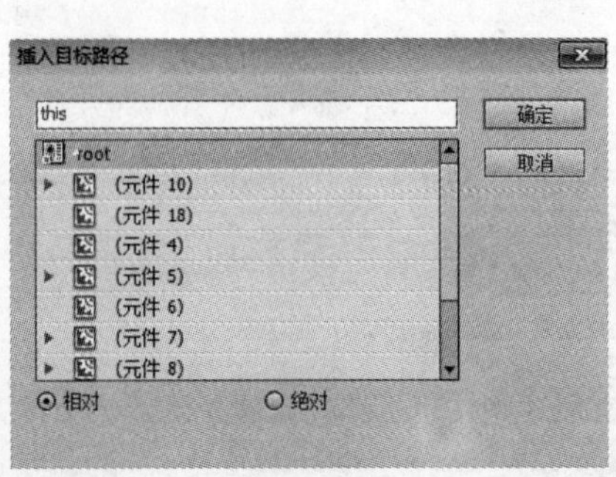

图7-8

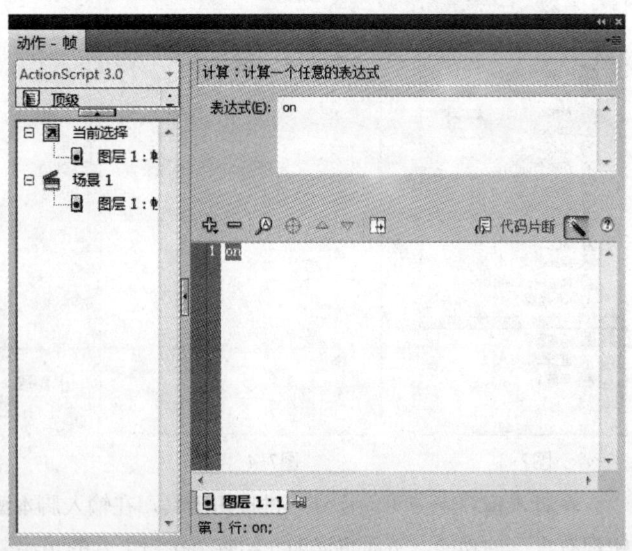

图7-9

7.6 脚本的编写与调试

在编写 Flash 动作脚本时，并不需要完全掌握 AtionScript，只要选择恰当的动作、属性、函数或方法就可以实现用户想要的交互效果。脚本编写完成后可以通过调试器进行调试。

7.6.1 编写脚本的方法

可以在动作面板的帮助下创建简单的脚本，利用动作面板中提供的工具来提高脚本编写的效率。在脚本编写的过程中应该养成一些良好的习惯。

- 把库中的文件进行分类的习惯：库中存有声音、元件、片等系列的东西，把它们各自放进不同的文件夹中，这样便于库的管理。
- 命名习惯：库中的元件、声音、图片的都要进行相应的命名，时间轴上的图层也要根据其用途进行命名，注意在命名实例声明变量的时候不能使用中文。
- 时间轴管理习惯：在时间轴上最好单独新建一个图层 AS 用来编写脚本。
- 注释习惯：当编写的代码过于烦琐时，可以通过添加注释来为代码标记，便于修改。

7.6.2 调试脚本

在 AtionScript 3.0 中调试器命令将 Flash 工作区转换为显示调试所用面板的调试工作区，包括动作面板、【调试控制台】和【变量】面板。调试控制台显示调用堆栈并包含用于跟踪脚本的工具。【变量】面板显示当前范围内的变量及其值，用户可以自行更新这些值如图 7-10 所示。

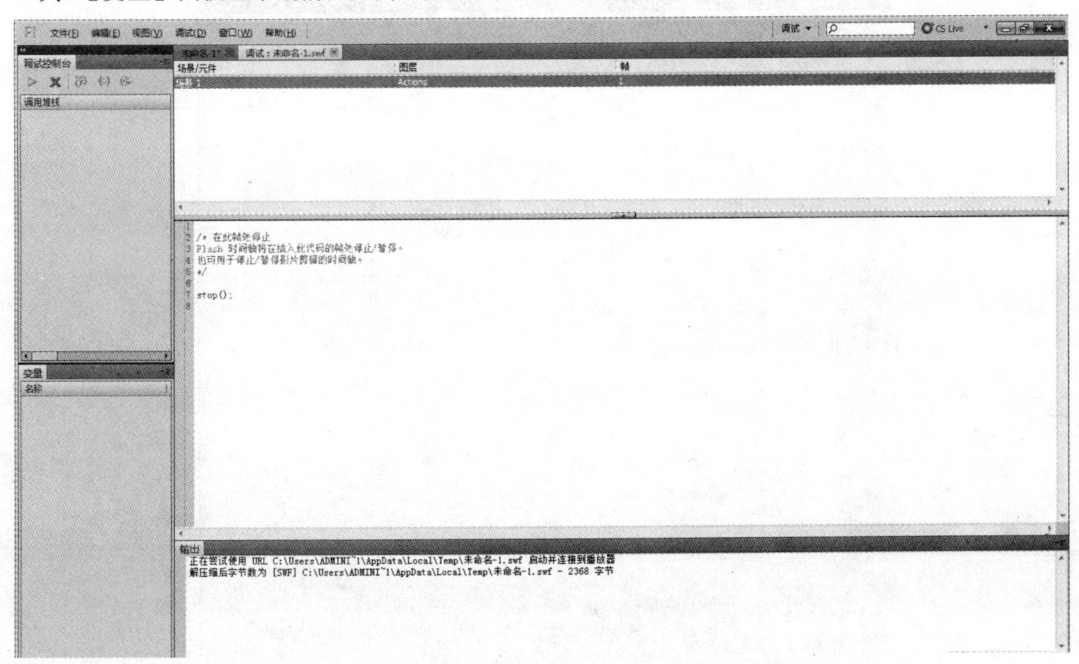

图7-10

在 AtionScript 3.0 中调试会话的方式取决于正在处理的文件类型。如从 FLA 文件开始调试，则执行【调试】>【调试影片】>【调试】命令即可。调试期间，Flash 遇到断点或运行错误时将中断执行 ActionScript。

7.7 创建交互式动画

在简单的 Flash 动画中，Flash 软件会按顺序播放影片中的场景和帧并一直播放完毕。在交互式影片中，用户可以用键盘和鼠标控制动画的播放和停止，并且跳到影片中的不同部分、移动对象、在表单中输入信息以及执行许多其他方式交互操作。

7.7.1 控制动画播放进程按钮

在 Flash 动画播放过程中除非另有命令指示，否则动画一旦开始播放，它就要把时间轴上的每一帧从头播放到尾。用户可以通过使用 play 和 stop 动作来控制动画的播放。

可以使用 play 和 stop 动作来控制主时间轴或任意影片剪辑或已加载影片的时间轴上动画的播放和停止。用户要控制的影片剪辑必须有一个实例名称，而且必须显示在时间轴上。下面将详细介绍如何控制动画的播放进程。

- 播放动画

选择要为其指定动作的帧。执行【窗口】>【动作】命令打开动作面板，之后在脚本编辑区中输入代码“play();”即可，如图 7-11 所示。

图7-11

● 停止播放动画

停止播放动画脚本的添加与播放动画脚本的添加相类似，选择【窗口】>【动作】命令打开动作面板，之后在脚本编辑区中输入代码“stop();”当动画播放至该帧的时候动画将会停止播放，如图 7-12 所示。

图7-12

● 按钮控制动画播放

如果用户希望通过单击按钮来控制动画的播放，首先要对按钮进行实例命名，如图 7-13 所示。然后在主场景执行【窗口】>【动作】命令打开动作面板，之后在脚本编辑区中输入代码：

图7-13

```
p_btn（按钮实例名称）.addEventListener(MouseEvent.MOUSE_DOWN,Play);
function Play(e:MouseEvent):void   {
play();
}
```

当单击按钮“p_btn”的时候动画开始播放，如图 7-14 所示。

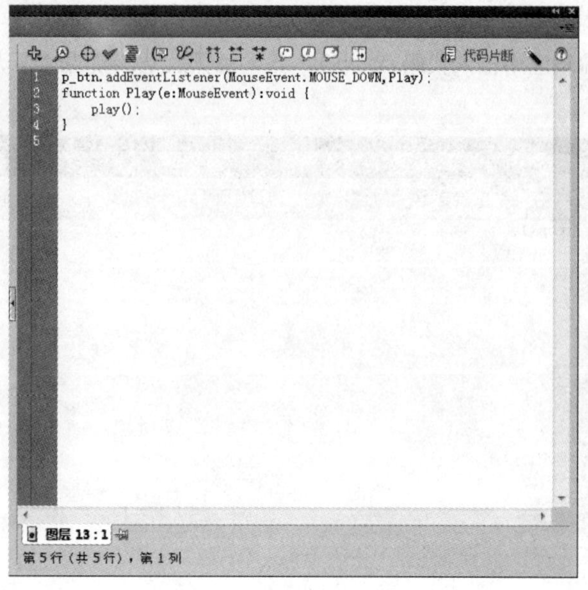

图7-14

- 按钮控制停止动画播放

如果用户希望通过单击按钮来停止动画的播放，首先要对按钮进行实例命名，如图 7-15 所示。然后在主场景执行【窗口】>【动作】命令打开动作面板，之后在脚本编辑区中输入代码：

s_btn（按钮实例名称）.addEventListener(MouseEvent.MOUSE_DOWN,Stop);

function Stop(e:MouseEvent):void {

stop();

}

当单击按钮“s_btn”的时候动画停止播放，如图 7-16 所示。

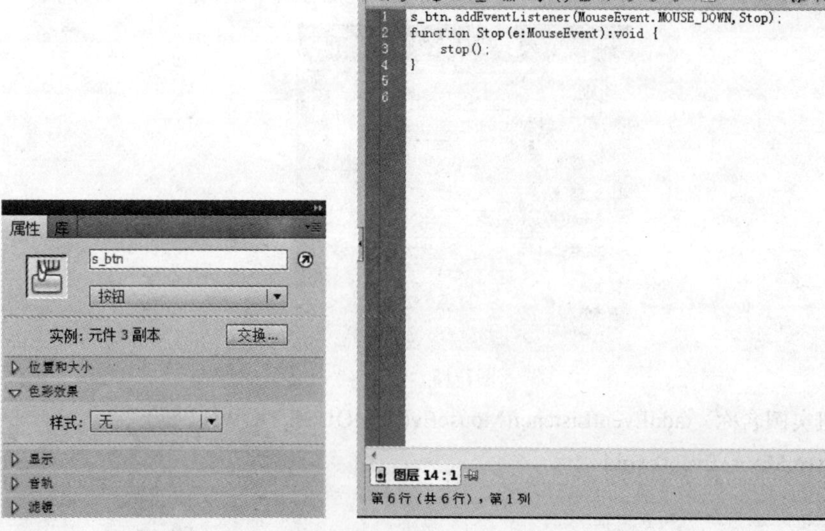

图7-15　　图7-16

● 影片剪辑控制动画播放

如果用户希望通过单击影片剪辑来控制动画的播放，首先要对影片剪辑进行实例命名，如图 7-17 所示。然后在主场景执行【窗口】>【动作】命令打开动作面板，之后在脚本编辑区中输入代码：

图7-17

```
mc（影片剪辑实例名称）.addEventListener(MouseEvent.MOUSE_DOWN,a1);
function a1(e:MouseEvent):void
{
play();
}
```

当单击影片剪辑“mc”的时候动画开始播放，如图 7-18 所示。

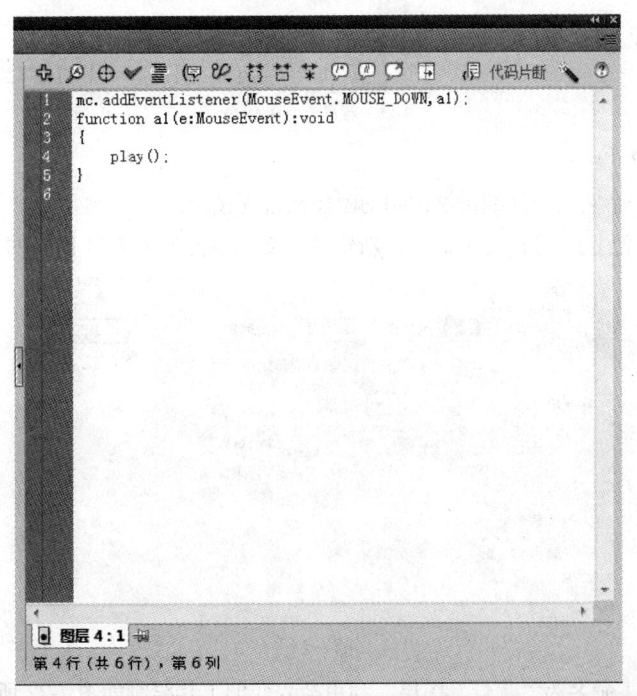

图7-18

● 影片剪辑停止动画播放

如果用户希望通过单击影片剪辑来停止动画的播放，首先要对影片剪辑进行实例命名，如图 7-19 所示。然后在主场景执行【窗口】>【动作】命令打开动作面板，之后在脚本编辑区中输入代码：

```
mc（影片剪辑实例名称）.addEventListener(MouseEvent.MOUSE_DOWN,a1);
function a1(e:MouseEvent):void
{
stop();
}
```

当单击影片剪辑“mc”的时候动画停止播放，如图 7-20 所示。

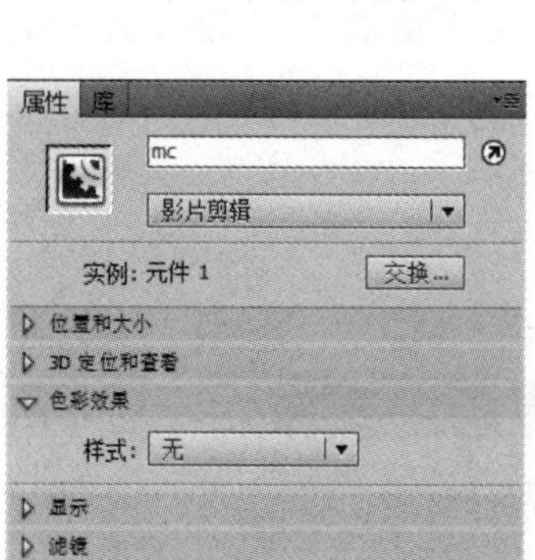

图7-19

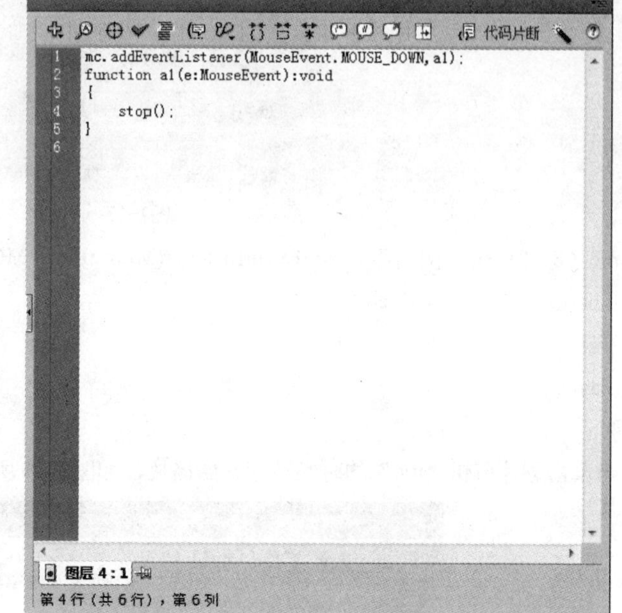

图7-20

下面我将通过一个实例来详细讲解控制动画播放进程按钮。

Step 01 执行【文件】>【新建】命令，新建一个文档属性如图 7-21 所示的 Flash 文档。

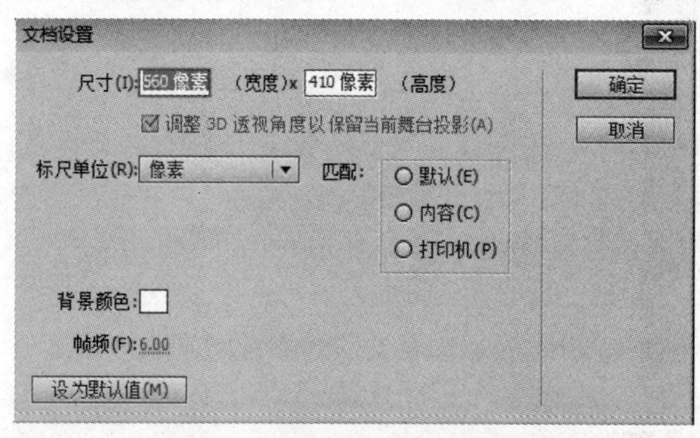

图7-21

Step 02 将图层 1 命名为“背景”图层，利用渐变变形工具绘制如图 7-22 所示的渐变背景。

Step 03 新建图层 2 命名为“草地”图层，并运用钢笔工具绘制如图 7-23 所示的草地并填充“绿色”（#66CC00）。

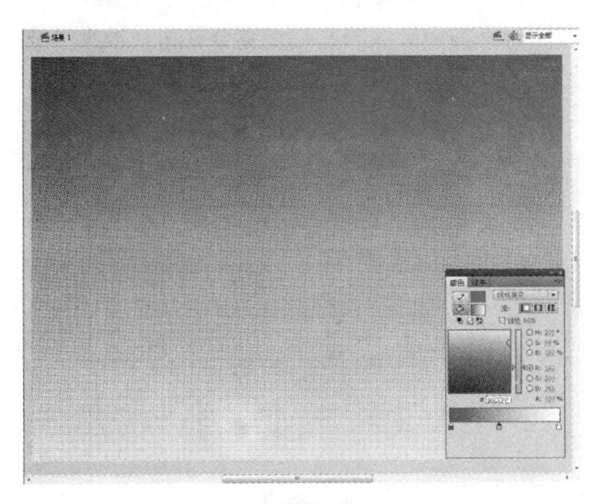

图7-22

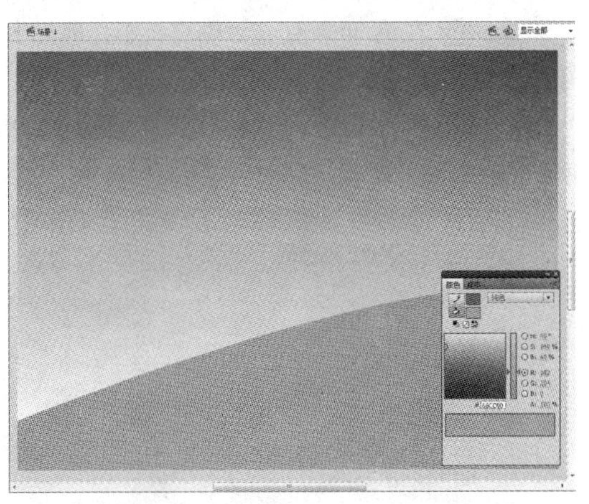

图7-23

Step 04 新建图层 3 命名为“元件”将库中的太阳、白云、树等元件拖入场景并放在相应的位置，如图 7-24 所示。

Step 05 新建图层 4 命名为“蝴蝶”将“蝴蝶”影片剪辑从库中拖曳到场景中，如图 7-25 所示。

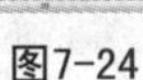

图7-24

图7-25

Step 06 选择“蝴蝶”图层右击鼠标为其添加如图 7-26 所示的引导层动画。

Step 07 在第 1 帧将“蝴蝶”影片剪辑中心的注册点与引导线的右端点重合并适当缩小“蝴蝶”影片剪辑，如图 7-27 所示。

图7-26

图7-27

Step 08 在第 30 帧处将“蝴蝶”影片剪辑中心的注册点与引导线的左端点重合并适当放大“蝴蝶”影片剪辑，如图 7-28 所示。

Step 09 执行【插入】>【新建元件】命令，新建一个命名为“play”的按钮元件，并绘制如图 7-29 所示的按钮元件。

图7-28

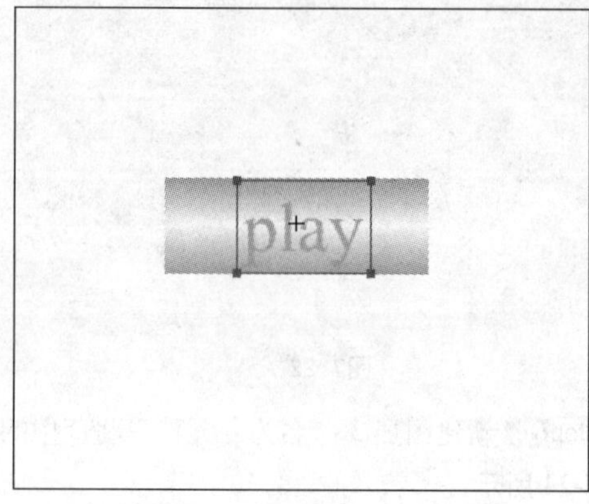

图7-29

Step 10 按照同样的方法制作如图 7-30 所示的“stop”按钮元件。

Step 11 新建图层 6 命名为“按钮”，将两个按钮拖曳到“按钮”图层上，如图 7-31 所示。

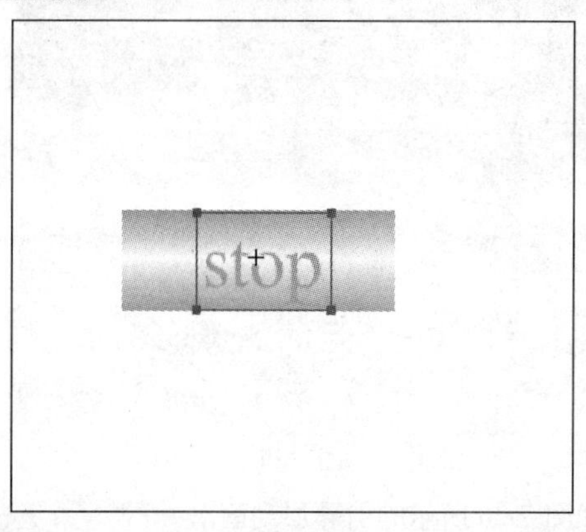

图7-30

图7-31

Step 12 现在测试影片动画已经可以正常播放，下面来添加脚本，在【属性】面板中选择“play”按钮，设命名实例名称为“p_btn”，如图 7-32 所示。同样选择“stop”按钮，命名实例名称为“s_btn”如图 7-33 所示。

图7-32

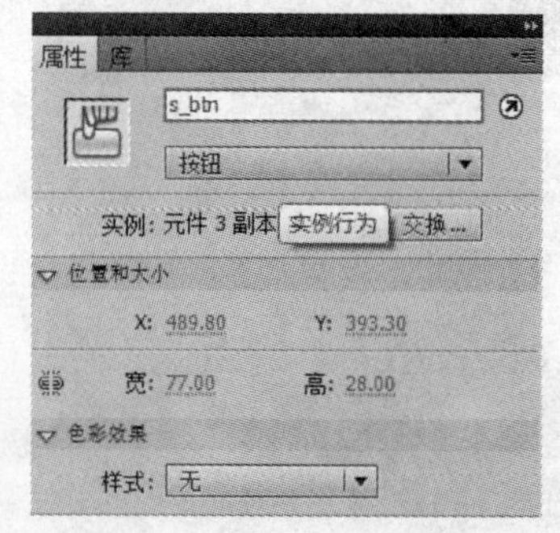

图7-33

Step 13 新建图层 7 命名为“AS”图层，选择第 1 帧执行【窗口】>【动作】命令打开动作面板，之后在脚本编辑区中输入代码：

Stop();

如图 7-34 所示，输入 stop 后动画会在第 1 帧暂停。

图7-34

Step 14 为“play”按钮添加单击播放动画脚本，选择第 1 帧执行【窗口】>【动作】命令打开动作面板，之后在脚本编辑区中输入代码：

```
p_btn.addEventListener(MouseEvent.MOUSE_DOWN,Play);
function Play(e:MouseEvent):void {
play();
}
```

如图 7-35 所示，脚本输入后在测试影片的时候，单击“play”按钮，动画会自动播放。

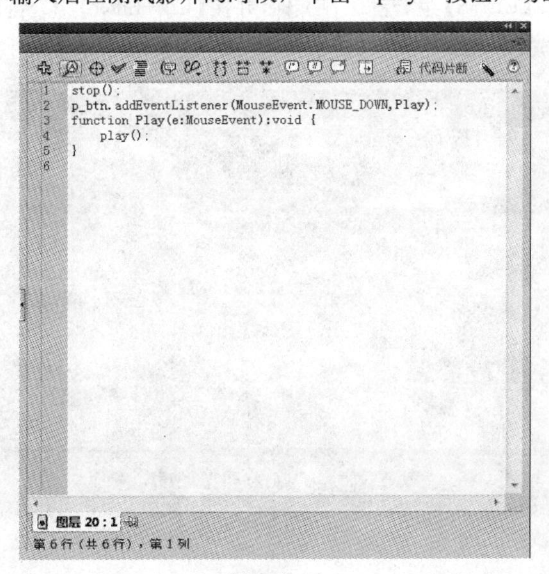

图7-35

Step 15 为“stop”按钮添加单击停止动画播放脚本，选择第 1 帧执行【窗口】>【动作】命令打开动作面板，之后在脚本编辑区中输入代码：

```
s_btn.addEventListener(MouseEvent.MOUSE_DOWN,Stop);
function Stop(e:MouseEvent):void {
stop();
}
```

如图 7-36 所示，脚本输入后在测试影片的时候，单击“stop”按钮会停止动画的播放。

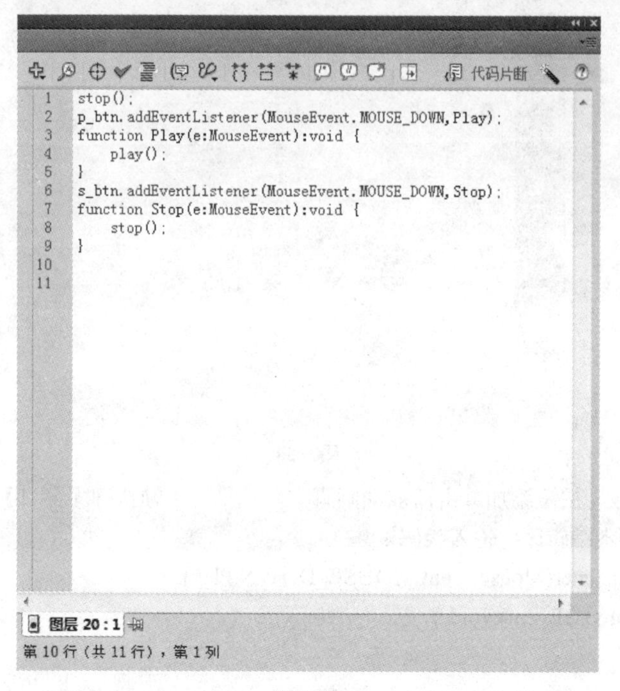

图7-36

Step 16 制作完成按【Ctrl+S】组合键保存文件，并按【Ctrl+Enter】组合键测试影片，如图 7-37 所示。

图7-37

7.7.2 制作跳转播放

在 Flash 制作过程中，如果想要动画跳转到影片中的某一特定帧或场景，可以使用 goto 动作。该动作分别是：gotoAndPlay 和 gotoAndStop。当影片跳到某一帧时，可以选择参数来控制是从这新的一帧播放影片，还是在这一帧停止。下面将详细介绍如何制作跳转播放。

- 按钮控制影片的跳转播放

如果用户希望单击按钮后影片会跳到相应的帧播放，首先给按钮命名实例名称如图 7-38 所示。然后执行【窗口】>【动作】命令打开动作面板，之后在脚本编辑区中输入代码：

```
b_btn.addEventListener(MouseEvent.MOUSE_DOWN,Play);
function Play(e:MouseEvent):void
{
gotoAndPlay(1);
}
```

如图 7-39 所示，当单击按钮“b_btn”的时候，动画会自动跳转到第 1 帧播放。

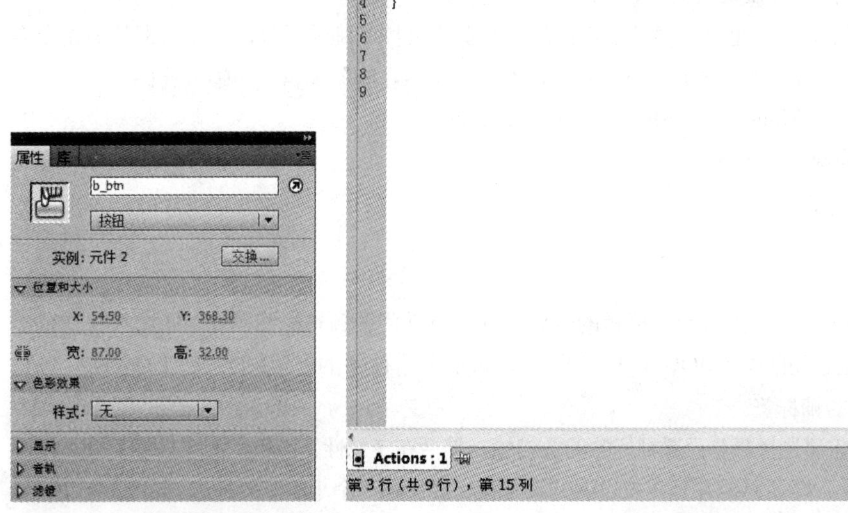

图7-38　　图7-39

- 影片剪辑控制影片跳转播放

如果希望单击影片剪辑后影片会跳到相应的帧播放，首先给影片剪辑命名实例名称如图 7-40 所示。然后执行【窗口】>【动作】命令打开动作面板，之后在脚本编辑区中输入代码：

```
mc.addEventListener(MouseEvent.MOUSE_DOWN,Play);
function Play(e:MouseEvent):void
{
gotoAndPlay(1);
}
```

如图 7-41 所示，当单击影片“mc”的时候，动画会自动跳转到第 1 帧播放。

图7-40

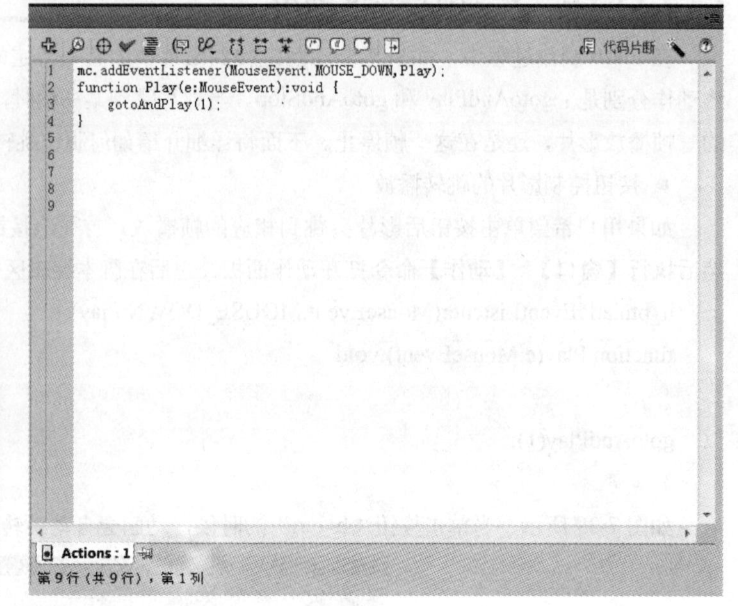

图7-41

● 鼠标滑进影片剪辑控制跳转播放

在动画制作过程中，用户也可以通过鼠标滑进影片剪辑来控制跳转播放，首先给影片剪辑命名实例“mc”。执行【窗口】>【动作】命令打开动作面板，之后在脚本编辑区中输入代码：

```
mc.addEventListener(MouseEvent.MOUSE_OVER,Play);
function Play(e:MouseEvent):void
{
gotoAndPlay( “s1” );
}
```

上述代码的意思是当鼠标滑进影片剪辑的时候，动画自动跳转到帧标签“s1”处播放。与鼠标单击不同，鼠标滑进使用的是“MOUSE_OVER”，而鼠标单击使用的是“MOUSE_DOWN”，“s1”代表的是主时间轴上的帧标签。

设置帧标签用户需要选择想要设置帧标签的关键帧，然后在【属性】面板中的【名称】输入框中输入“s1”即可，如图 7-42 所示。并且在被设置的关键帧上会出现一个小旗子的标志，如图 7-43 所示。

图7-42

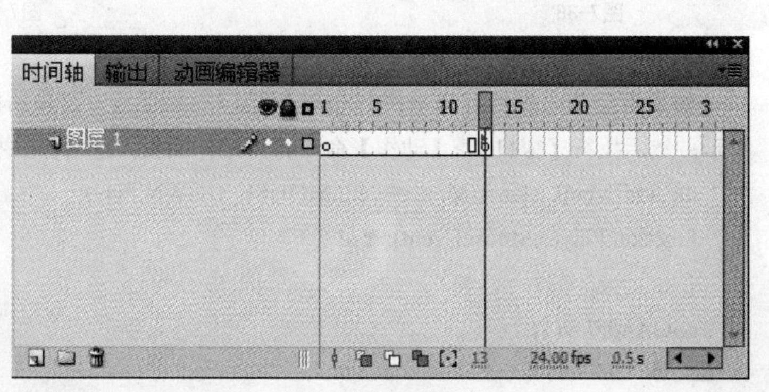

图7-43

下面将通过一个实例来详细讲解如何制作跳转播放动画。

Step01 执行【文件】>【新建】命令，新建一个文档属性如图 7-44 所示的 Flash 文档。

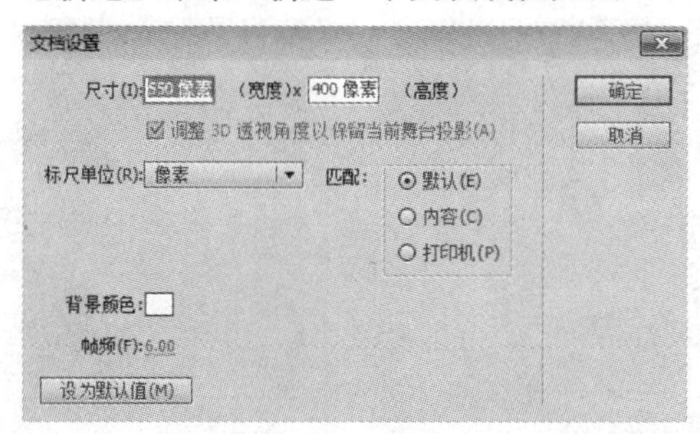

图7-44

Step02 将图层 1 命名为“背景”图层，运用矩形工具绘制如图 7-45 所示的渐变矩形背景。

Step03 新建图层 2 命名为“草地”图层，运用钢笔工具绘制如图 7-46 所示的草地轮廓。

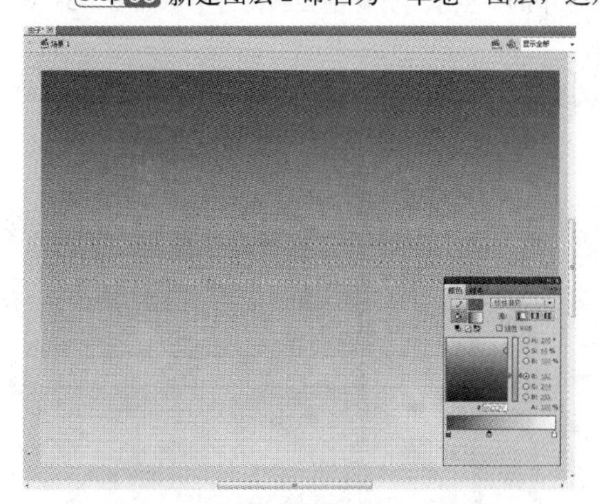

图7-45

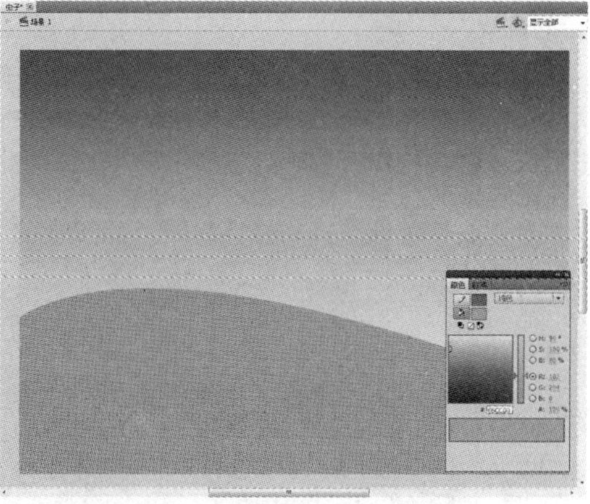

图7-46

Step04 新建图层 3 命名为“白云”图层将库中的“白云”元件拖曳到舞台上的相应位置，如图 7-47 所示。

Step05 新建图层 4 命名为“树”图层将库中的“树“元件拖曳到舞台上，如图 7-48 所示。

图7-47

图7-48

Step06 新建图层 5 命名为“花草”图层将库中的“花草”元件拖曳到舞台中的相应位置，如图 7-49 所示。

Step 07 新建图层 6 命名为"梯子"图层将库中的"梯子"元件拖曳到舞台中的相应位置,如图 7-50 所示。

图7-49

图7-50

Step 08 新建图层 7 命名为“虫子”图层，将库中的“虫子”元件拖曳到舞台中，如图 7-51 所示的位置。

Step 09 选中“虫子”元件单击鼠标右键转化为按钮元件,实例名称为“c_btn”如图 7-52 所示。

图7-51

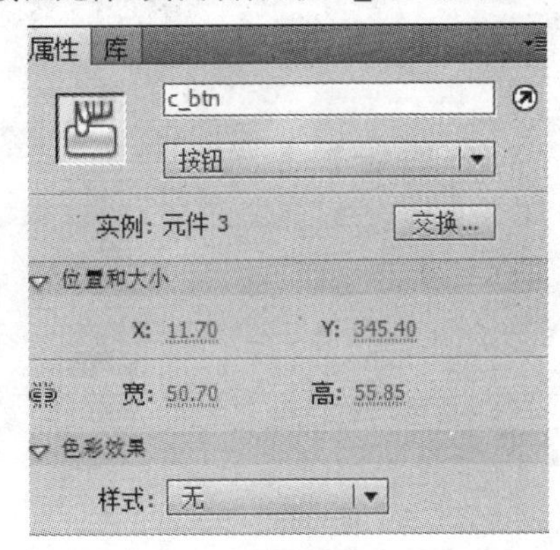

图7-52

Step 10 在第 20 帧插入关键帧，将舞台上的“虫子”按钮元件拖曳到如图 7-53 所示的位置，并创建传统补间。

Step 11 在第 21 帧插入关键帧，将舞台上的“虫子”按钮元件拖曳到如图 7-54 所示的位置。

图7-53

图7-54

Step 12 在第 22 帧插入关键帧，将舞台上的“虫子”按钮元件拖曳到如图 7-55 所示的位置，制作出虫子爬梯子的效果。

Step 13 第 23 帧处插入关键帧，将舞台上的“虫子”按钮元件拖曳到如图 7-56 所示的位置，并适当地缩小虫子。

图7-55

图7-56

Step 14 在第 24 帧处插入关键帧，将舞台上的“虫子”按钮元件拖曳到如图 7-57 所示的位置，并适当地缩小虫子。

Step 15 在第 25 帧处插入关键帧，将舞台上的“虫子”按钮元件拖曳到如图 7-58 所示的位置，并且适当地缩小虫子。

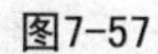

图7-57

图7-58

Step 16 在第 26 帧处插入关键帧，将舞台上的“虫子”按钮拖曳带如图 7-59 所示的位置。

Step 17 新建图层 8 命名为“AS”图层并在第 20 帧到第 26 帧处分别插入空白关键帧，如图 7-60 所示。

图7-59

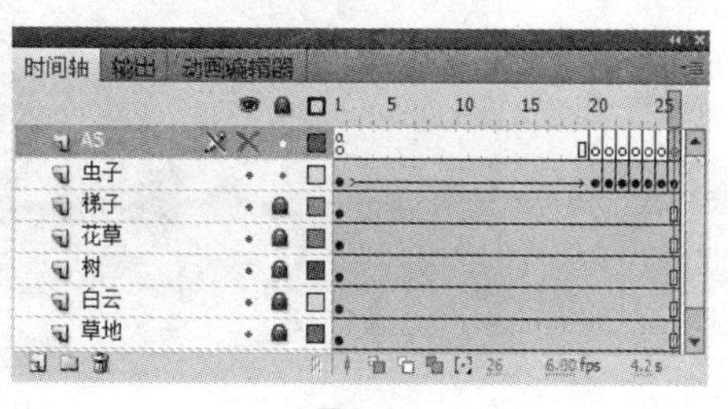

图7-60

Step 18 在每个空白关键帧中执行【窗口】>【动作】命令,在【动作】面板中输入脚本“stop();”命令如图 7-61 所示。

Step 19 选择第 1 帧执行【窗口】>【动作】命令，在【动作】面板中输入

```
c_btn.addEventListener(MouseEvent.MOUSE_DOWN,Play);
function Play(e:MouseEvent):void {
nextFrame();
}
```

如图 7-62 所示。

stop();

图7-61

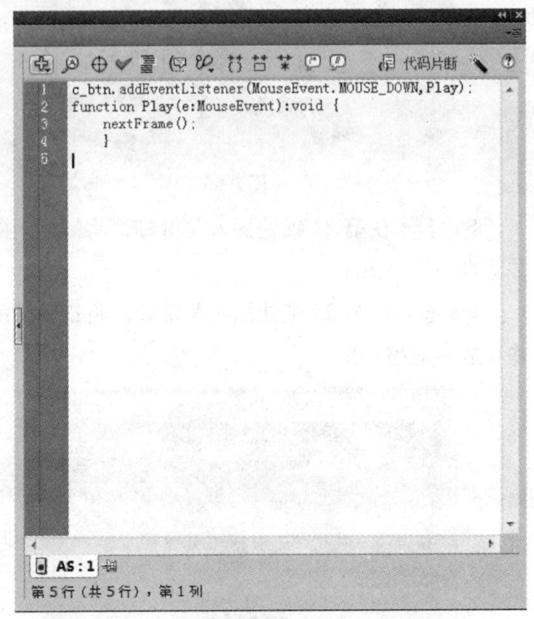

图7-62

Step 20 制作完成按【Ctrl+S】组合键保存文件,并按【Ctrl+Enter】组合键测试影片,如图 7-63 所示。

图7-63

7.8 综合案例——生日贺卡

学习目的

通过本次实例的制作，可以巩固本章所学的基础知识，熟练掌握应用ActionScript的交互操作。

重点难点

- 脚本的编写
- 透明按钮的创建
- 帧标签的应用

操作步骤

Step 01 在Flash CS5中执行【文件】>【新建】命令，新建一个文档属性如图7-64所示的Flash文档。

Step 02 将图层1命名为"背景1"图层，将"背景1"影片剪辑元件拖曳到舞台上，如图7-65所示。

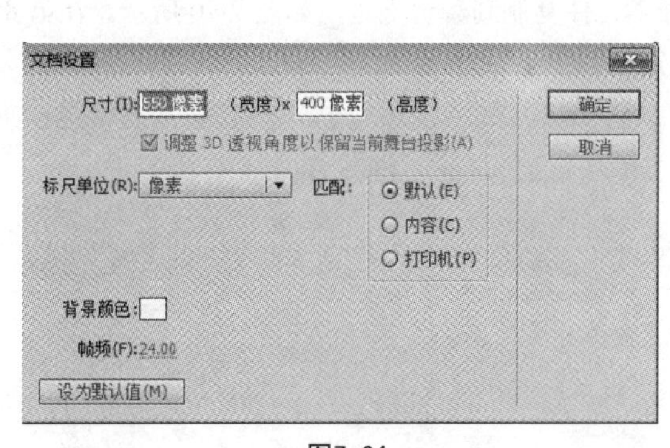

图7-64

图7-65

Step 03 在第290帧处插入帧。在第30帧处插入关键帧，在第1帧处将Alpha值设置为"0"并创建传统补间，如图7-66所示。

Step 04 新建图层2命名为"背景2"图层，在第220帧处插入空白关键帧，将"背景2"影片剪辑元件拖曳到舞台上，将Alpha值设置为"0"，如图7-67所示。

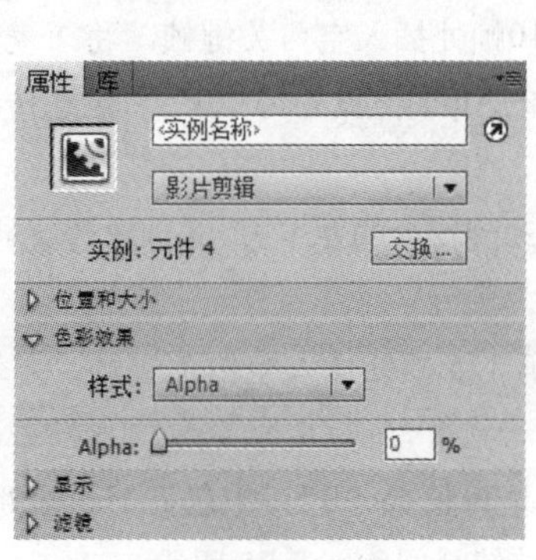

图7-66

图7-67

Step 05 在第 240 帧处插入关键帧，将 Alpha 值设置为“100”创建传统补间，并在第 290 帧处插入帧。

Step 06 新建图层 3 命名为“蜡烛”图层，在第 40 帧处插入空白关键帧，将“蜡烛”影片剪辑元件拖曳到舞台中，如图 7-68 所示。

Step 07 在第 55 帧处插入关键帧，将“蜡烛”元件复制到舞台右边，如图 7-69 所示。

图7-68

图7-69

Step 08 在第 70 帧处插入关键帧，将“蜡烛”元件复制到舞台上边，如图 7-70 所示。在第 85 帧处插入关键帧，将“蜡烛”元件复制到舞台左边，如图 7-71 所示。

图7-70

图7-71

Step 09 在第 105 帧和 125 帧处插入关键帧，并将第 125 帧处的 Alpha 值设置为“0”创建传统补间。

Step 10 新建图层4命名为“麦兜”图层，在第110帧处插入空白关键帧，将“麦兜”元件拖曳到舞台中央，在第130帧出插入关键帧，将第110帧处的Alpha值设置为“0”，创建传统补间，如图 7-72所示。

Step 11 在第 145 帧处插入关键帧，将“麦兜”移动到舞台的左下方，并创建传统补间，如图 7-73 所示。

Step 12 新建图层 5 命名为“文字 1”图层，在第 145 帧处插入空白关键帧，并输入如图 7-74 所示的内容。

Step 13 将输入的文本转化为影片剪辑，设置 Alpha 值为“0”，并在第 165 帧处插入关键帧，设置 Alpha 值为“100”并且添加“发光滤镜”，创建传统补间如图 7-75 所示。

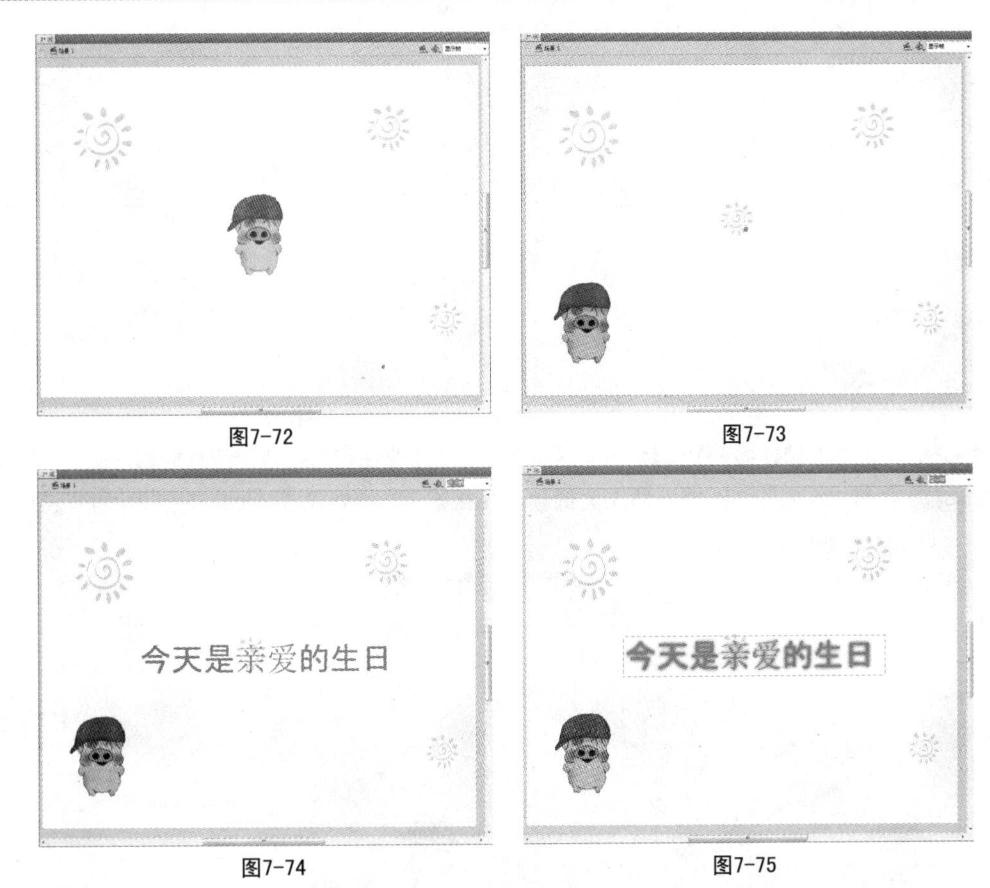

图7-72　图7-73

图7-74　图7-75

Step 14 新建图层 6，在第 145 帧处插入空白关键帧，绘制如图 7-76 所示的圆角矩形。

Step 15 在第 165 帧处插入关键帧，将第 145 帧处的圆角矩形移动到“文字 1”上并完全遮住“文字 1”，如图 7-77 所示。创建传统补间，选中该图层右击鼠标，在弹出的菜单选项面板中选择“遮罩层”选项。

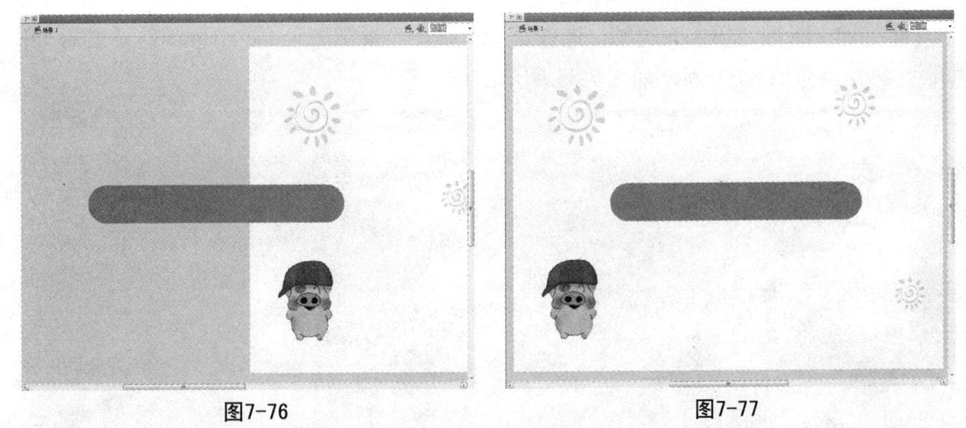

图7-76　图7-77

Step 16 在“文字 1”图层的第 220 帧和第 240 帧处插入关键帧，并设置第 240 帧处的 Alpha 值为“0”创建传统补间，如图 7-78 所示。

Step 17 新建图层 7 命名为“文字 2”图层，在第 190 帧处插入空白关键帧，输入如图 7-79 所示的文本内容，并转化影片剪辑元件。

图7-78

图7-79

Step 18 在第 210 帧处插入关键帧，并且为元件添加“发光滤镜”，创建传统补间，如图 7-80 所示。

Step 19 在第 220 帧和 240 帧处插入关键帧，并在第 240 帧处设置 Alpha 的值为“0”，创建传统补间，如图 7-81 所示。

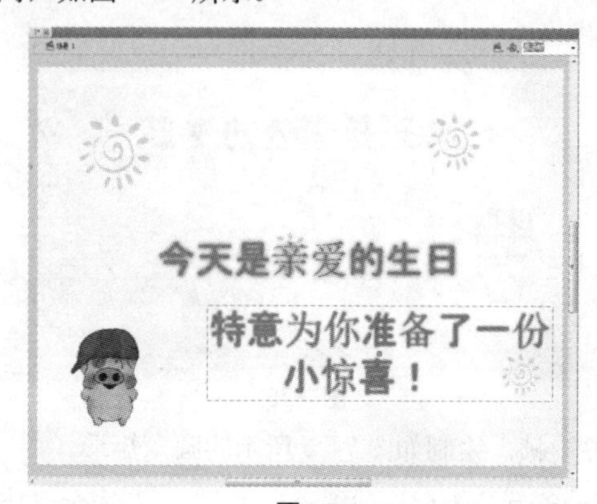

图7-80

图7-81

Step 20 新建图层 8 命名为“蛋糕”图层，在第 255 帧处插入空白关键帧，并将“蛋糕”影片剪辑元件拖曳到舞台的中央，如图 7-82 所示。

Step 21 在第 275 帧处插入关键帧，选择第 255 帧将“蛋糕”元件的 Alpha 值设置为“0”，并且将其缩放变小，创建传统补间，如图 7-83 所示。

图7-82

图7-83

Step 22 新建图层 9 命名为“火苗”图层在，第 275 帧处插入空白关键帧，将“火苗”元件拖曳到舞台中，如图 7-84 所示。

Step23 第 290 帧处插入关键帧，设置 Alpha 值为“65”，将第 275 帧处的火苗 Alpha 值设置为“0”，创建传统补间，如图 7-85 所示。

图7-84

图7-85

Step24 新建图层 10 命名为“文字 3”，在 275 帧处插入空白关键帧，在舞台中输入如图 7-86 所示的内容。

Step25 执行【修改】>【分离】命令，将文本进行分离处理并将文本内容按照顺时针排列在蛋糕周围，如图 7-87 所示。

图7-86

图7-87

Step26 将文字转化为影片剪辑，把 Alpha 值设置为“0”，在第 290 帧处插入关键帧，将元件的 Alpha 值设置为“100”，为其添加“发光滤镜”并创建传统补间，如图 7-88 所示。

Step27 新建图层 11 命名为“心”图层，在第 275 帧处插入关键帧，将“心”影片剪辑拖曳到舞台上，如图 7-89 所示，并设置影片剪辑的 Alpha 值为“0”。

图7-88

图7-89

Step 28 双击“心”元件进入到其内部，如图 7-90 所示。

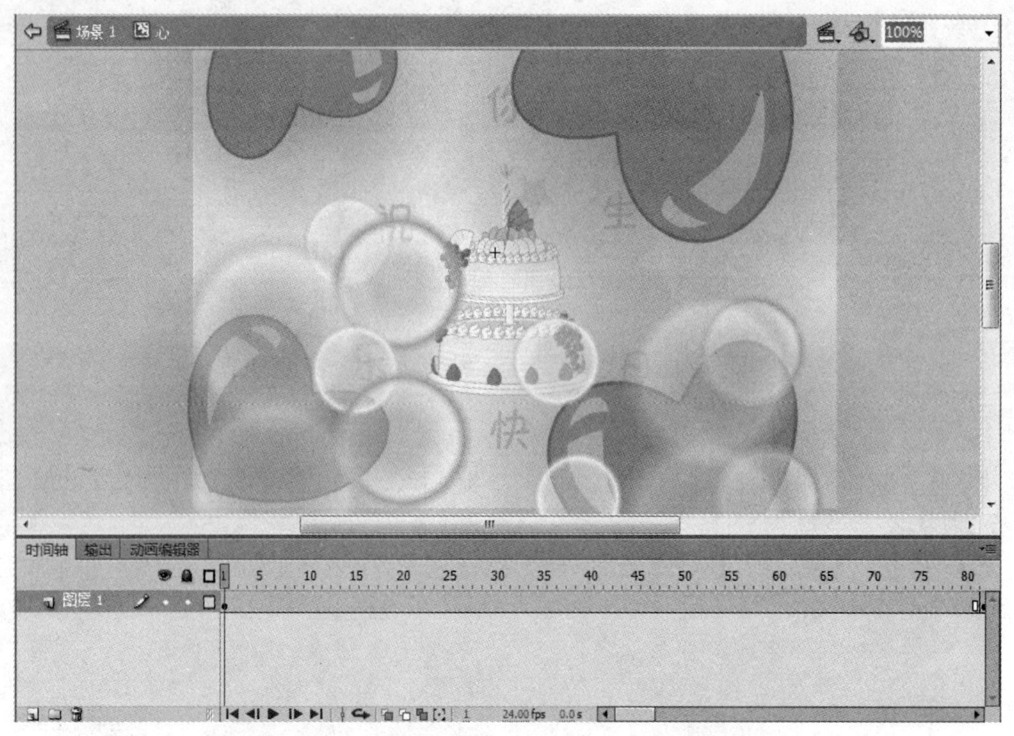

图7-90

Step 29 新建图层命名为“AS”，打开【动作】面板，并在面板中输入“stop();”，如图 7-91 所示。

图7-91

Step 30 回到场景中，在第 290 帧处插入关键帧，设置 Alpha 值为“100”，并创建传统补间，如图 7-92 所示。

Step31 新建图层 12 命名为“按钮”图层，在第 275 帧处插入空白关键帧，将“按钮”元件拖曳到舞台中蜡烛的上方，如图 7-93 所示。

图7-92

图7-93

Step32 双击进入元件内部，将弹起区域的关键帧拖曳到点击区域下面，如图 7-94 所示。这时舞台上的按钮会显示为透明状的蓝色，如图 7-95 所示。

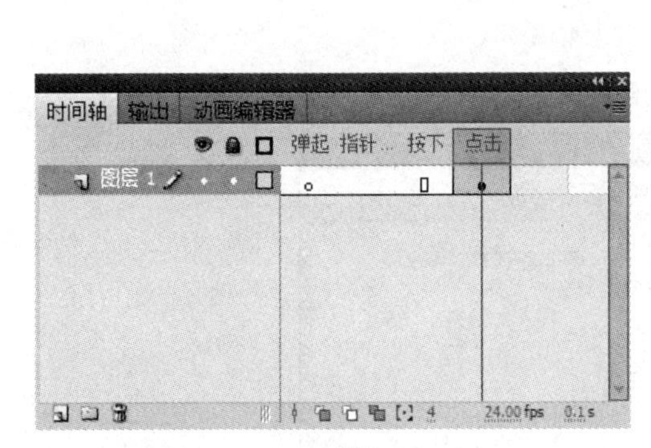

图7-94

图7-95

Step33 新建图层 13 命名为“AS”，在第 275 帧处插入空白关键帧，在【属性】面板的【标签】>【名称】输入框中输入“s1”为其设置帧标签，如图 7-96 所示。并且在主时间轴上的第 275 帧处会有一个小的旗子出现，表示帧标签，如图 7-97 所示。

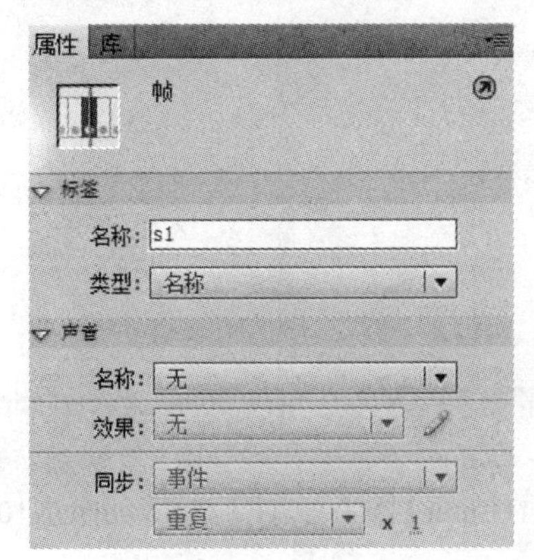

图7-96

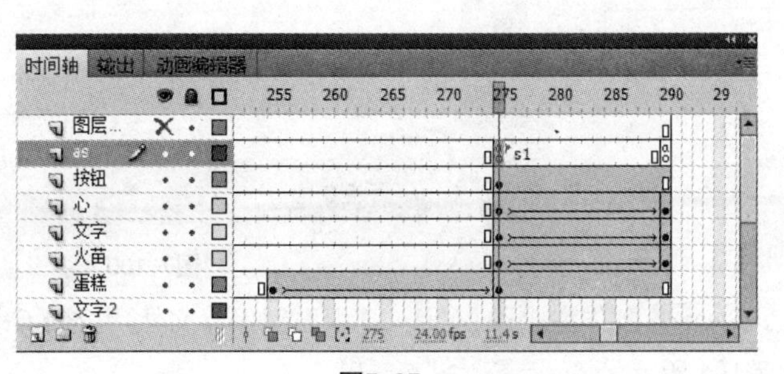

图7-97

Step34 为“心”影片剪辑元件，命名实例名称“amc”，如图 7-98 所示。为“按钮”元件命名实例名称“b_btn”，如图 7-99 所示。

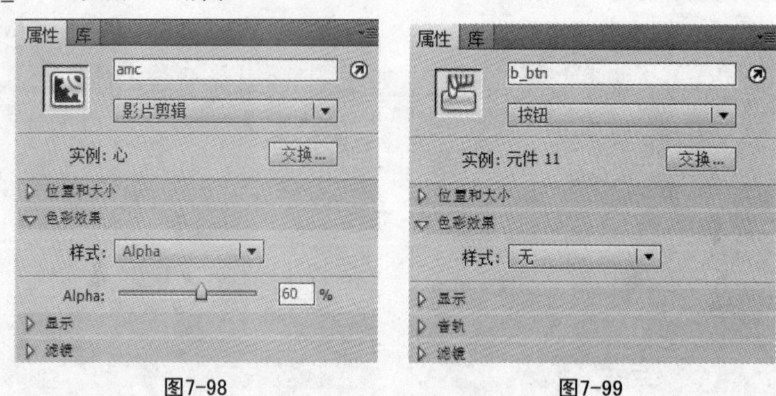

图7-98　　图7-99

Step35 打开动作面板，首先输入“stop();”让影片播放到第 275 帧处停止，然后输入代码：“b_btn.addEventListener(MouseEvent.MOUSE_DOWN,Play);

function Play(e:MouseEvent):void {

gotoAndPlay(“s1”);

Object(this).amc.play();

}”

通过单击按钮来控制动画继续播放，如图 7-100 所示。

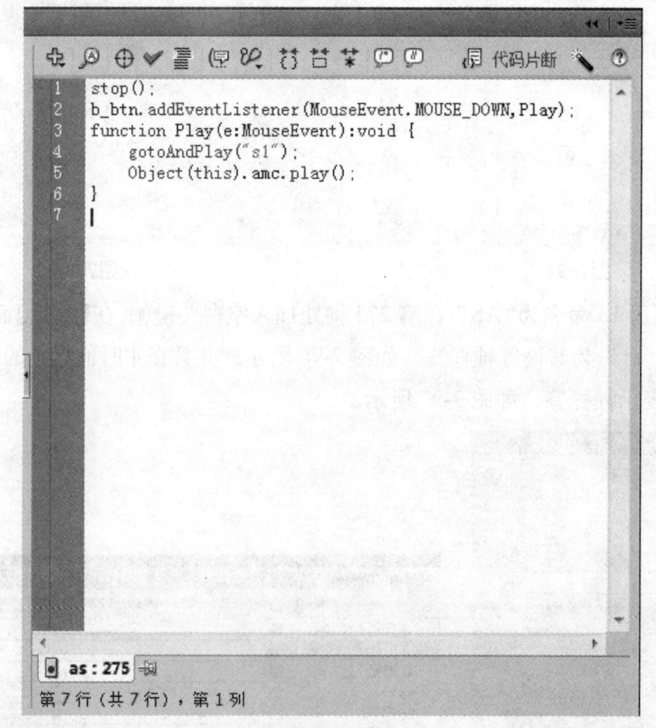

图7-100

Step36 制作完成按【Ctrl+S】组合键保存文件，并按【Ctrl+Enter】组合键测试影片，如图 7-101 至 7-104 所示。

图7-101

图7-102

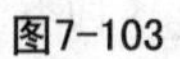
图7-103

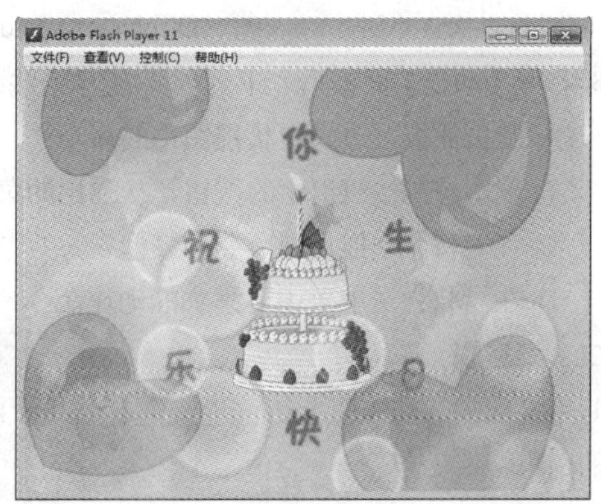

图7-104

7.9 经典商业案例赏析

如图 7-105 所示的是一个交互式的动画，该交互动画设计巧妙，节奏感强烈，运用了跳转播放原理以及条件语句。

图7-105

7.10 课后练习

一、选择题

1. 在 Flash 中，无法为（ ）添加动作代码。

A. 图形元件　　B. 按钮元件

C. 影片剪辑　　D. 关键帧

2. 在按钮上按下鼠标左键，然后拖动鼠标，将鼠标指针从按钮上移走，在松开鼠标左键时，触发动作。这是按钮的（ ）触发事件。

A.rollout　　B.DragOver

C.release　　D.releaseOutside

3. 打开【动作】面板后，下列（ ）选项无法给选定的对象添加动作代码。

A. 双击面板左边的树状视图中的命令

B. 单击控制按钮组中的按钮，从弹出的菜单中单击要添加的命令

C. 直接将命令拖放到命令列表框

D. 在树状视图中单击要添加的动作命令，单击“添加到脚本”命令

二、填空题

1. 字义函数的动作命令是 __________，用于函数体内的关键字 ___________ 是对函数所属影片剪辑的引用。

2.Flash 中的变量主要有 __________、__________ 和 __________3 种类型。

3. 变量是储存信息的容器，__________ 不变，但 _________ 常常改变。表达式通过把 _________ 和 _________ 结合在一起或通过 __________ 调用来建立表达式。

三、操作题

1. 运用 7.7.1 所学的知识，制作一个利用按钮控制动画播放进程的动画。

2. 运用 7.7.2 所学的知识，制作一个利用影片剪辑控制的跳转播放动画。

3. 运用本章所学的知识，制作一个鼠标跟随特效动画。

第8章 音视频动画设计

一个优秀的Flash动画作品，往往需要添加声音，如制作卡通短片时人物的对白和卡通特效，制作贺卡所需的背景音乐，制作MV时的主题音乐等，本章将主要讲解声音的基础知识和如何在Flash中导入、编辑、优化、输出声音以及导入视频等内容。

本章知识要点

- Flash支持的声音格式
- 动画制作时导入声音及编辑声音的方法
- 声音的优化与输出
- 视频的编辑操作

8.1 声音文件的应用

Flash支持多种格式的音频文件，共有两种声音类型，分别是事件声音和数据流声音。事件声音必须在影片完全被下载完成后才能开始播放，数据流声音是在下载影片到足够数据后就可以开始播放，而且声音的播放可以与时间轴上的动画轴保持一致。

8.1.1 Flash支持的声音类型

在Flash CS5中，可以导入的影片声音格式有MP3、WAV和AIFF（仅限苹果机）格式。下面对常用的音频格式进行简单的介绍。

1.MP3 格式

MP3 是使用范围最广的一种数字音频格式，对于要求体积小，音质效果好的 Flash MV 来说，MP3 是最理想的音频格式。MP3 经过压缩后，体积很小，取样与编码技术优异，虽然经过了破坏性的压缩，但是音质仍然接近 CD 水平。

2.WAV 格式

WAV 是微软公司和 IBM 公司合作开发的 PC 标准声音格式。它直接保存对声音波形的采样数据，没有压缩数据，所以音质一流，但由于体积大，占用磁盘空间较多，因此，在 Flash 中并没有被广泛的使用。

8.1.2 在 Flash 中导入声音

Flash CS5 支持多种格式的音频文件，如 WAV、MP3、ASND、AIFF 等。执行【文件】>【导入】>【导入到舞台】命令，可以直接将音频文件导入到当前所选择的图层中，如图 8-1 所示。执行【导入到库】命令，打开【导入到库】对话框。选择音频文件，单击【打开】按钮，将音频文件导入到库面板中，并以一个“喇叭”图标形式显示，如图 8-2 所示。

图8-1

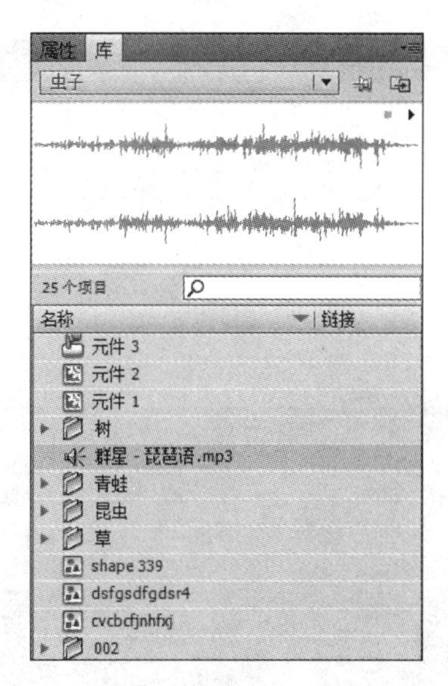

图8-2

8.1.3　为影片添加声音

下面将通过一个实例来详细讲解为影片添加声音。

Step01 打开 Flash CS5 软件，执行【文件】>【打开】命令，打开文件“秋天”，如图 8-3 所示。

Step02 新建一图层命名为“音乐”图层。

Step03 执行【文件】>【导入】>【导入到库】命令，将音频文件导入到库中，如图 8-4 所示。

图8-3

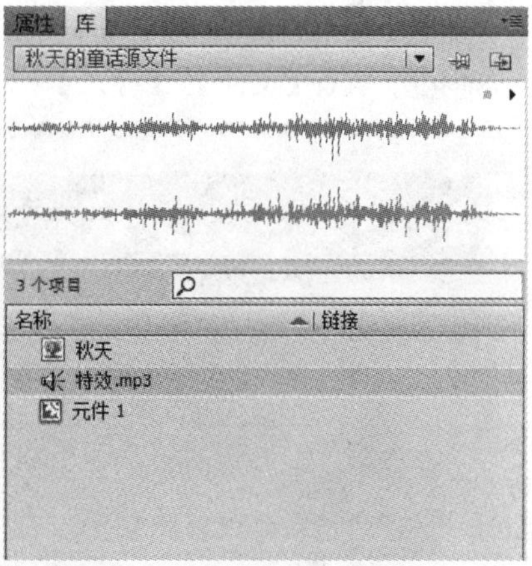

图8-4

Step04 将音频文件拖曳到舞台中，这时会在时间轴上形成一条音频线，如图 8-5 所示。

Step05 制作完成按【Ctrl+S】组合键保存文件，并按【Ctrl+Enter】组合键测试影片就可以听见声音，如图 8-6 所示。

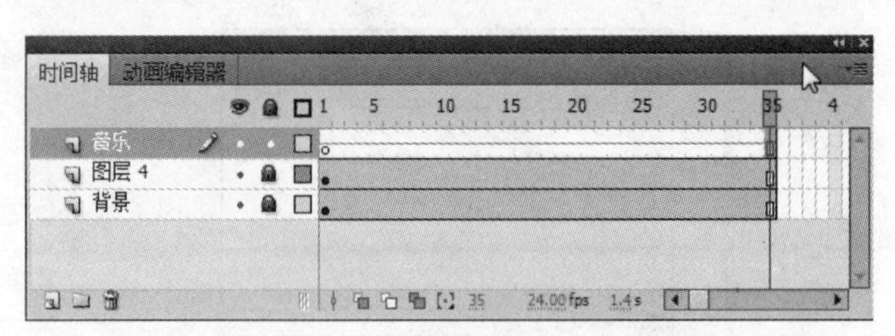

图8-5

图8-6

8.1.4 给按钮添加音效

在制作 Flash 动画短片时，制作者们通常都会为按钮添加单击时的特效声音。下面将详细讲解如何为按钮添加单击特效声音。

Step 01 打开 Flash CS5 软件，执行【文件】>【打开】命令，打开文件“蝴蝶”，如图 8-7 所示。

Step 02 执行【文件】>【导入】>【导入到库】命令，将音频文件导入到库中，如图 8-8 所示。

图8-7

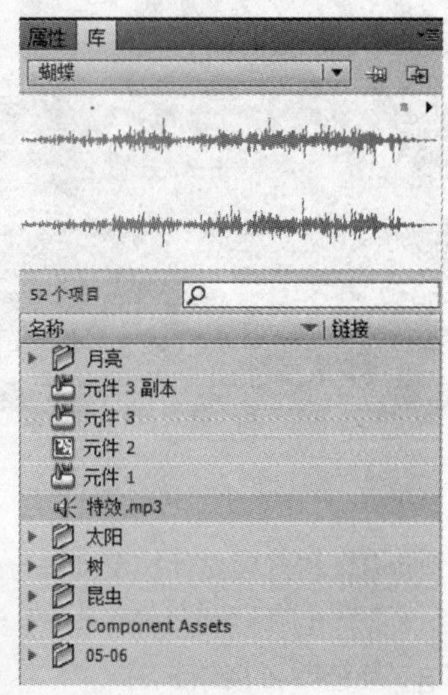

图8-8

Step03 选择按钮“play”，双击进入按钮内部，新建一个图层命名为“音乐”图层，如图 8-9 所示。

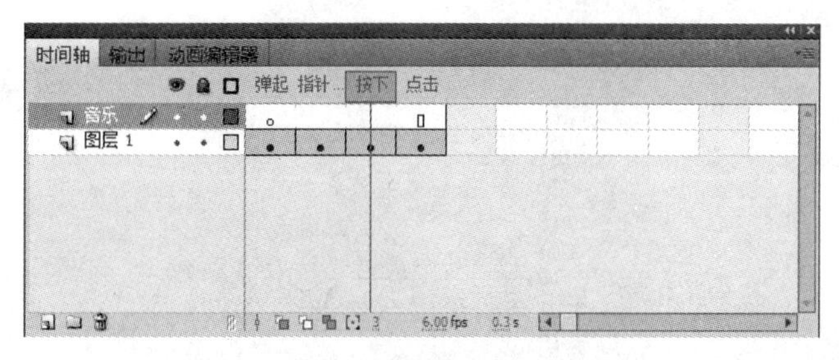

图8-9

Step04 在“按下”处插入关键帧，将音乐文件拖曳到舞台中，如图 8-10 所示。

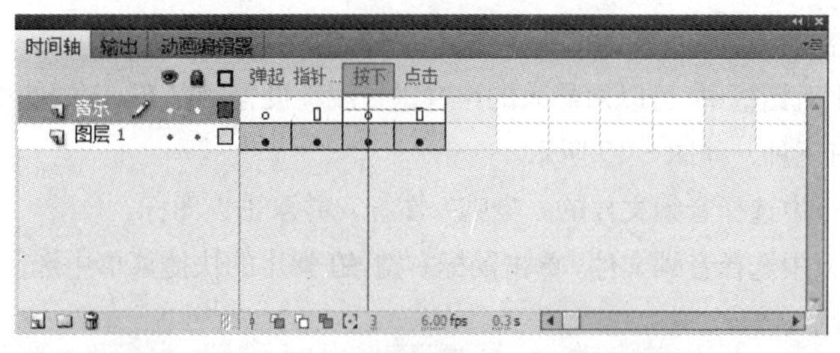

图8-10

Step05 按照同样的方法选择“stop”按钮为其添加声音特效。

Step06 完成按钮声音特效的添加后，测试影片时，当单击按钮时就会听到相应的声音特效，如图 8-11 所示。

图8-11

8.1.5 设置播放效果

在 Flash 动画制作过程中，可以通过【属性】面板、【声音属性】对话框和【编辑封套】对话框对声音进行编辑，使其达到希望的效果，如图 8-12 所示。下面将对其进行详细介绍。

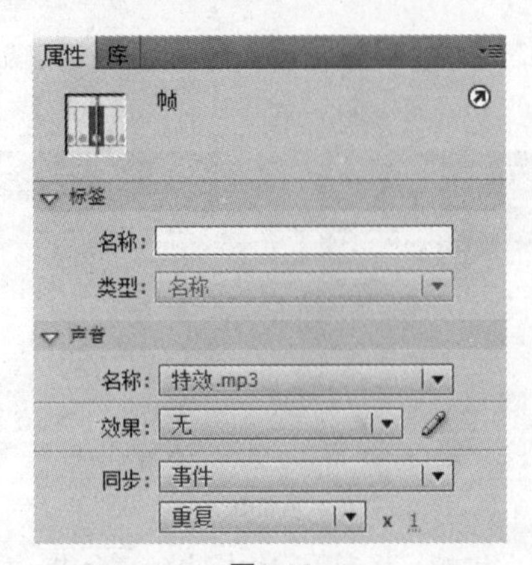

图8-12

1. 设置声音属性

在【声音属性】对话框中，可以对导入的声音进行属性设置。在 Flash CS5 中，打开【声音属性】面板对话框的方法有三种，如图 8-13 所示。

- 在【库】面板中选择音频文件的“喇叭”图标，并双击该图标。
- 在【库】面板中选择音频文件，单击鼠标右键，在弹出的快捷菜单中选择【属性】命令即可，如图 8-14 所示。
- 在【库】面板中选择音频文件，单击面板底部的【属性】按钮。
- 在【声音属性】对话框中，可以对该声音当前的压缩方式进行调整，也可以更改音频文件的名称，还可以查看音频文件的属性等。

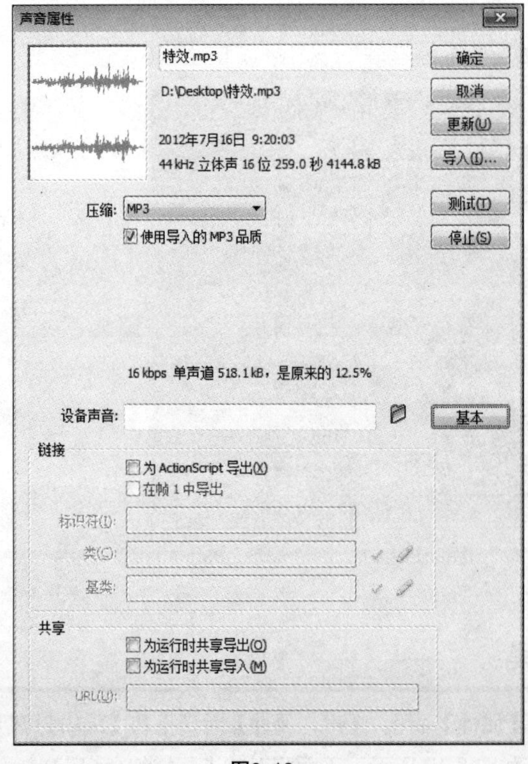

图8-13

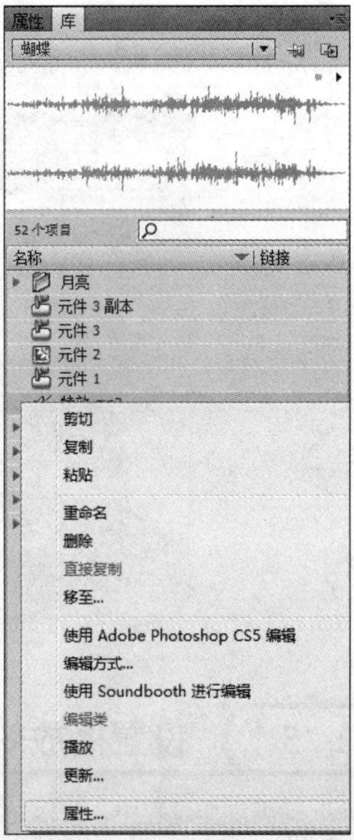

图8-14

2. 设置声音的重复播放

如果想要使声音在影片中重复播放，可以在【属性】面板中【声音】选项区域的【声音循环】下拉列表框中来选择声音的播放方式。在【声音循环】下拉列表框中有“重复”和“循环”两个选项，如图 8-15 所示。

- 重复：当选择该选项后，在右侧的文本框中可以设置播放的次数，默认是播放 1 次。
- 循环：当选择该选项后，声音一直不停地循环播放。

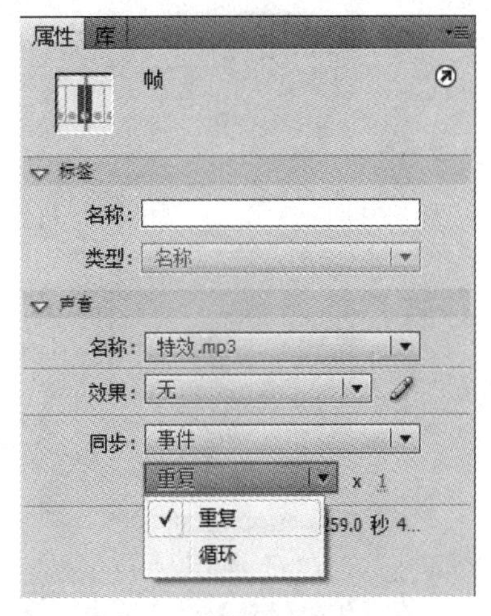

图8-15

3. 设置声音的同步方式

声音的同步是指影片和声音的配合方式。在【属性】面板中【声音】选项区域的【同步】下拉列表框中，可以根据自己的需要设置当前关键帧中的声音进行播放同步的类型设置，并对声音在输出影片中的播放进行控制，如图 8-16 所示。

- 事件：当选择该选项后，必须等动画完全下载完毕后才能播放动画和声音。
- 开始：当选择该选项后，如选择的声音实例已经在时间轴上的其他地方播放过了，Flash 将不再播放该实例。
- 停止：当选择该选项后，可以使正在播放的声音文件停止。
- 数据流：当选择该选项后，将使动画与声音同步，以便在 web 站点上播放。Flash 强制动画和音频流同步，将声音完全附加到动画上。

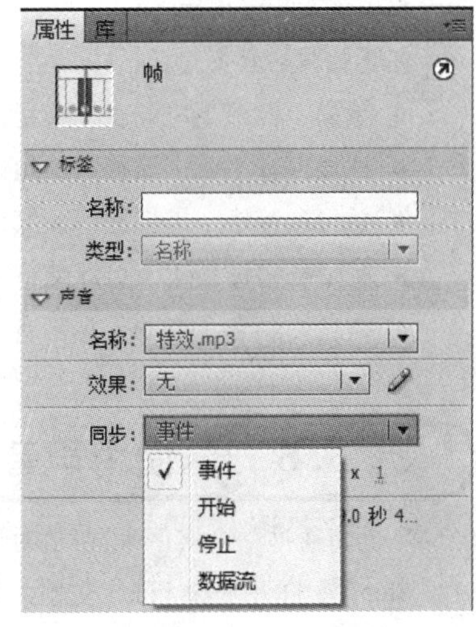

图8-16

4. 设置声音的效果

在 Flash CS5 中同一种声音可以做出多种效果，在【效果】下拉列表框中选择不同的选项会得到不同的声音效果，在【属性】面板【声音】选项区域的【效果】下拉列表框中，提供了多种声音播放效果的选项，如图 8-17 所示。

- 无：没有任何效果。
- 左声道：只在左声道播放音频。
- 右声道：只在右声道播放音频。
- 向右淡出：声音从左声道转到右声道。
- 向左淡出：声音从右声道转到左声道。
- 淡入：表示声音逐渐增大。
- 淡出：表示声音逐渐减小。
- 自定义：用户自己创建声音效果，可以利用音频编辑对话框编辑音频，如图 8-18 所示。

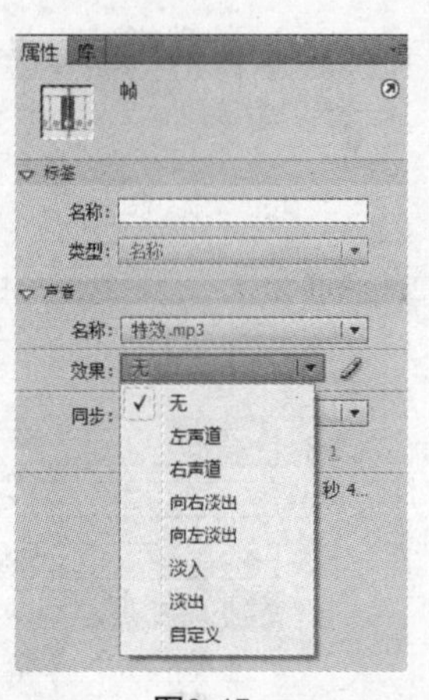

图8-17

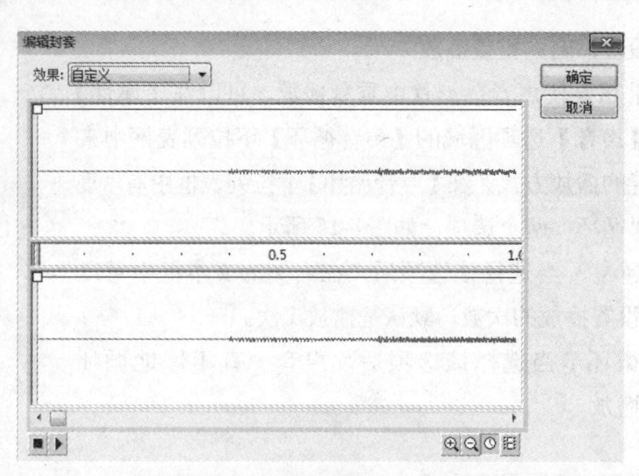

图8-18

在【编辑封套】对话框中，分为上下两个编辑区域，上面代表左声道波形编辑区，下面代表右声道波形编辑区。在每个编辑区的上方都有一条左侧带有小方块的控制线，可以通过控制调整声音的大小、淡入和淡出等。

在【编辑封套】对话框中，各个选项的含义如下。

- 效果：在该下拉列表框中可以设置声音的播放效果。
- 播放声音：单击该按钮，可以试听编辑后的声音。
- 放大和缩小：用来显示声音波形窗口内的声音波形，在水平方向的放大和缩小。
- 帧：单击该按钮，可以使声音波编辑窗内水平轴为帧数。
- 灰色控制条：拖动上下声音波形之间刻度栏内的左右两个灰色控制条，可以截取声音片段。

8.1.6 使用声音属性编辑声音

下面将通过一个实例来详细讲解如何使用声音属性编辑声音。

Step 01 打开一个 Flash 文档，如图 8-19 所示。执行【文件】>【导入】>【导入到库】命令，将所需要的音频文件导入到库中，如图 8-20 所示。

图8-19

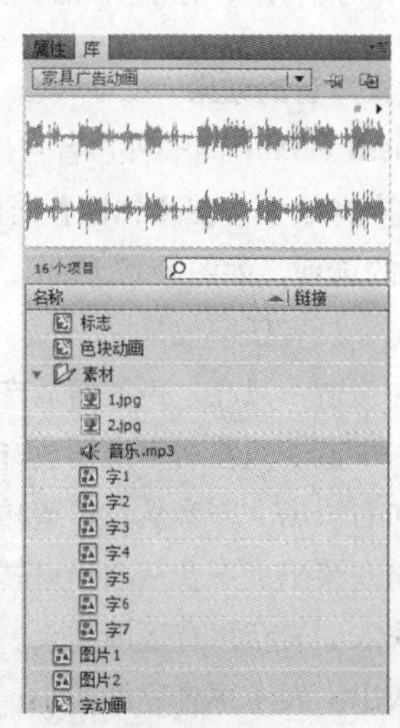

图8-20

Step02 新建图层并命名为“音乐”，将库中的音频文件拖曳到舞台上，主时间轴上会出现一条音频线，如图 8-21 所示。

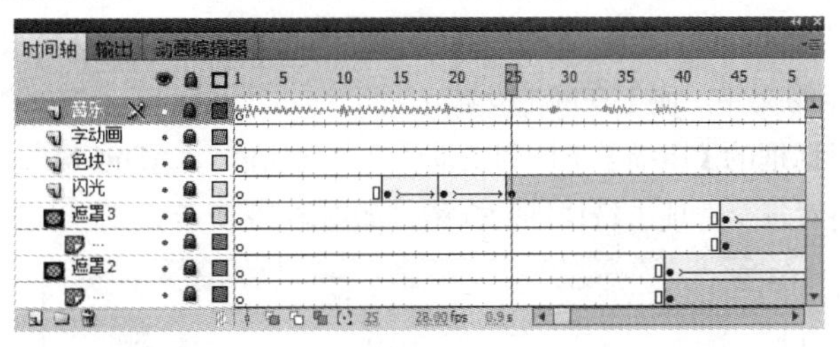

图8-21

Step03 选择【属性】面板，设置声音的重复播放方式为“循环”，如图 8-22 所示。设置声音的同步方式为“开始”，如图 8-23 所示。

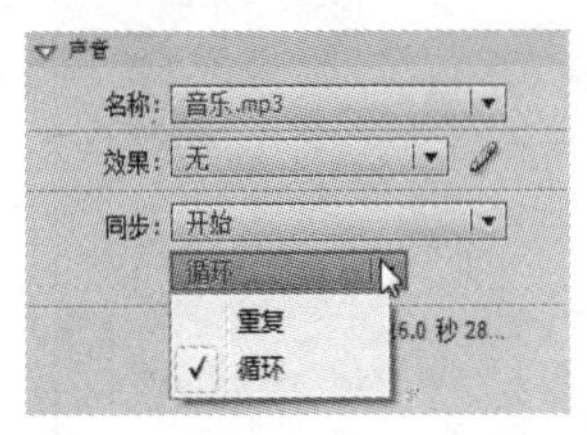

图8-22

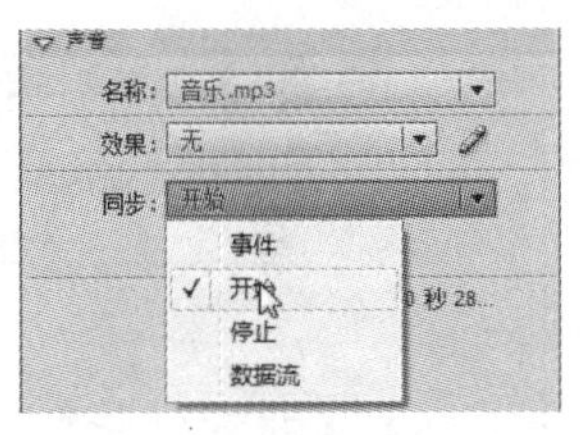

图8-23

Step04 设置声音播放的效果为“自定义”，并在弹出的【编辑封套】对话框中进行音频编辑，如图 8-24 所示。

Step05 制作完成按【Ctrl+S】组合键保存文件，并按【Ctrl+Enter】组合键测试影片，即可听见编辑后的声音效果，如图 8-25 所示。

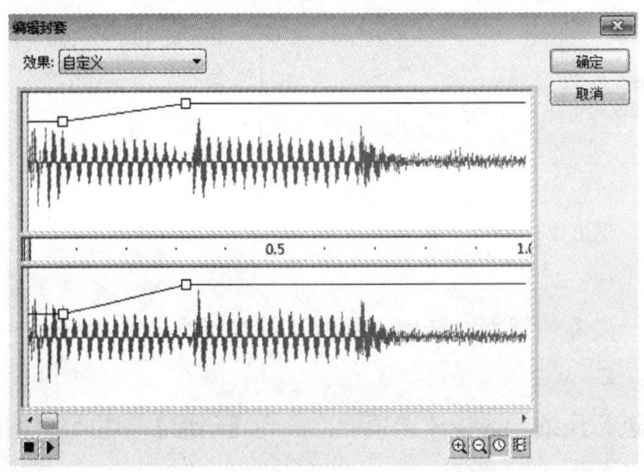

图8-24

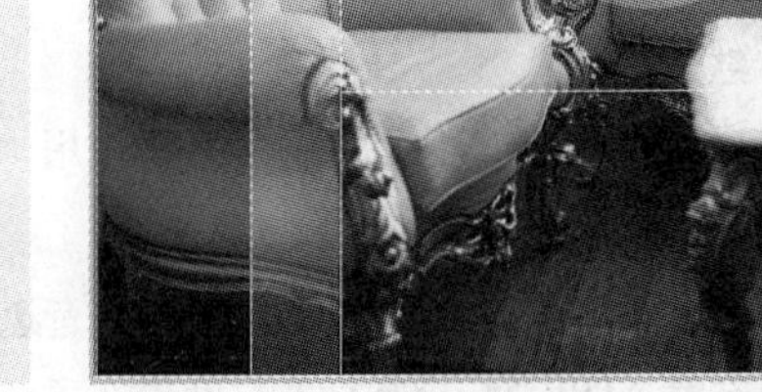

图8-25

8.2 Flash中声音的优化与输出

为了减小动画的文件，通常要对动画文件中的声音文件进行优化与压缩，然后再设置导出声音。采样比例和压缩程度会影响导出的 SWF 文件中声音的品质和大小，所以就应该通过对声音优化来调节声音品质和文件的大小达到最佳平衡。

8.2.1 优化声音

在 Flash 影片的制作过程中，当导入的声音较长时生成的动画文件就会很大，需要在导出影片时压缩声音，获得较小的文件，便于在网上发布。

在【声音编辑】对话框的【压缩】下拉列表框中有“默认值”、“ADPCM”、“MP3”、“原始”和“语音”5 个选项，下面将对每个选项进行详细的介绍，如图 8-26 所示。

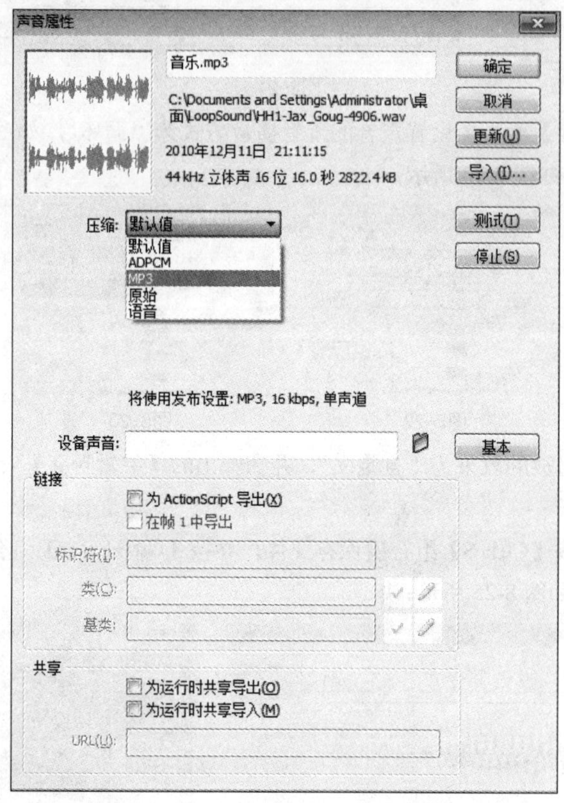

图8-26

（1）默认值

当选择“默认值”压缩方式时，将使用“发布设置”对话框中的默认声音压缩设置。

（2）ADPCM

ADPCM 压缩适用于对较短的时间声音进行压缩。选择该选项后，会在【压缩】下拉列表框的下方出现有关 ADPCM 压缩方式的设置选项，如图 8-27 所示。

（3）MP3

当用户需要压缩较长的流式声音时可以选择 MP3 压缩方式，选择该选项后，会在【压缩】下拉列表框的下方出现与 MP3 压缩格式有关的选项设置，如图 8-28 所示。

设置【压缩】类型为“MP3”方式后，对话框中主要的选项含义如下。

- 比特率：在其下拉列表框中选择一个适当的传输速率，调整音乐的效果。
- 品质：可以根据压缩文件的需求，进行适当的选择。在该下拉列表框中有“快速”、“中等”和“最佳”3 个选项。

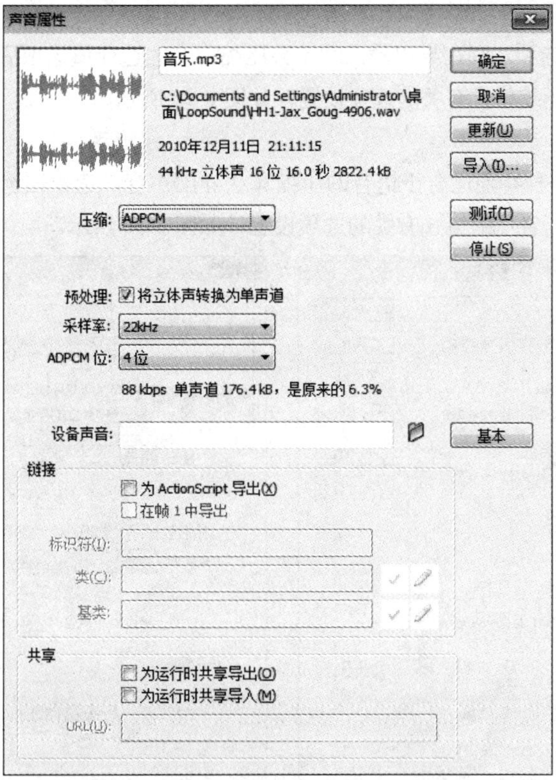

声音属性

音乐.mp3

C:\Documents and Settings\Administrator\桌面\LoopSound\HH1-Jax_Goug-4906.wav

2010年12月11日 21:11:15

44 kHz 立体声 16 位 16.0 秒 2822.4 kB

确定

取消

更新(U)

导入(I)...

压缩: ADPCM

测试(T)

停止(S)

预处理: 将立体声转换为单声道

采样率: 22kHz

ADPCM 位: 4位

88 kbps 单声道 176.4 kB，是原来的 6.3%

设备声音:

基本

链接

为 ActionScript 导出(X)

在帧 1 中导出

标识符(I):

类(C):

基类:

共享

为运行时共享导出(O)

为运行时共享导入(M)

URL(U):

图8-27

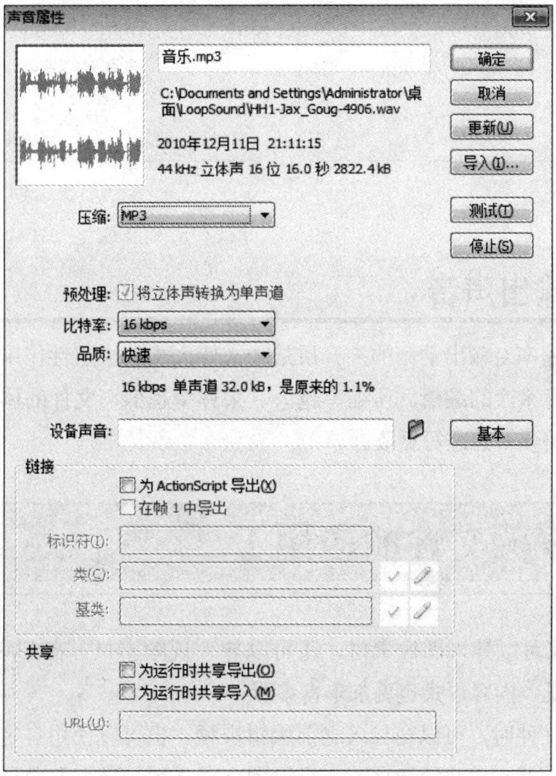

声音属性

音乐.mp3

C:\Documents and Settings\Administrator\桌面\LoopSound\HH1-Jax_Goug-4906.wav

2010年12月11日 21:11:15

44 kHz 立体声 16 位 16.0 秒 2822.4 kB

确定

取消

更新(U)

导入(I)...

压缩: MP3

测试(T)

停止(S)

预处理: 将立体声转换为单声道

比特率: 16 kbps

品质: 快速

16 kbps 单声道 32.0 kB，是原来的 1.1%

设备声音:

基本

链接

为 ActionScript 导出(X)

在帧 1 中导出

标识符(I):

类(C):

基类:

共享

为运行时共享导出(O)

为运行时共享导入(M)

URL(U):

图8-28

（4）原始

如果选择“原始”选项，则在导出动画时不会压缩声音。选择该选项后，会在【压缩】下拉列表框的下方出现与原始压缩格式有关的选项设置，如图 8-29 所示。

（5）语音

“语音”选项是用一种特别适合于语音的压缩算法导出声音，选择该选项后，会在【压缩】下拉列表框的下方出现与语音压缩格式有关的选项设置，如图 8-30 所示。

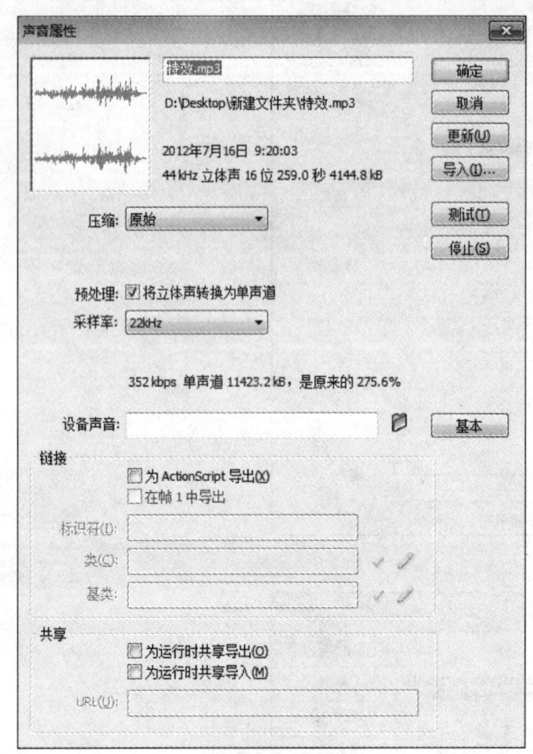

图8-29

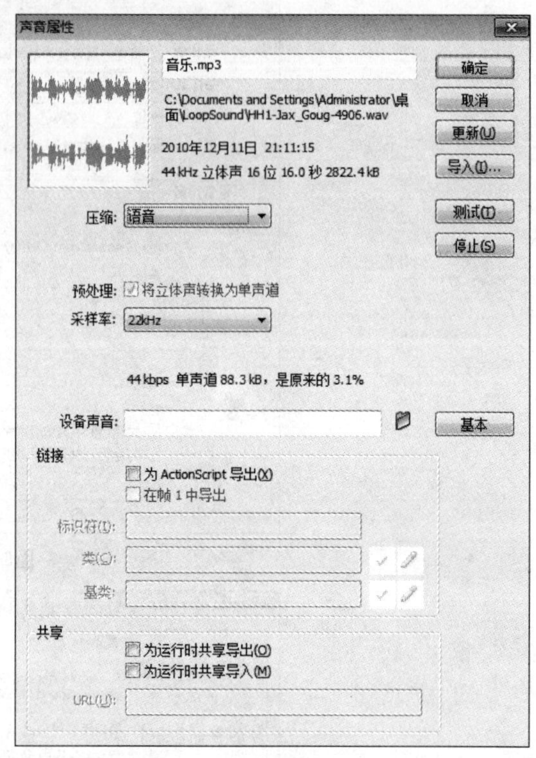

图8-30

8.2.2 输出声音

音频的采样率、压缩率对输出动画的声音质量和文件大小起决定性作用，要得到更好的声音质量，必须对动画声音进行多次的编辑。压缩率越大、采样率越低，文件的体积就会越小，但是质量也更差，可以根据实际需要对其进行更改。

8.3 视频文件的应用

在 Flash CS5 中不仅可以导入图像素材，还可以导入视频素材。在 Flash 功能的支持下，动画制作的素材来源更加广泛，内容形式也更加丰富多彩。

将视频导入为嵌入文件时，可以在导入之前编辑视频，也可以使用自定义压缩设置，包括宽带或品质设置及颜色纠正、裁切或其他选项的高级设置。在【视频导入】向导中可以选择编辑和编码选项。导入视频剪辑后将无法对它进行编辑。

8.3.1 Flash支持的视频类型

Flash CS5具有强大的功能，可以将视频镜头融入基于web的演示文稿。FLV和F4V（H.264）视频格式具有技术和创意优势，允许将视频、图像、数据、声音和交互式控制融为一体。FLV或F4V视频可以轻松地将视频以任何人都可以查看的格式放在网页上。

若要将视频导入到Flash中，必须使用FLV或H.264格式编码的视频。执行【文件】>【导入】>【导入视频】命令，打开【导入视频】对话框，如图8-31所示。检查用户所选择导入的视频文件，如果不是Flash可以播放的视频格式，则会提醒用户。如果视频不是FLV或F4V格式，则可以使用Adobe Media Encoder以适当的格式对视频进行编码。

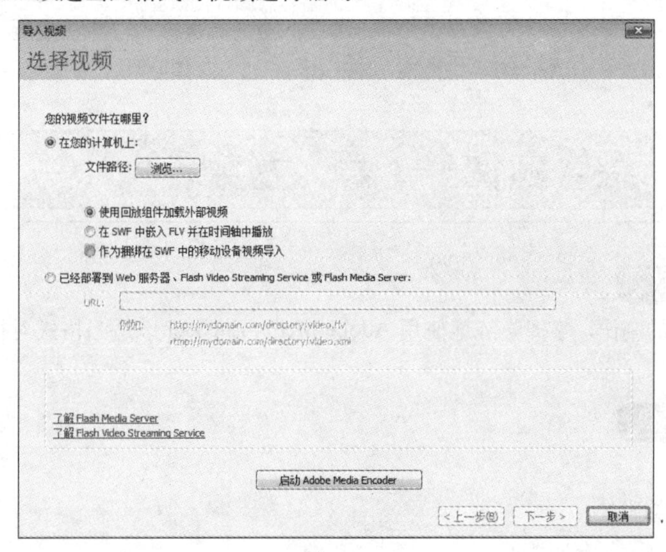

图8-31

8.3.2 在Flash中嵌入视频

在Flash CS5中，可以将现有的视频文件导入到当前的文档当中去，通过指导选择现有视频文件，并导入该文件以供在3个不同的视频回放方案之一中使用，视频导入向导简化了将视频导入到Flash文档中的操作。

【视频导入】对话框提供了3个视频导入的选项。

- 使用回放组建加载外部视频。
- 在SWF中嵌入FLV并在时间轴中播放。
- 作为捆绑在SWF中的移动设备视频导入。

8.3.3 处理导入的视频文件

选择舞台上嵌入或链接的视频剪辑后，在【属性】面板中就可以查看视频符号的名称、在舞台上的像素尺寸和位置，如图 8-32 所示。使用【属性】面板可以为视频剪辑指定一个新名称，也可以使用当前影片中的其他视频剪辑替换被选视频。同时，还可以通过【属性】面板中的【组件参数】选项区域，对导入的视频进行设置，如图 8-33 所示。

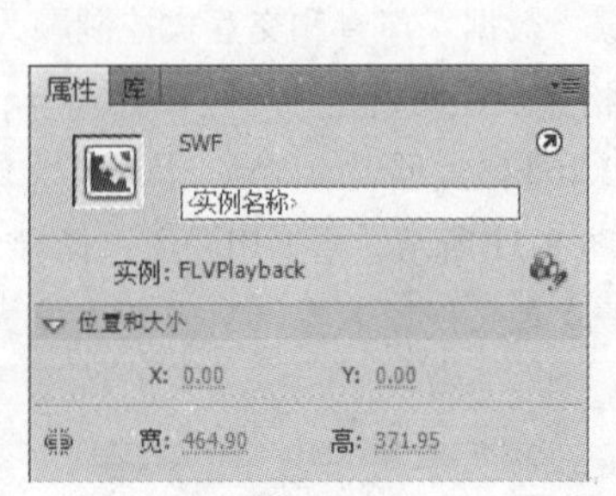

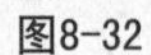

图8-32

图8-33

8.4 综合案例——导入视频

学习目的

通过本次实例的制作，掌握熟练地使用 Adobe Media Encoder 以适当格式对视频进行编码以及视频导入的方法。

重点难点

- 视频的导入
- 对视频进行编码

操作步骤

Step 01 执行【文件】>【新建】命令，新建一个文档，属性如图 8-34 所示。

Step 02 执行【文件】>【导入】>【导入视频】命令，弹出【选择视频】对话框，如图 8-35 所示。

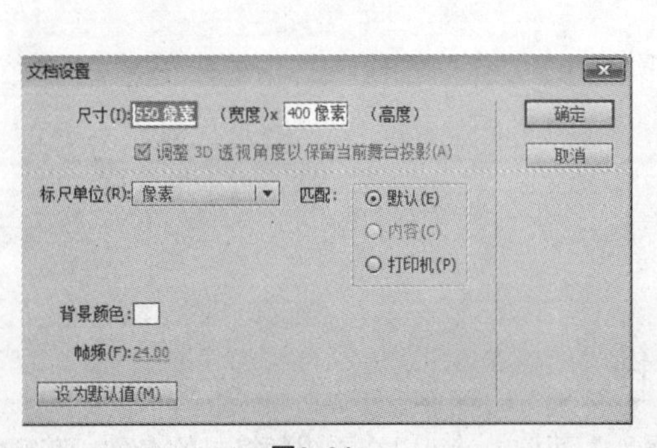

图8-34

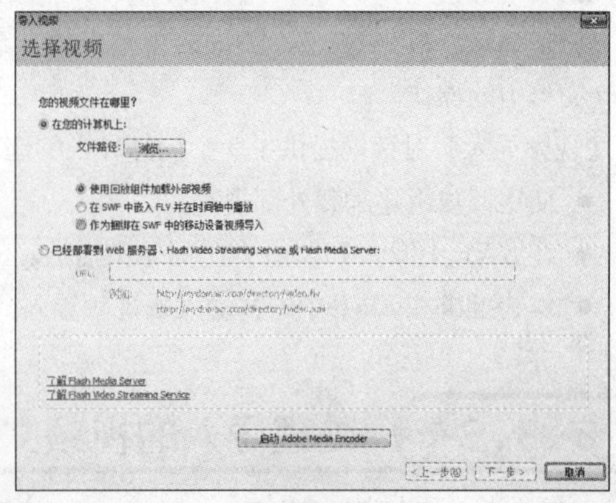

图8-35

Step 03 单击【启动 Adobe Media Encoder】按钮打开视频格式转换对话框，如图 8-36 所示。

Step 04 单击【添加】按钮，选择要进行格式转换的视频，如图 8-37 所示。

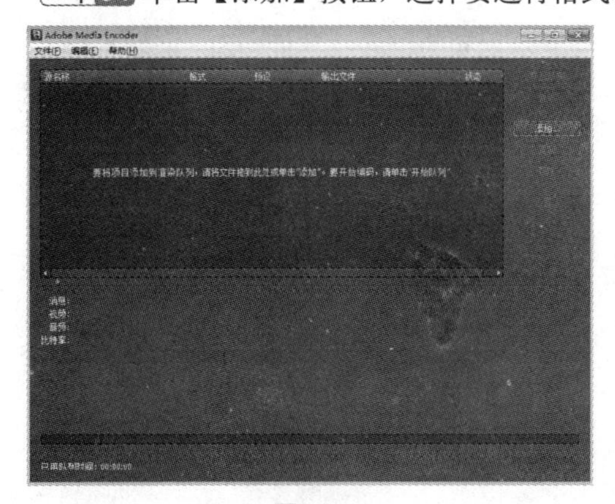

图8-36

图8-37

Step 05 单击【开始队列】按钮，对视频进行编码、格式转换，如图 8-38 所示。

Step 06 视频编码完成后，在【状态】栏中会显示一个“对号”，如图 8-39 所示。

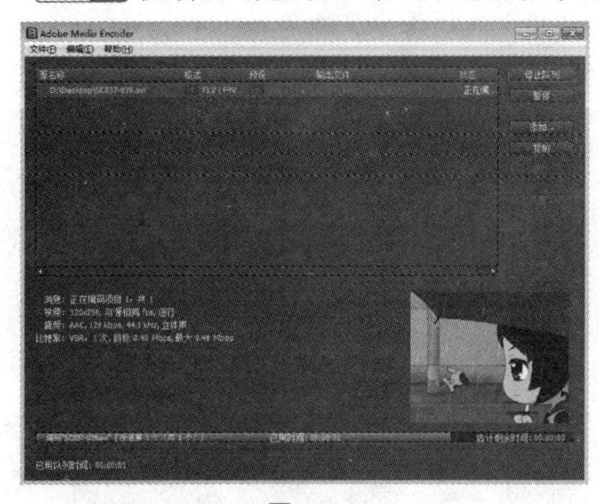

图8-38

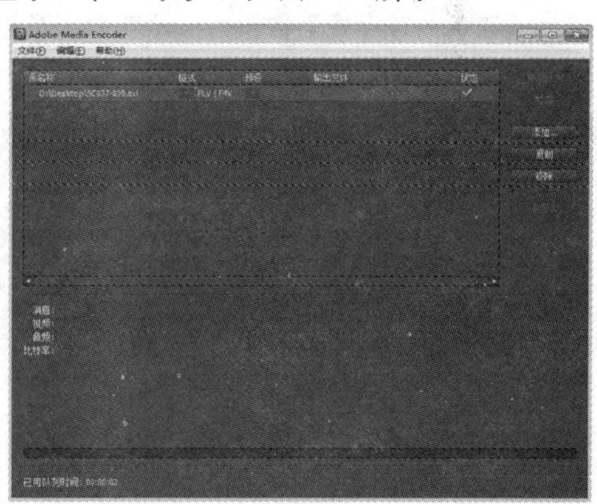

图8-39

Step 07 返回到【选择视频】对话框。单击【浏览】按钮，选择刚才编码过的视频文件，单击【打开】按钮，如图 8-40 所示。

Step 08 此时选择的视频路径会显示在对话框中，单击【下一步】按钮，如图 8-41 所示。

图8-40

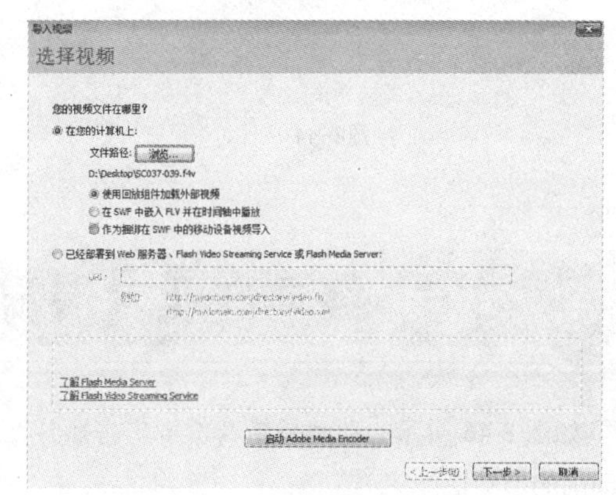

图8-41

Step 09 在【外观】对话框中设置视频的外观和播放器的颜色。单击【下一步】按钮，如图 8-42 所示。

Step 10 进入【完成视频导入】对话框，在其中将显示视频的位置及其他信息，如图 8-43 所示。

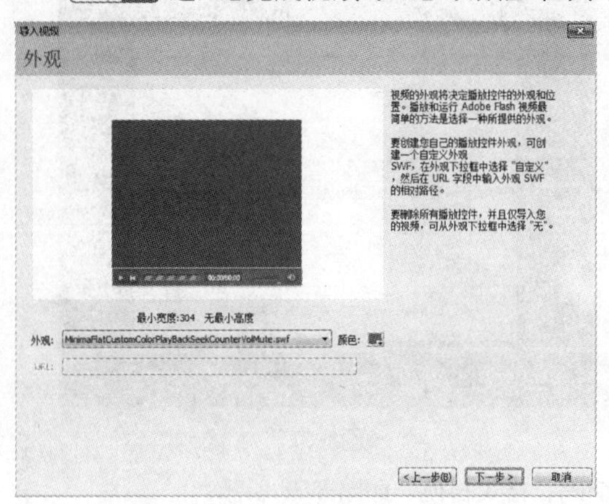

图8-42

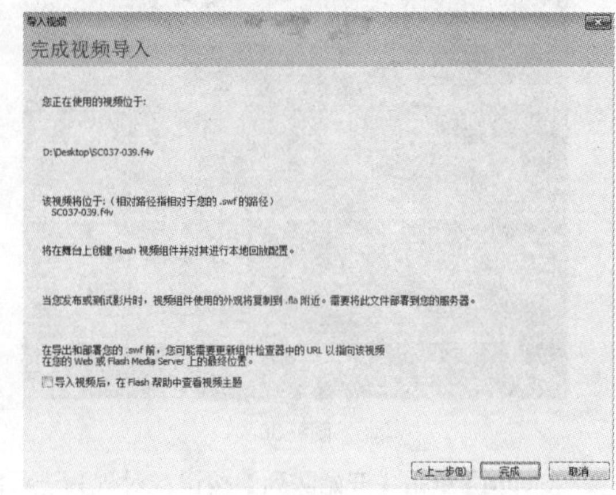

图8-43

Step 11 单击【完成】按钮，显示获取元数据的进度条，如图 8-44 所示。

Step 12 制作完成按【Ctrl+S】组合键保存文件，并按【Ctrl+Enter】组合键测试影片，如图 8-45 所示。

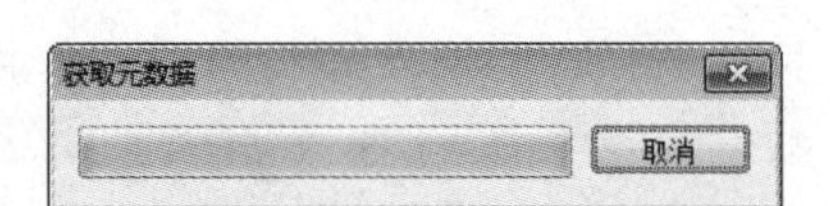

图8-44

图8-45

8.5 经典商业案例赏析

如图 8-46 所示的动画是新春贺岁广告短片，该广告添加了具有中国特色的音乐，音乐的节奏与动画的节奏搭配完美。

图8-46

8.6　课后练习

一、选择题

1.（ ）也就是声音的通道，是把一个声音分解成多个声音通道。

A. 声道　　B. 位深

C. 采样率　　D.MP3

2. 可以将（ ）格式的视频剪辑直接导入到 Flash 中。

A.FLV　　B.AVI

C.MOV　　D.MPEG

3. 若要为音频设置标识符，应在“库”中右击此音频，然后选择快捷菜单中的（ ）。

A.“编辑方式”命令　　B.“属性”命令

C.“链接”命令　　D.“导出设置”命令

二、填空题

1. 单击 ________ 命令，可以将音频文件导入到库中。

2. 在 ________ 对话框中可以对音频进行编辑。

3.________ 或 ________ 格式的视频放在网页上几乎可以被任何人查看。

4.Flash 支持多种格式的音频文件，共有两种声音类型，分别是 ________ 和 ________ 声音。

三、操作题

1. 为第 7 章制作的动画“生日贺卡”添加背景音乐，如图 8-47 所示。

图8-47

2. 制作一个带有声音的按钮特效。

第9章 Flash组件的应用

使用 Flash 提供的组件可以制作各种用户控制界面，如各类按钮、复选框和列表框等，还可以制作更复杂的数据结构、程序连接等。本章将介绍组件的基本操作以及 Button 组件、CheckBox 组件、ComboBox 组件、RadioButton 组件、ColorPicker 组件和 ProgressBar 组件的应用。

本章知识要点

- 常用的组件类型
- 组件的应用原理
- 组件的创作方法与技巧
- 组件在实例中的应用

9.1 组件的基本操作

Flash 中的组件是向 Flash 文档添加特定功能的可重用打包模块。组件可以包括图形以及代码，因此它们是可以轻松包括在 Flash 项目中的预置功能。组件可以是单选按钮、对话框、预加载栏，还可以是根本没有图形的某个项，如定时器、服务器连接实用程序或自定义 XML 分析器。

9.1.1 认识组件

组件是带有预定义参数的影片剪辑，通过这些参数个性地修改组件的外观和行为。组件既可以是简单的用户界面控件，也可以包含内容，还可以是不可见的。在浏览网页时，尤其是在填写注册表时，经常会见到 Flash 制作的单选按钮、复选框以及按钮等元素，这些元素便是 Flash 中的组件。

在 Flash 中，常用的组件分为以下 5 种类型。

①选择类组件：为了方便使用，在 Flash 中预置了 Button、CheckBox、RadioButton 和 NumerirStepper 4 种常用的选择类组件。

②文本类组件：虽然 Flash 具有功能强大的文本工具，但是利用文本类组件可以更加快捷、方便地创建文本框，并且可以载入文档数据信息。在 Flash 中预置了 Lable、TextArea 和 TextInput 3 种常用的文本类组件。

③列表类组件：为了直观地组织同类信息数据，方便用户选择，Flash 预置了 ComboBox、DataGrid 和 List 3 种列表类组件。

④文件管理类组件：文件管理类组件可以对 Flash 中的多种信息数据进行有效的归类管理，其中包括 Accordion、Menu、MenuBar 和 Tree 4 种。

⑤窗口类组件：使用窗口类组件可以制作类似于 Windows 操作系统的窗口界面，如带有标题栏和滚动条资源管理器和执行某一操作时弹出的警告提示对话框等。窗口类组件包括 Alert、Loader、ScrollPane、Windows、UIScrollBar 和 ProgressBar。

9.1.2 添加和删除组件

在 Flash 中，通过【组件】面板可以将选定的组件添加到文档，通过【组件检查器】面板可以设置组件实例的名称和属性。

1. 添加组件

首次将组件添加到文档时，Flash 会将其作为影片剪辑导入到【库】面板中。还可以将组件从【组件】面板直接拖到【库】面板中，然后将其实例添加到舞台上。下面将介绍添加组件并修改组件实例的方法和技巧，其具体操作如下。

Step 01 执行【窗口】>【组件】命令或按【Ctrl+F7】组合键，打开【组件】面板，如图 9-1 所示。

Step 02 在【组件】面板中选择组件类型，将其拖曳至舞台或【库】面板中，如图 9-2 所示。

图9-1

图9-2

Step03 将组件添加到【库】面板中后，即可通过【库】面板在舞台上创建多个组件实例，如图 9-3 所示。

Step04 使用工具箱中的选择工具，选择舞台中的组件实例，可看到【属性】面板中的【组件参数】下拉菜单下显示组件实例的参数，如图 9-4 所示。

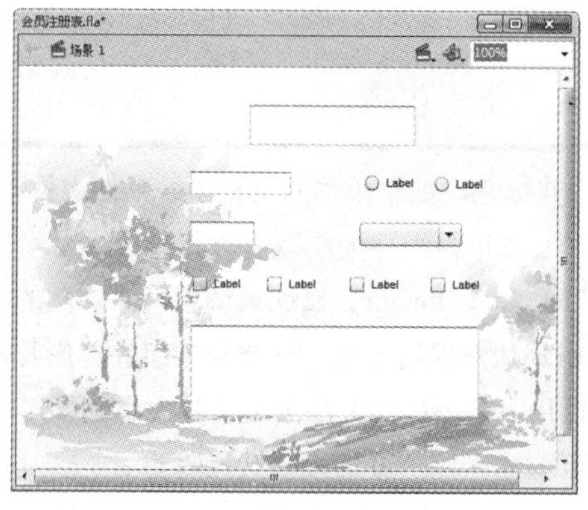

图9-3

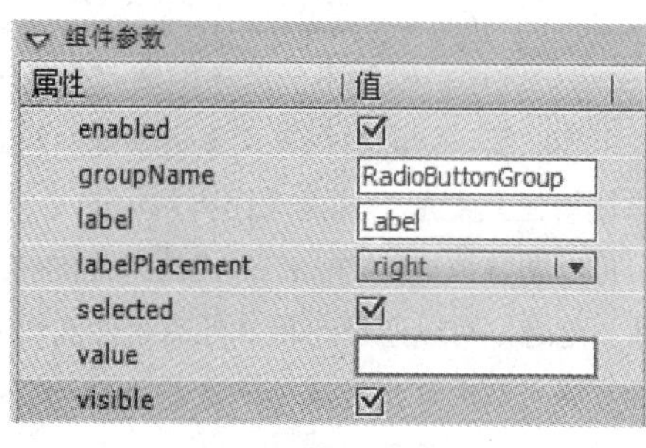

图9-4

Step05 在属性检查器中编辑各个组件的参数，完成参数设置后的效果和其中一个组件的参数设置分别如图 9-5 和图 9-6 所示。

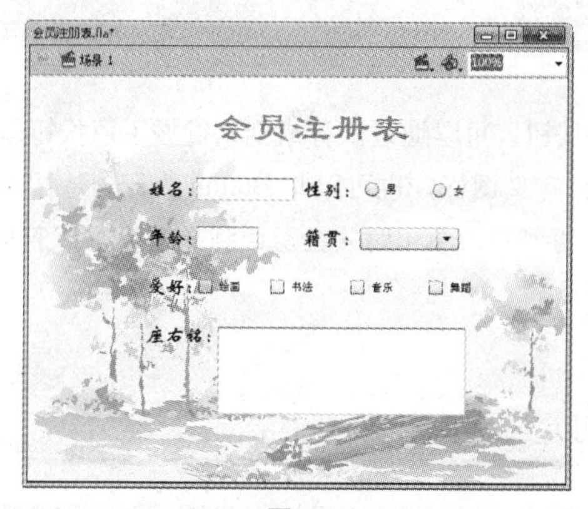

图9-5

图9-6

2. 删除组件

在 Flash CS5 中，删除组件有以下两种方法。

Step01 在【库】面板中，选择要删除的组件，按【Delete】键，即可将其删除。

Step02 选择要删除的组件，单击【库】面板底部的【删除】按钮，或者将组件直接拖曳至【删除】按钮上。

使用以上任意一种方法，即可删除组件。要从 Flash 影片中删除已添加的组件实例，可通过以上两种方法删除【库】面板中的组件类型图标，或者直接选择舞台中的组件实例，按【Delete】键或【Backspace】键删除组件实例。

9.1.3 预览并查看组件

动态预览模式使动画在制作时能够观察到组件发布后的外观，并反映出不同组件的不同参数。

在 Flash CS5 中，使用默认启用的【实时预览】功能，可以在舞台上查看组件将在发布的 Flash 内容中出现的近似大小和外观。

在 Flash CS5 中，执行【控制】>【启用动态预览】命令。【实时预览】中的组件不可操作。若要测试功能，必须执行【控制】>【测试影片】命令。

9.1.4 设置组件实例的大小

在 Flash CS5 中，组件不会自动调整大小以适合其标签。如果添加到文档中的组件实例不够大，而无法显示其标签，就会将标签文本剪切掉。此时，必须调整组件大小以适合其标签。

如果使用任意变形工具或动作脚本中的【_width】和【_height】属性来调整组件实例的宽度和高度，则可以调整该组件的大小，但是组件内容的布局依然保持不变，这将导致组件在影片回放时发生扭曲。此时，可以通过使用从任意组件实例中调用 setSize() 的方法来调整其大小。

例如，将一个 List 组件实例的大小调整为宽 500 像素、高 300 像素，其代码为：

AList.setSize（500,300）；

9.2 Button组件的应用

Button（按钮）组件是一个可调整大小的矩形按钮，可以通过鼠标或空格键按下该按钮以在应用程序中启动某种操作。可以给 Button 添加一个自定义图标，也可以将 Button 的行为从按下改为切换。在单击切换 Button 后，它将保持按下状态，直到再次单击时才会返回到弹起状态。下面将详细介绍【Button 组件】选项的含义、作用及参数设置。

9.2.1 Button 组件的应用

按钮是 Flash 组件中较简单、常用的一个组件，利用它可执行所有的鼠标和键盘交互事件。如果需要启动一个事件，可以使用按钮实现，如大多数表单都有【提交】按钮，也可以给演示文稿添加【上一页】和【下一页】按钮。

打开【组件】面板下的【User Interface】类，在其中选择【Button】，然后按住鼠标左键将其拖曳到舞台上。如将按钮【Button】拖放到场景中，效果如图 9-7 所示。

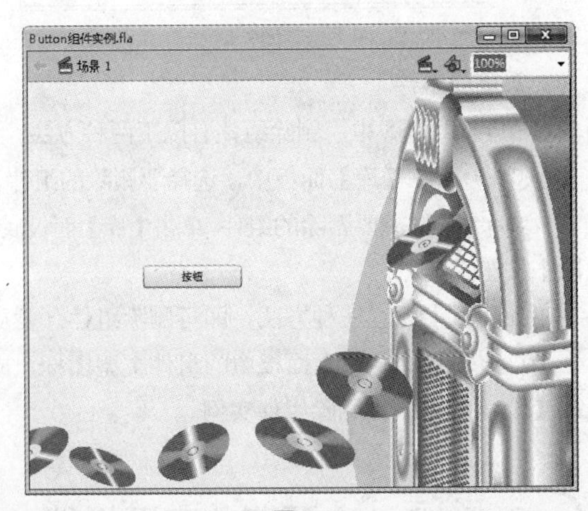

图9-7

在完成 Button 组件实例的添加后，需要设置其属性。使用选择工具选择舞台中要进行属性设置的 Button 组件实例，在【属性】面板中的【组件参数】下拉菜单选项中编辑 Button 组件实例的参数，如图 9-8 所示。

【参数】中各选项的含义如下。

（1）emphasized：可以为按钮添加边框，显示边框效果。

（2）enabled：用于控制按钮上显示内容的层次。选择该项时，文字显示在图标的上面，取消选择时，文字显示在图标的下面。

（3）label：它决定按钮上的显示内容，默认值是 Label。

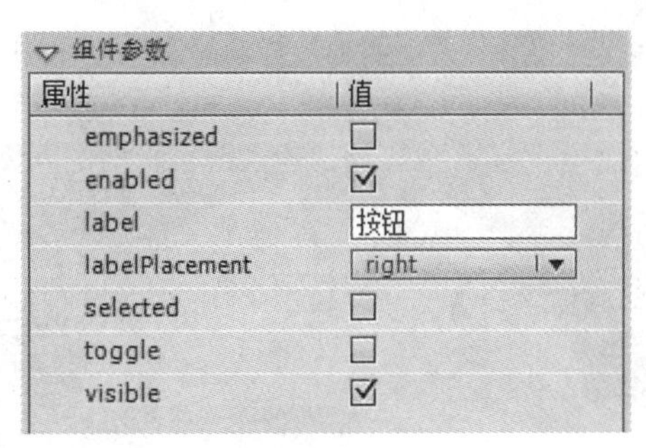

图9-8

（4）labelPlacement：确定按钮上的标签文本相对于图标的方向。其中包括【left】、【right】、【top】和【bottom】4 个选项，默认值是【right】。

（5）selected：如果选择【toggle】，则该参数指定是按下还是释放按钮。

（6）toggle：将按钮转变为切换开关。

（7）visible：该选项决定对象是否可见。

9.2.2　实例 1——登录按钮

Step01 新建一个 Flash 文档，设置其舞台大小为 485 像素 ×580 像素，背景颜色为浅紫色。按【Ctrl+Shift+S】组合键，设置文档名称为"登录按钮"，并保存文件，如图 9-9 所示。

Step02 执行【文件】>【导入】>【导入到库】命令，将图片"背景.jpg"导入到库中，并拖曳至舞台上，将其转换为图形元件"BG"，如图 9-10 所示。

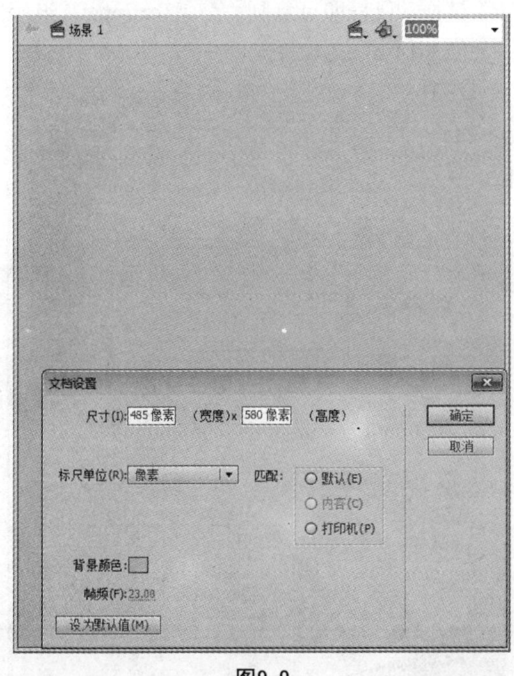

图9-9

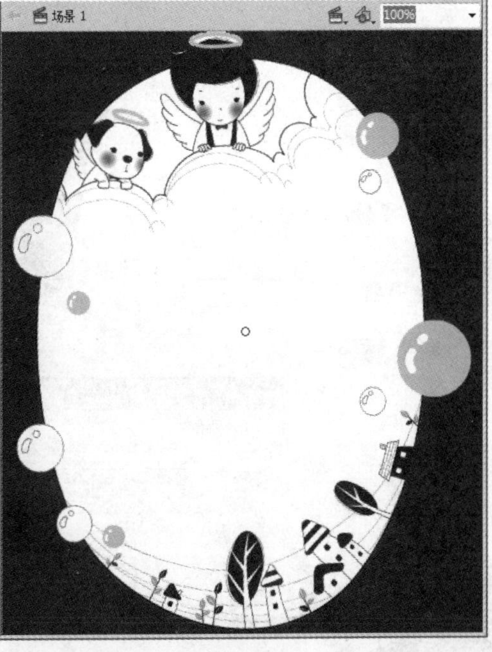

图9-10

Step03 新建"图层 2"图层，在第 1 帧处添加 3 个选项说明文字的静态文本，分别为"用户登录"、"用户名："、"密码："。其中"用户登录"文本的属性设置如图 9-11 所示。

Step 04 打开滤镜卷展栏为静态文本添加【投影】滤镜，如图 9-12 所示。

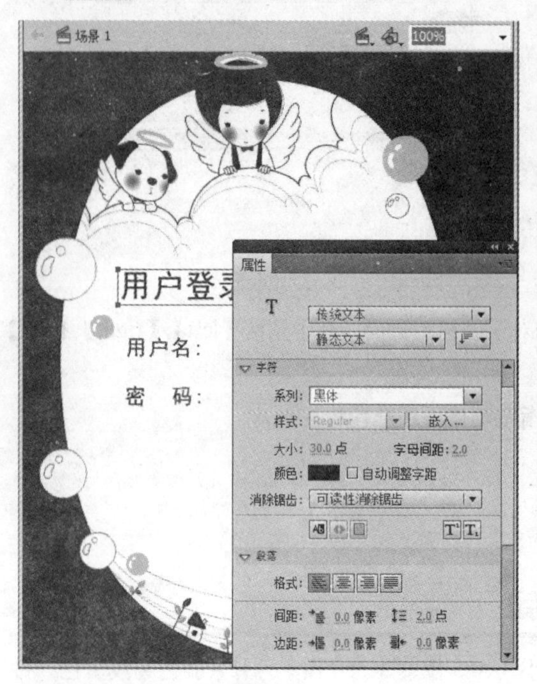

图9-11

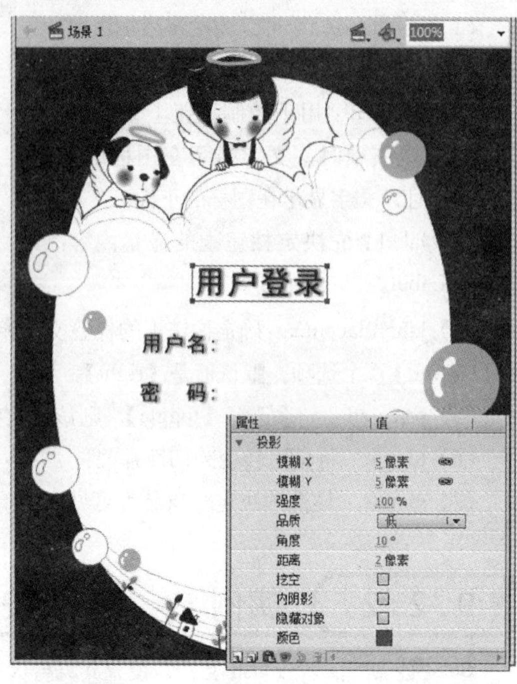

图9-12

Step 05 新建“图层 3”图层，打开【组件】面板，选择【User Interface】组件中的【TextInput】选项，将其拖曳至舞台上“用户名：”的右侧，设置它的属性参数，如图 9-13 所示。

Step 06 选中舞台上的“TextInput”组件，按【Alt】键拖动鼠标即可复制一个“TextInput”组件，将其移动到“密码：”的右侧，设置它的属性参数，如图 9-14 所示。

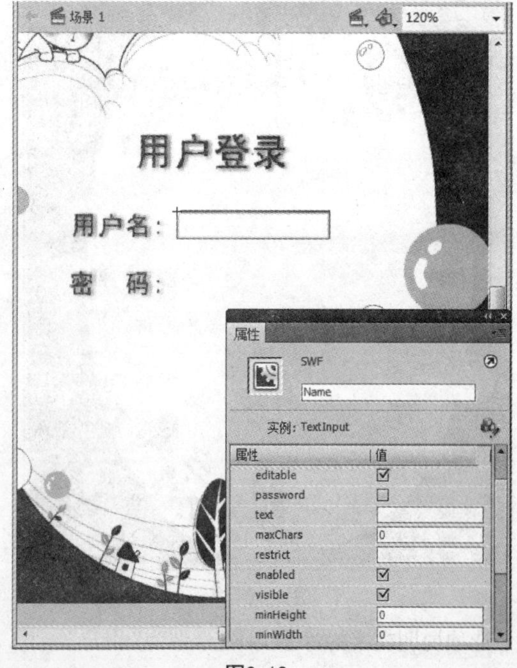

图9-13

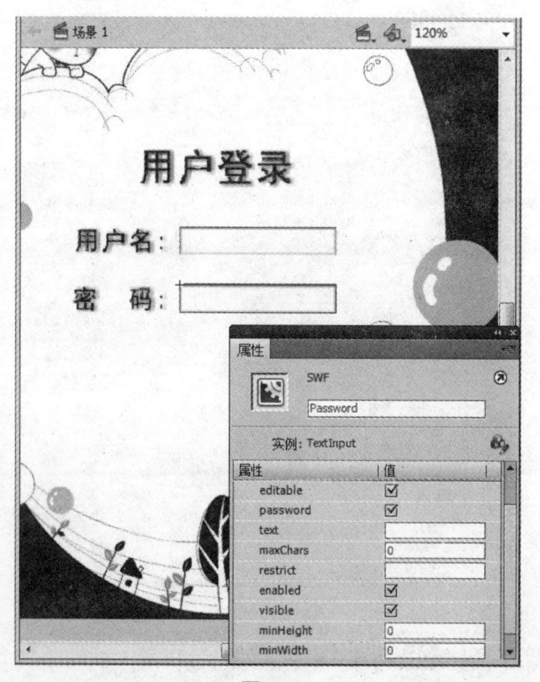

图9-14

Step07 选中名为“Name”的TextInput组件，执行【窗口】>【动作】命令，打开其【动作】面板，输入相应的控制脚本，如图9-15所示。

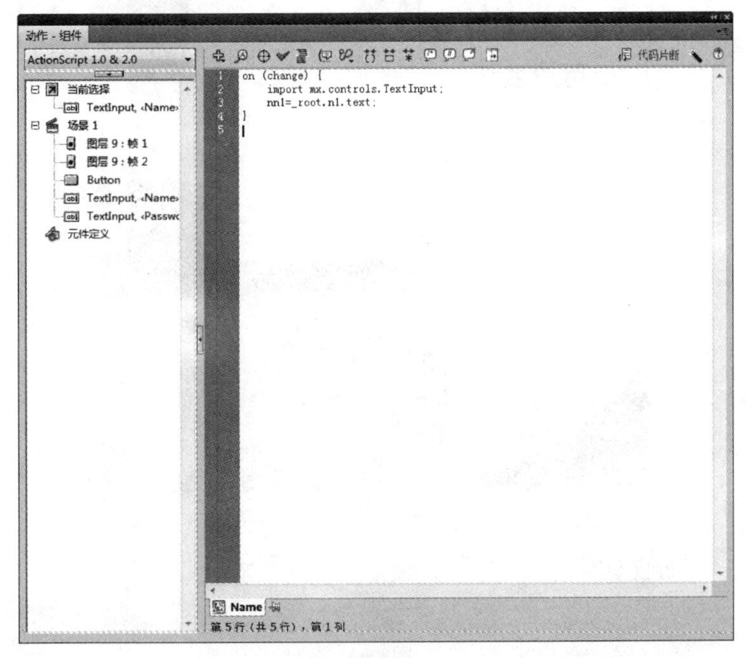

图9-15

Step08 选中名为“Password”的TextInput组件，执行【窗口】>【动作】命令，打开其【动作】面板，输入相应的控制脚本，如图9-16所示。

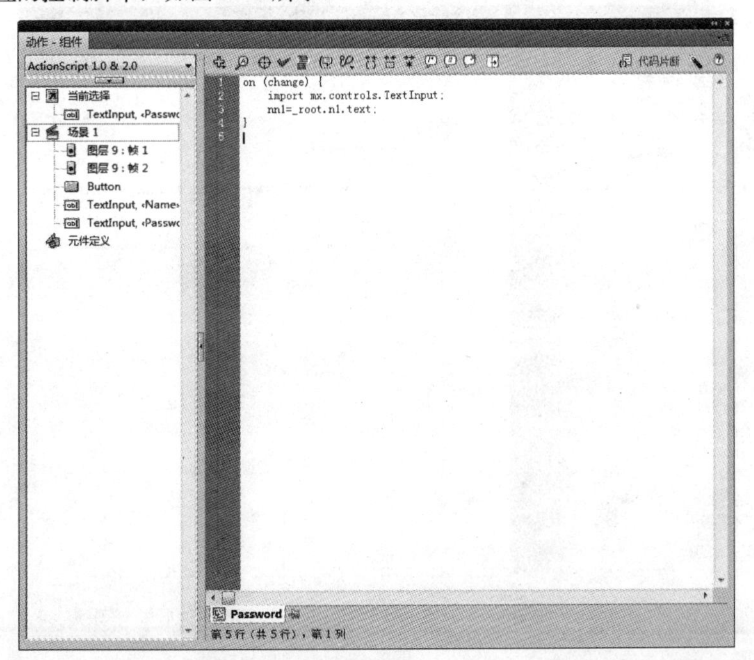

图9-16

Step09 新建“图层4”。打开【组件】面板，选择【User Interface】组件中的【Button】选项，将其拖至舞台上，设置它的属性参数，如图9-17所示。

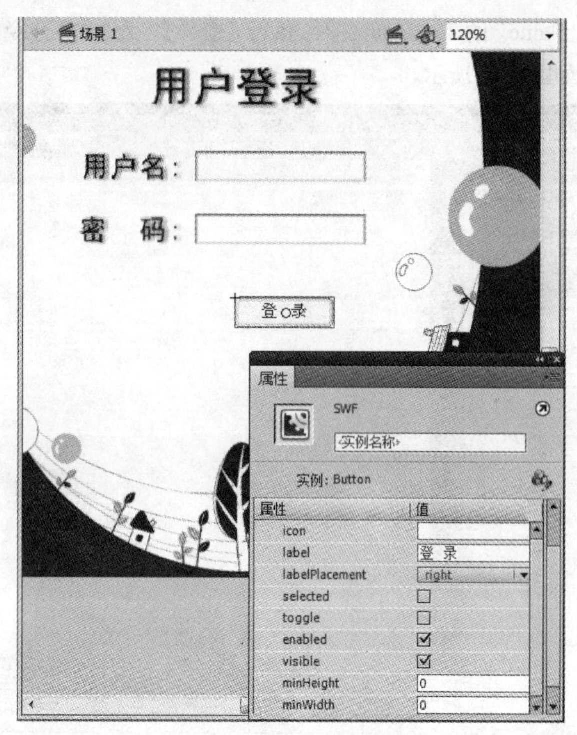

图9-17

Step 10 选中“Button”组件，执行【窗口】>【动作】命令，打开其【动作】面板，在该面板中输入相应的控制脚本，如图 9-18 所示。

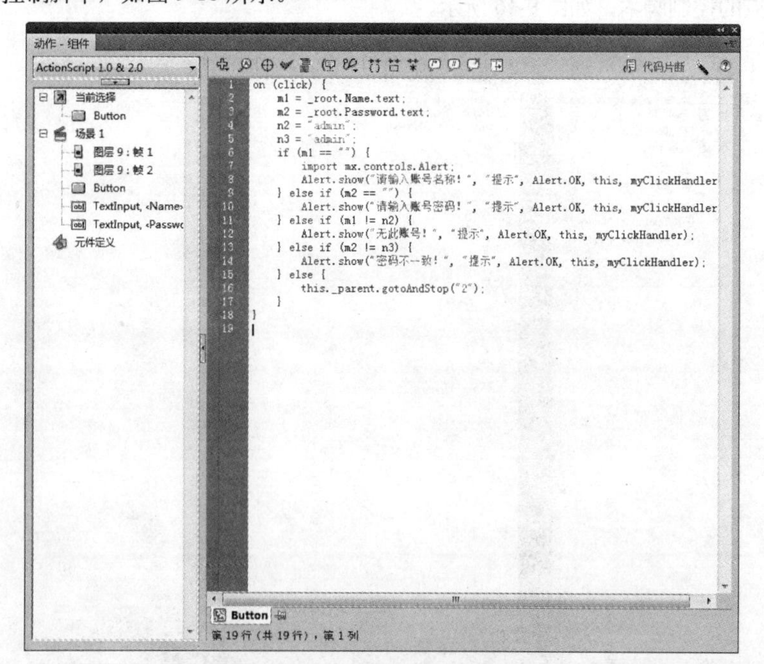

图9-18

Step 11 在“图层 4”图层的第 2 帧处插入空白关键帧，使用文本工具输入“登录成功”文字，并设置其属性，如图 9-19 所示。

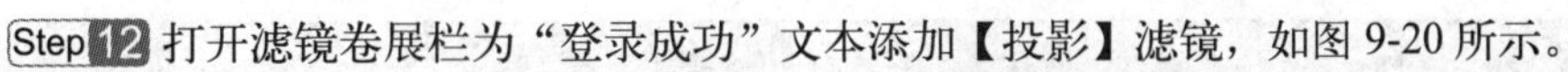

Step 12 打开滤镜卷展栏为“登录成功”文本添加【投影】滤镜，如图 9-20 所示。

图9-19　　图9-20

Step 13 新建“图层 5”。在第 2 帧处插入空白关键帧，分别在前两帧输入“stop();”。至此，完成本例制作。按【Ctrl+Enter】组合键测试影片，如图 9-21 所示。

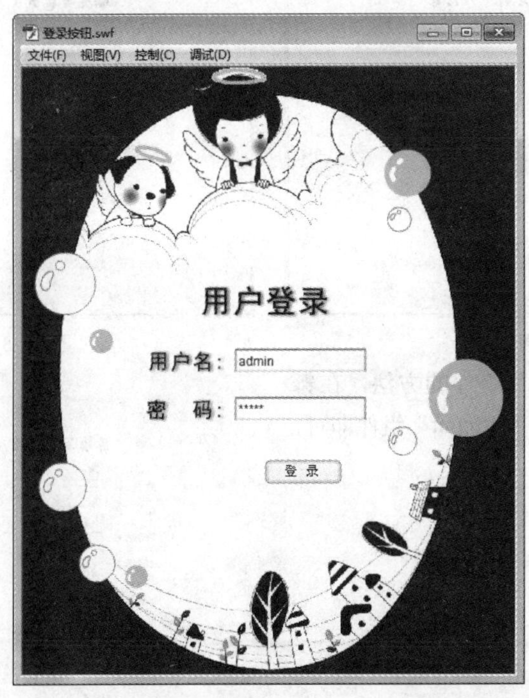

图9-21

9.3 TextInput组件的应用

TextInput 是输入文本组件，在测试动画时，可以根据需要在输入文本组件中输入相应的内容。在应用程序中，TextInput 组件可以被启用或者禁用。在禁用状态下，该组件不接受鼠标或键盘输入。当启用时，它遵循与 ActionScript TextField 对象相同的焦点、选择和导航规则。每个 TextInput 实例的实时预览反映在创作过程中对【属性】检查器或【组件】检查器中的参数所做的更改。在实时预览中，文本是不可选定的，并且无法在舞台上的组件实例中输入文本。下面将详细介绍【TextInput 组件】选项的含义、作用及参数设置。

9.3.1 TextInput 组件的应用

创建 TextInput 组件的具体操作步骤如下。

Step 01 执行【文件】>【打开】命令，打开一个 Flash 文档，如图 9-22 所示。

Step 02 在【时间轴】面板中，选择“输入文本”图层的第 1 帧，执行【窗口】>【组件】命令，打开【组件】面板，从中选择【User Interface TextInput】选项，按住鼠标左键不放将其拖曳至舞台中，即可创建文本组件，如图 9-23 所示。

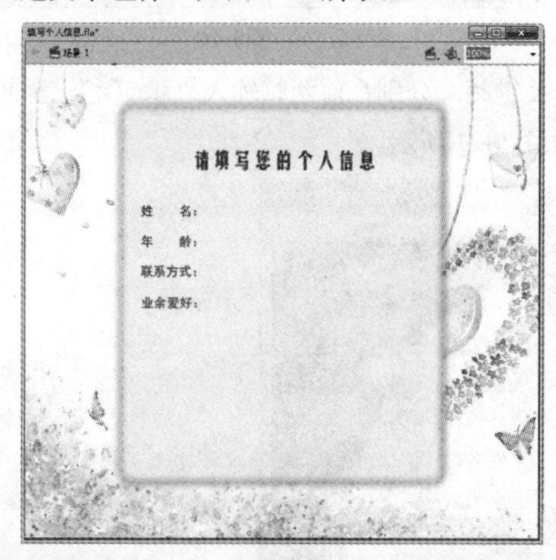

图9-22

图9-23

Step 03 参照上述创建组件的方法，在舞台的适当位置创建其他“TextInput”组件即可，如图 9-24 所示。

图9-24

TextInput 组件【参数】中各选项的含义如下。

（1）editable：一个布尔值，它指示该字段是 (true) 否 (false) 可编辑。

（2）password：一个布尔值，它指示该文本字段是否为隐藏所输入字符的密码字段。

（3）text：设置 TextInput 组件的文本内容。

（4）maxChars：可以在文本字段中输入的最大字符数。

（5）restrict：指明可以在文本字段输入哪些字符。

（6）enabled：指示组件是否可以接收焦点和输入。

（7）visible：一个布尔值，它指示对象是可见的 (true) 还是不可见的 (false)。

（8）minHeight：指对象的最小高度，以像素为单位。

（9）minWidth：指对象的最小宽度，以像素为单位。

9.3.2　案例 2——填写个人信息

Step01 新建一个 Flash 文档，设置其舞台大小为 700 像素 ×620 像素，改变背景颜色。按【Ctrl+Shift+S】组合键，设置文档名为“填写个人信息”，并保存文件，如图 9-25 所示。

Step02 执行【文件】>【导入】>【导入到库】命令，将所有素材导入到【库】面板中。将【库】面板中的“背景 .jpg”图片拖曳至舞台上，并将其转换为图形元件“背景”，如图 9-26 所示。

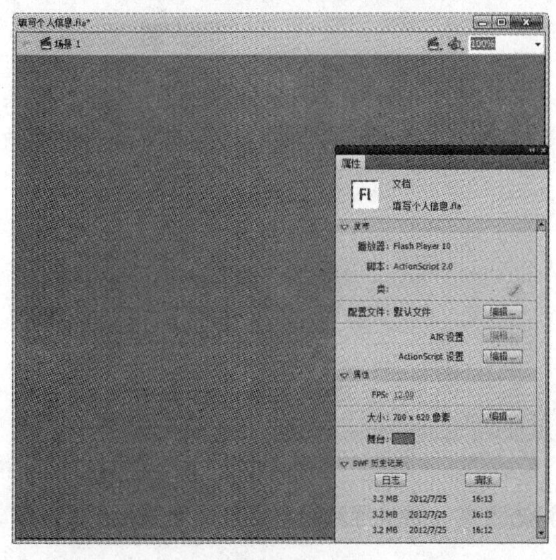

图9-25

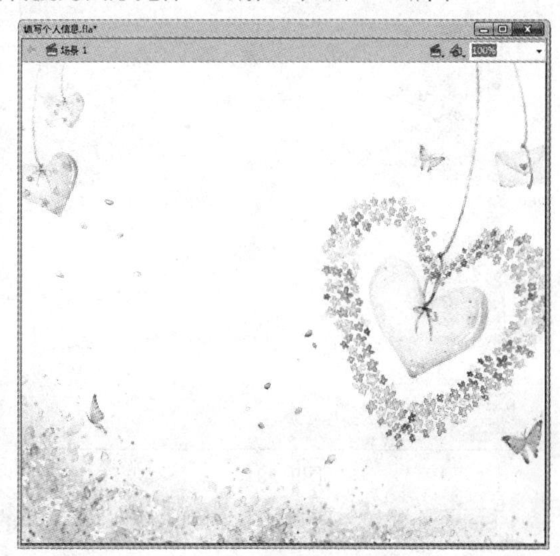

图9-26

Step03 在第 2 帧处插入普通帧。打开【组件】面板，选择【User Interface】组件中的【Button】选项，将其拖曳至舞台再删除，如图 9-27 所示。

Step04 打开【组件】面板，选择【User Interface】组件中的【TextArea】选项，将其拖至舞台再删除，如图 9-28 所示。

Step05 打开【User Interface】组件中的【TextInput】选项，将其拖曳至舞台再删除，此时【库】面板中将存在刚创建的 3 个组件，如图 9-29 所示。

Step06 新建“图层 2”，使用矩形工具绘制一个圆角矩形，并将其转换为影片剪辑元件“底”，然后设置其滤镜值，如图 9-30 所示。

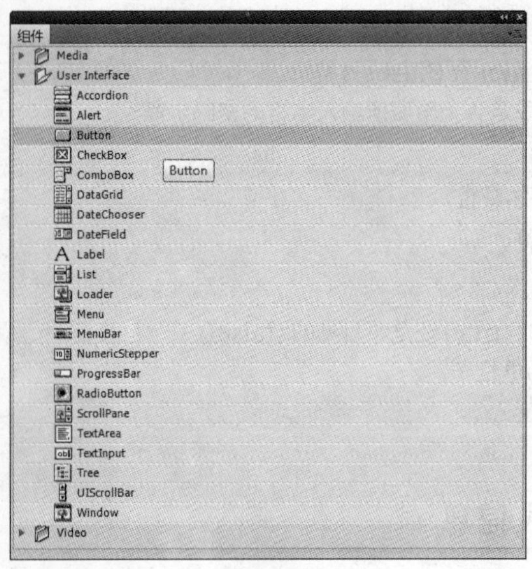

图9-27

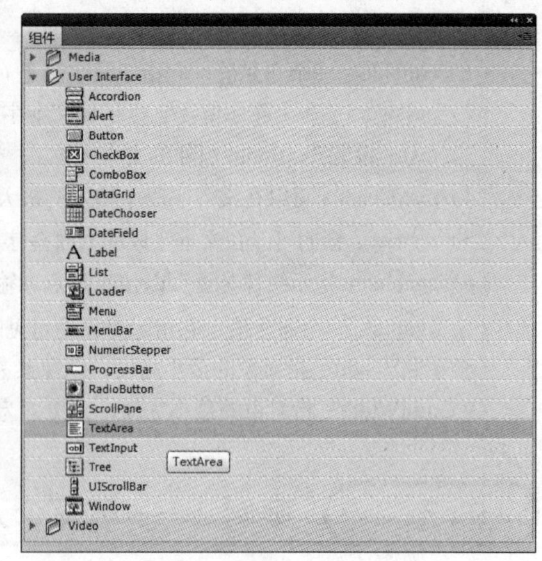

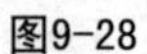

图9-28

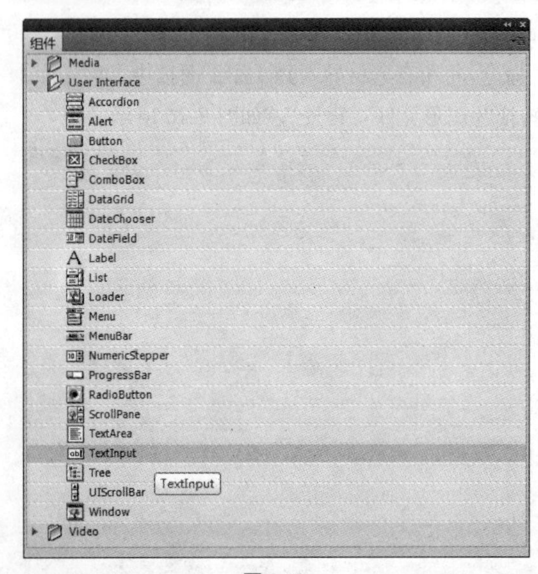

图9-29

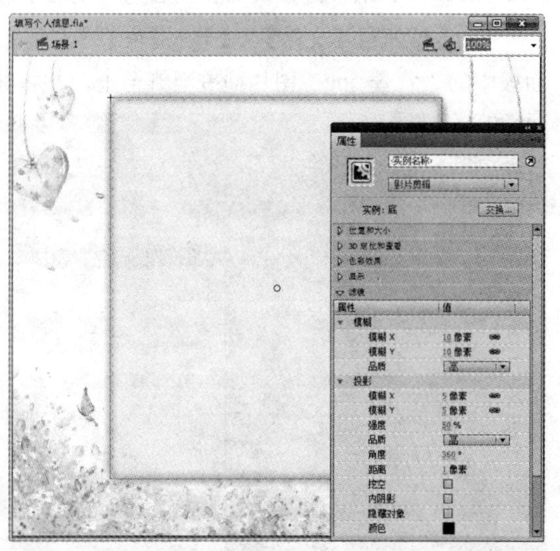

图9-30

Step 07 新建“图层 3”，添加作为文字说明的静态文本，并放置到舞台的合适位置。在第 2 帧处插入空白关键帧，如图 9-31 所示。

Step 08 新建“图层 4”，依次拖入 2 个“TextInput”组件、1 个“TextArea”组件和 1 个“Button”组件，放置到合适位置，如图 9-32 所示。

Step 09 在【属性】面板中设置“Button”组件的实例名为“submit”，设置“TextArea”组件的实例名为“ufavorite”，设置联系方式右侧的“TextInput”组件的实例名为“uaddress”，如图 9-33 所示。

Step 10 在【属性】面板中设置“年龄”右侧的“TextInPut”组件的实例名为“uage”，设置“姓名”右侧的“TextInput”组件的实例名为“uname”，如图 9-34 所示。

图9-31

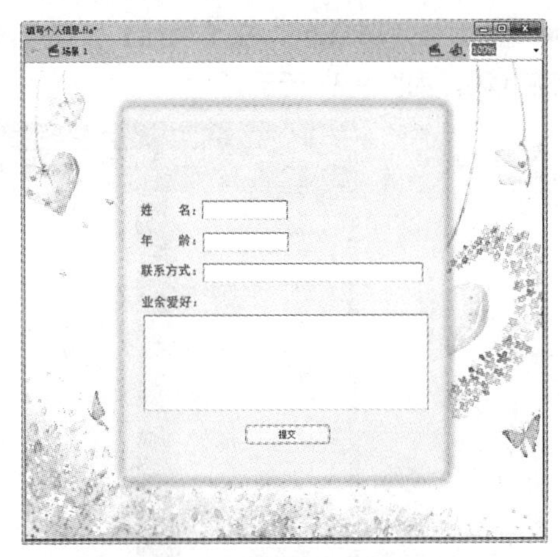

图9-32

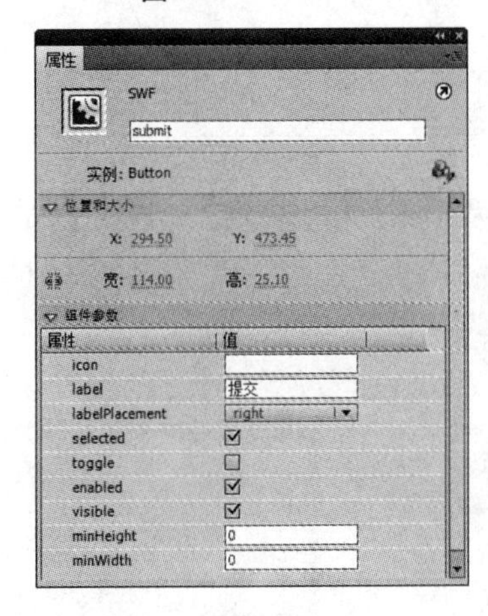

图9-33

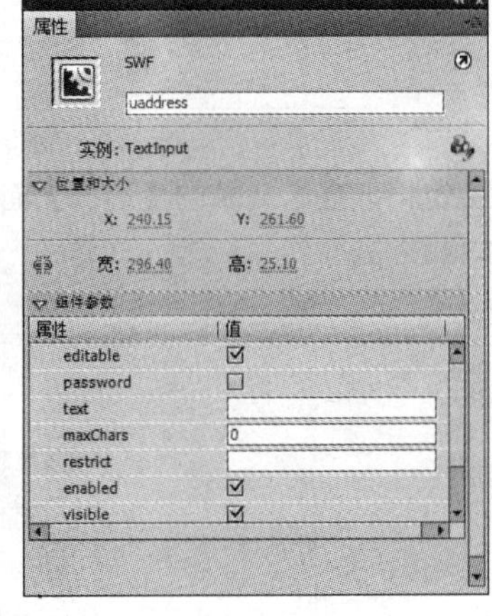

图9-34

Step 11 在第 2 帧处插入关键帧，拖入 1 个“Button”组件和 1 个“TextArea”组件，在【属性】面板中分别为其设置实例名为“again”和“finals”，如图 9-35 所示。

Step 12 新建“图层 5”，添加输入文本时标题说明的静态文本。新建关键帧，在第 2 帧处添加确认信息时标题说明的静态文本，如图 9-36 所示。

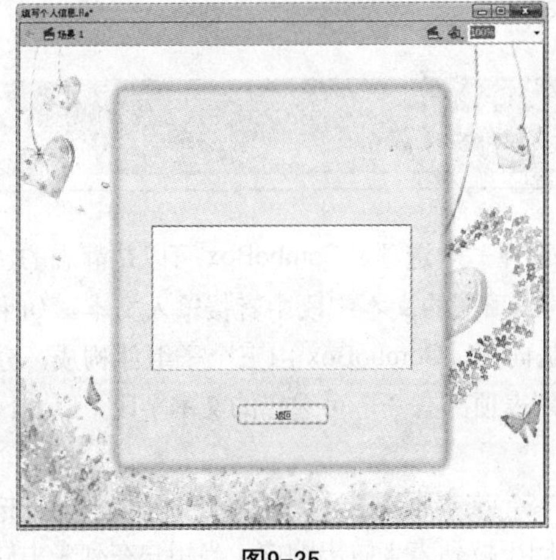

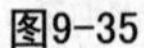
图9-35

图9-36

Step 13 新建“图层 6”，在【属性】面板中设置背景音乐的名称和同步内容。新建“图层 7”，添加相应代码，如图 9-37 所示。

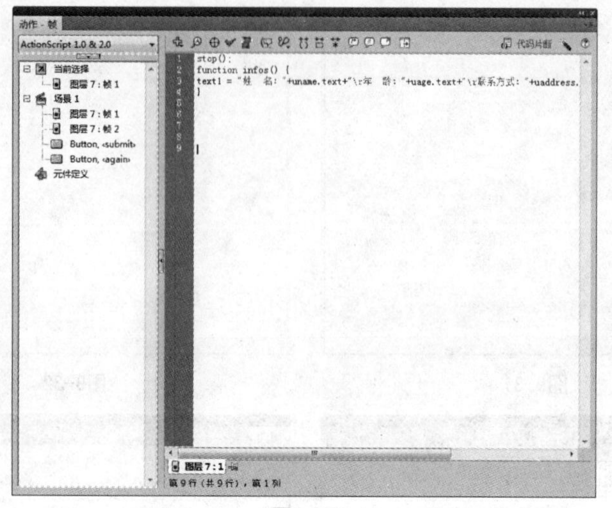

图9-37

Step 14 新建关键帧，在第 2 帧的【动作】面板中添加相应代码，然后按【Ctrl+Enter】组合键测试影片，如图 9-38 所示。

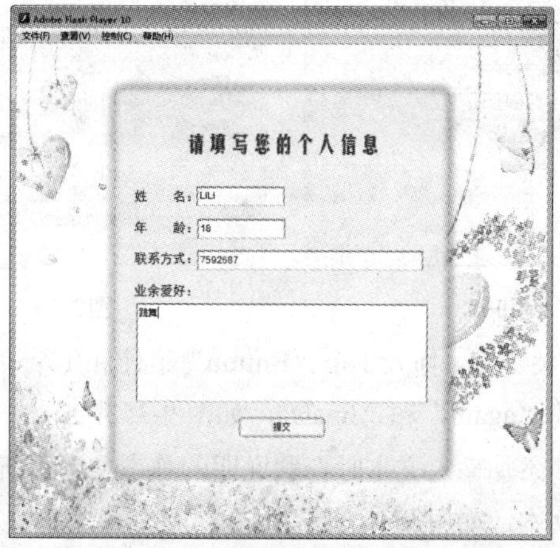

图9-38

9.4 ComboBox组件的应用

ComboBox 组件允许用户从滚动的选择列表中选择一个选项。ComboBox 可以是静态的，也可以是可编辑的。可编辑的 ComboBox 允许用户在列表顶端的文本字段中直接输入文本。如果下拉列表超出文档底部，该列表将会向上打开，而不是向下。ComboBox 由三个子组件构成，分别是 BaseButton、TextInput 和 List 组件。该组件可以在列表顶部有一个可选择的文本字段，以允许用户显示搜索此列表。

在可编辑的 ComboBox 中，只有按钮是点击区域，文本框不是。对于静态 ComboBox，按钮和文本框一起组成点击区域。点击区域通过打开或关闭下拉列表来做出响应。当用户在列表中做出选择（无论通过鼠标还是键盘）时，所选项的标签将复制到 ComboBox 顶端的文本字段中。下面将详细介绍【ComboBox 组件】选项的含义、作用及参数设置。

9.4.1 ComboBox 组件的应用

Flash 组件中的 ComboBox（下拉列表框）组件与对话框中的下拉列表框类似，单击右边的下拉按钮即可弹出相应的下拉列表，以供选择需要的选项，如图 9-39 所示。

图9-39

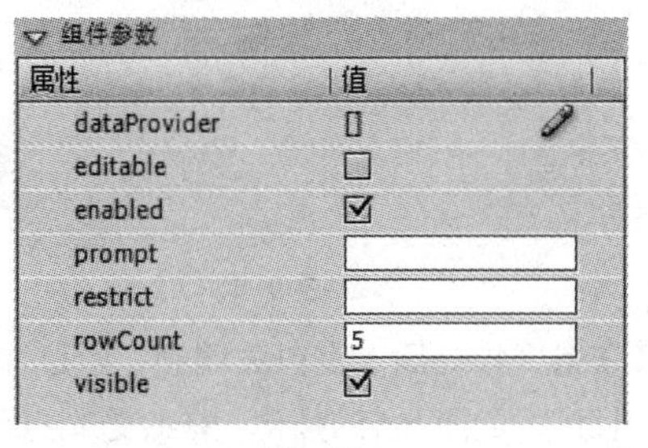

图9-40

在 ComboBox 组件实例所对应的【属性】面板中的【组件参数】下拉菜单选项卡中，各主要参数的具体含义如图 9-40 所示。

（1）dataProvider：将一个数据值与 ComboBox 组件中的每个项目相关联。

（2）editable：决定用户是否可以在下拉列表框中输入文本。如果需要输入则勾选该项，如果不需要输入则取消勾选。

（3）rowCount：确定在不使用滚动条时最多可以显示的项目数。默认值为 5。

9.4.2 实例 3——问卷调查

Step01 新建一个 Flash 文档，设置其舞台大小为 500 像素 ×390 像素，帧频为 12。然后设置文档名称为“ComboBox 组件”，并保存文件，如图 9-41 所示。

Step02 执行【文件】>【导入】>【导入到库】命令，将所有素材导入到【库】面板。将【库】面板中的“背景 .jpg”图片拖曳至舞台上，并将其转换为图形元件“背景”，如图 9-42 所示。

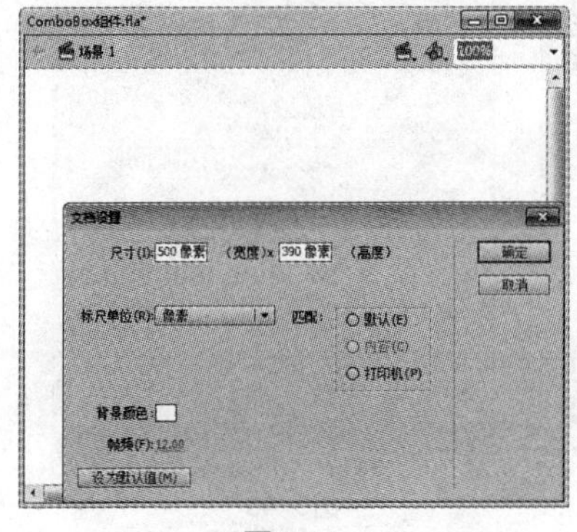

图9-41

图9-42

Step 03 在“图层 1”的第 2 帧处插入普通帧。新建“图层 2”，在第 1 帧处添加 4 个选项说明文字的静态文本，分别是“您的性别：”、“您的年龄：”、“您喜欢的类型：”和“哪项最吸引您：”，如图 9-43 所示。静态文本的属性设置如图 9-44 所示。

图9-43

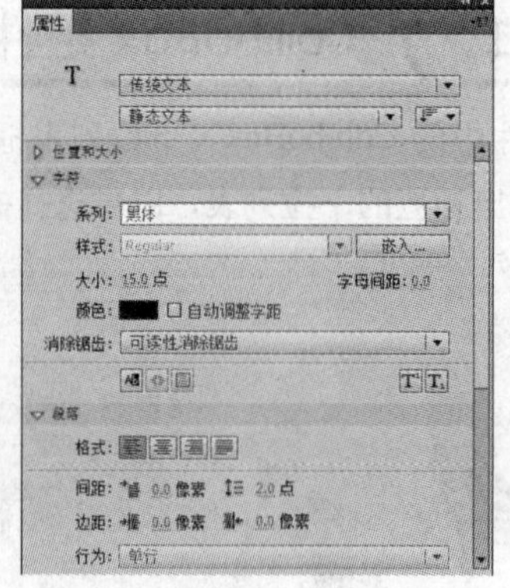

图9-44

Step 04 在第 2 帧处插入空白关键帧。新建“图层 3”，在第 1 帧处添加选项说明文字的静态文本，即“请选择项目”，如图 9-45 所示。静态文本的属性设置如图 9-46 所示。

图9-45

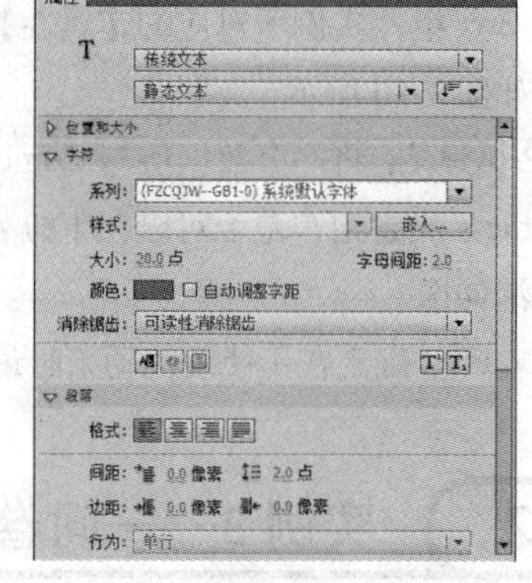

图9-46

Step 05 在“图层 3”的第 2 帧处插入关键帧，并添加选项说明文字的静态文本，即“请查看结果”，如图 9-47 所示。静态文本的属性设置如图 9-48 所示。

图9-47

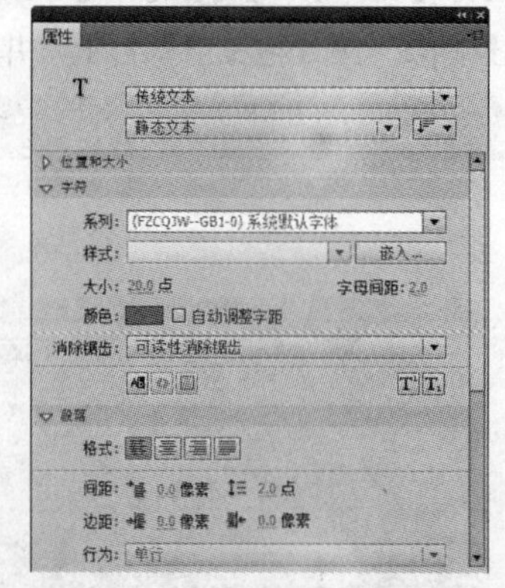

图9-48

Step 06 新建“图层 4”图层，执行【窗口】>【组件】命令，打开【组件】面板，选择【User Interface】组件中的【ComboBox】选项，如图 9-49 所示，将其拖曳至舞台再删除。

Step 07 在【组件】面板中继续选择【User Interface】组件中的【Button】选项，如图 9-50 所示，将其拖曳至舞台再删除。

图9-49

图9-50

Step 08 在【组件】面板中继续选择【User Interface】组件中的【TextArea】选项，如图 9-51 所示，将其拖曳至舞台再删除，此时【库】面板中将存在这 3 个组件。

Step 09 在“图层 4”的第 1 帧处，放置“Button”组件和 4 个实例名分别为“xb”、“nl”、“kw”和“zb”的“ComboBox”组件，如图 9-52 所示。

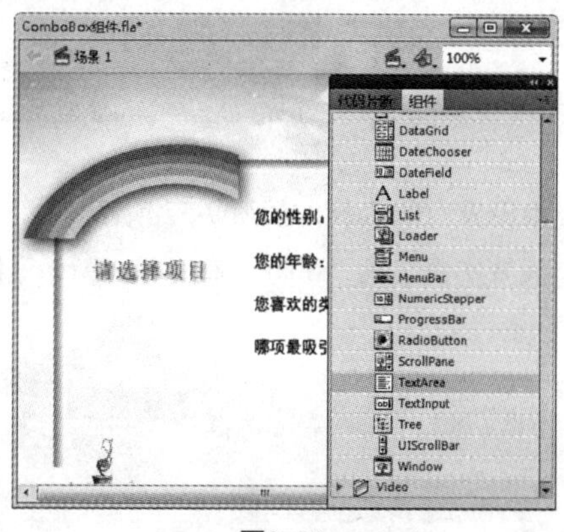

图9-51

图9-52

Step 10 选中“您的性别：”后面的“ComboBox”组件，在【属性】面板中设置它的参数，单击【labels】后面的选项会弹出【值】文本框，输入“ComboBox”组件的下拉列表所要包含的内容，如图 9-53 所示。

Step 11 选中“您的年龄：”后面的“ComboBox”组件，在【属性】面板中设置其组件参数，其中【rowCount】为“4”,【enabled】和【visible】为勾选状态，而其【labels】值的设置如图 9-54 所示。

Step 12 选中“您喜欢的类型：”后面的“ComboBox”组件，在【属性】面板中设置其组件参数，其中【enabled】和【visible】为勾选状态，而其【labels】值的设置如图 9-55 所示。

Step 13 选中“哪项最吸引您：”后面的“ComboBox”组件，在【属性】面板中设置其组件参数，其中【enabled】和【visible】为勾选状态，而其【labels】值的设置如图 9-56 所示。

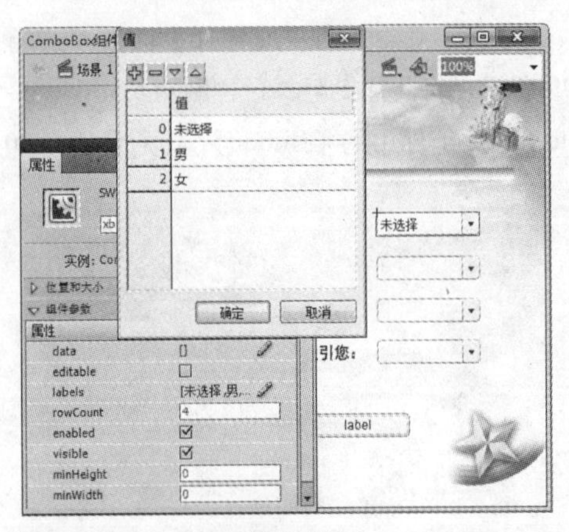

图9-53

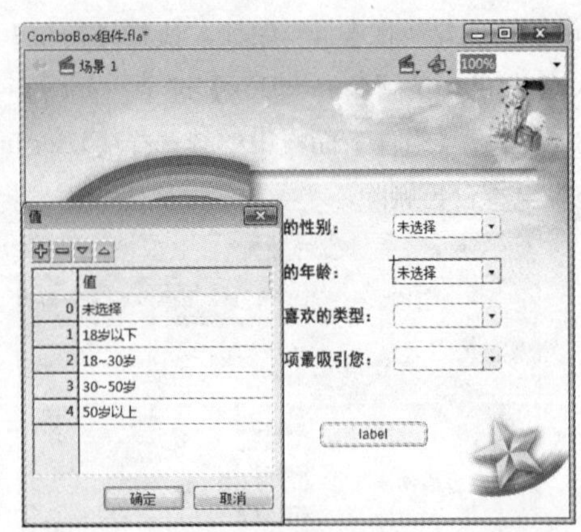

图9-54

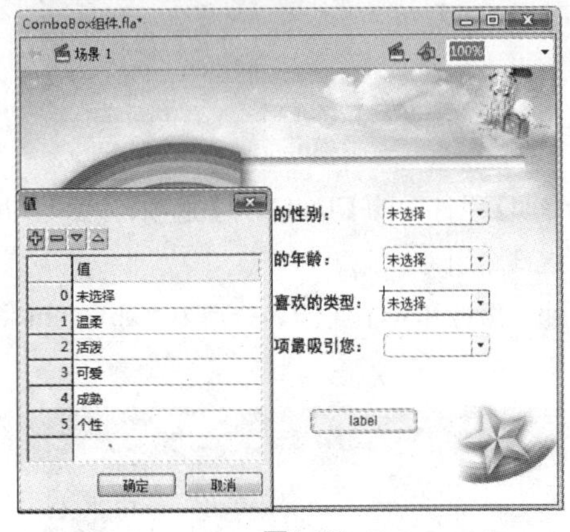

图9-55

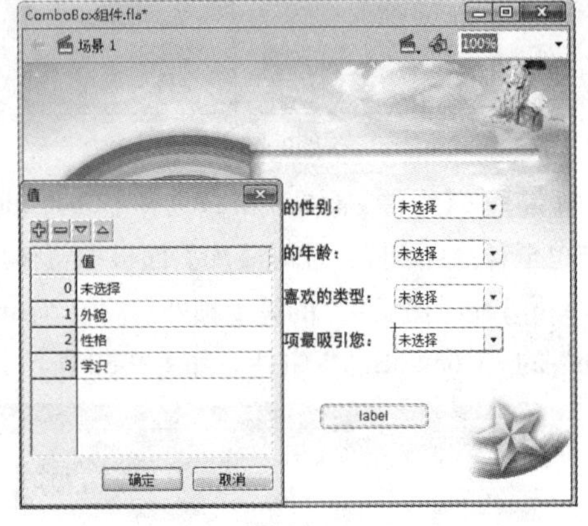

图9-56

Step 14 选中“Button”组件，在【属性】面板中设置它的参数，如图 9-57 所示。

Step 15 在“图层 4”的第 2 帧处插入关键帧，放置实例名为“finals”的“TextArea”组件，并在【属性】面板中设置其参数，如图 9-58 所示。

图9-57

图9-58

Step 16 插入“Button”组件在“TextArea”组件的下方，其属性设置如图 9-59 所示。

Step 17 新建“图层 5”，在【属性】面板中设置背景音乐的名称和同步内容。新建“图层 6”，在第 1 帧处为其添加相应代码，如图 9-60 所示。具体代码见源文件。

图9-59

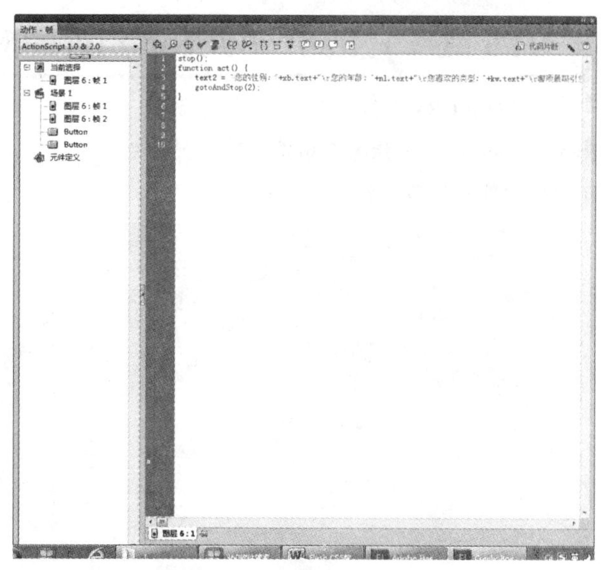

图9-60

Step 18 在第 2 帧处插入空白关键帧，在【动作】面板中添加相应代码，具体代码见源文件，然后按【Ctrl+Enter】组合键测试动画即可，如图 9-61 所示。

图9-61

9.5　RadioButton组件的应用

RadioButton（单选按钮）组件强制用户只能选择一组选项中的一项。该组件必须是至少有两个 RadioButton 实例的组。在任何给定的时刻，都只有一个组成员被选中。选择组中的一个单选按钮将取消选择组内当前选定的单选按钮。

单选按钮是 Web 上许多表单应用程序的基础部分。如果需要让用户从一组选项中做出一个选择，可以使用单选按钮。下面将详细介绍【RadioButton 组件】选项的含义、作用及参数设置。

9.5.1 RadioButton 组件的应用

在 Flash CS5 中的单选按钮组件类似于对话框中的单选按钮。利用 UserInterface 组件中的 RadioButton 可以创建多个单选按钮，如图 9-62 所示。在【属性】面板的【组件参数】下拉菜单中可设置组件的参数，如图 9-63 所示。

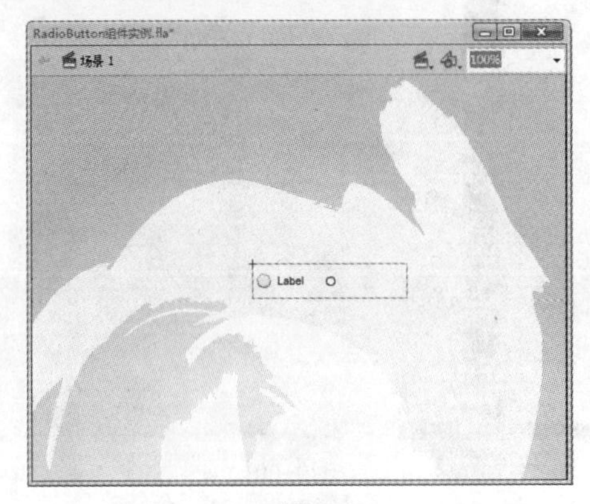

图9-62

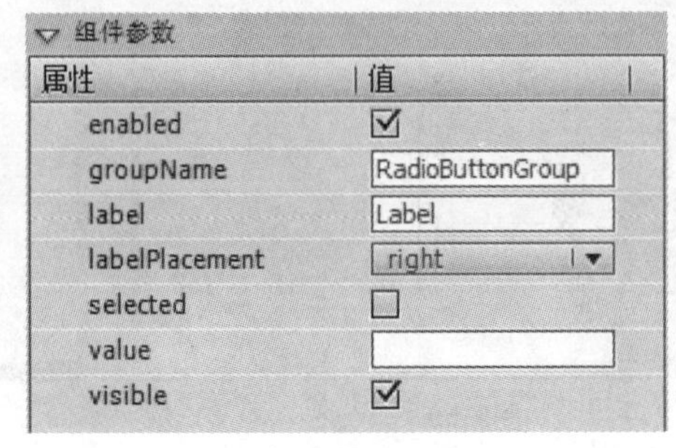

图9-63

【参数】选项卡中各主要参数的具体含义如下。

（1）enabled：用于控制组件是否可用。

（2）group Name：指定该单选项所属的单选按钮组，该参数相同的单选按钮是一组，而且在一组单选按钮中只能选择一个单选项。

（3）label：设置按钮上的文本值，默认值是“Label”（单选按钮）。

（4）labelPlacement：确定单选项旁边标签文本的方向。其中包括 4 个选项：【left】、【right】、【top】或【bottom】，默认值为【right】。

（5）selected：确定单选项的初始状态为被选中“true”或取消选中“false”，默认值为“false”。被选中的单选按钮中会显示一个圆点。一个组内只有一个单选项可以被选中。

（6）value：它是一个文本字符串数组，为 Label 参数中的各项目指定相关联的值，它没有默认值。

（7）visible：该选项决定对象是否可见。

9.5.2 实例 4——趣味问答题

Step01 新建文件，设置文档属性。将素材导入库中。将图层 1 重命名为“背景.jpg”并拖曳至舞台，调整位置与大小，如图 9-64 所示。

Step02 新建“内容”层。输入文字，设置标题字体为汉真广标，大小为 48，颜色橙色；内容字体为宋体，大小 12，颜色为黑色，如图 9-65 所示。

Step03 打开【组件】，将 RadioButton 组件拖曳至舞台，使用选择工具调整位置，并设置其组件参数，添加实例名称，如图 9-66 所示。

Step04 将组件 RadioButton 直接复制 1 个，调整其位置，然后修改其组件参数，并修改其实例名称，如图 9-67 所示。

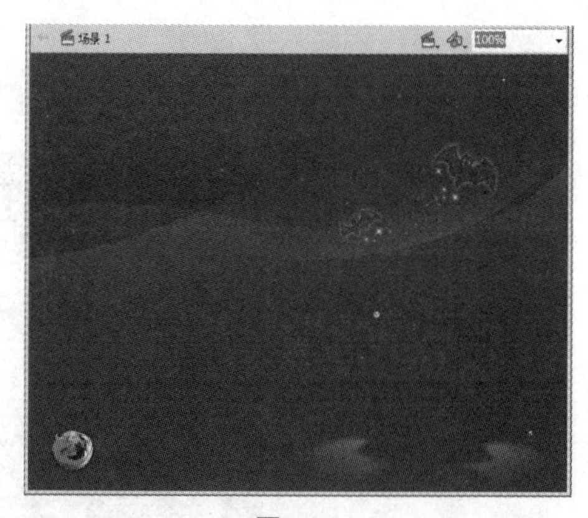

图9-64

图9-65

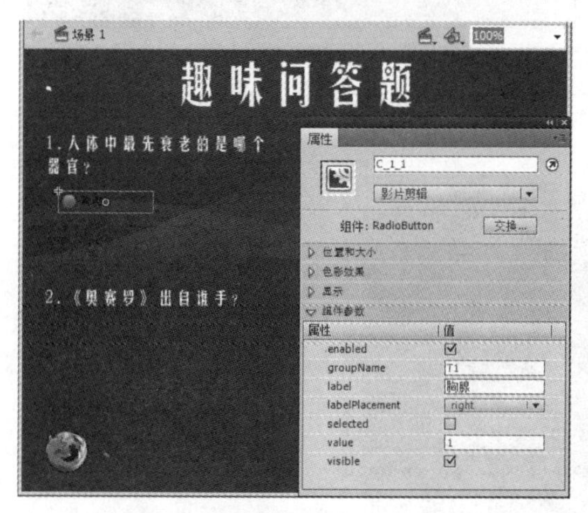

图9-66

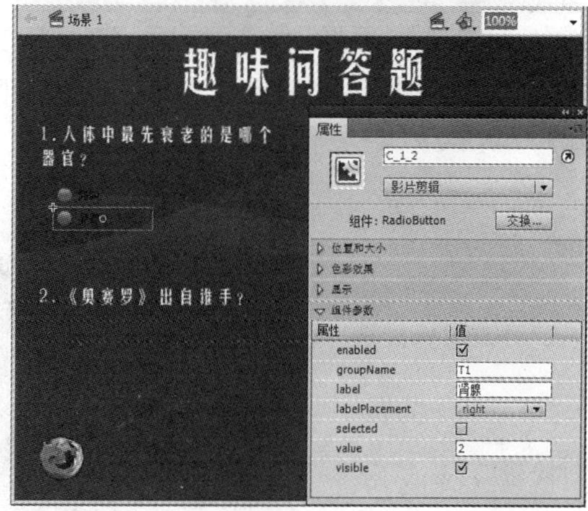

图9-67

Step 05 参照步骤 4 的制作方法，将余下的所有选择项参照此方法制作，并调整各个组件的文字，如图 9-68 所示。

Step 06 在“选择”图层上方新建“按钮”图层。将“组件”面板中的 Button 组件拖曳至舞台合适位置，如图 9-69 所示。

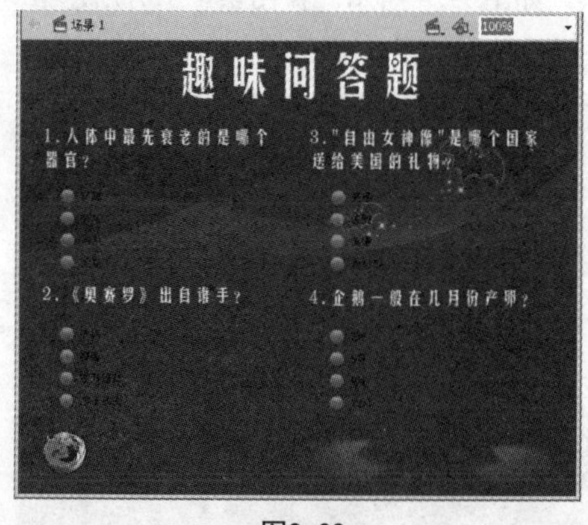

图9-68

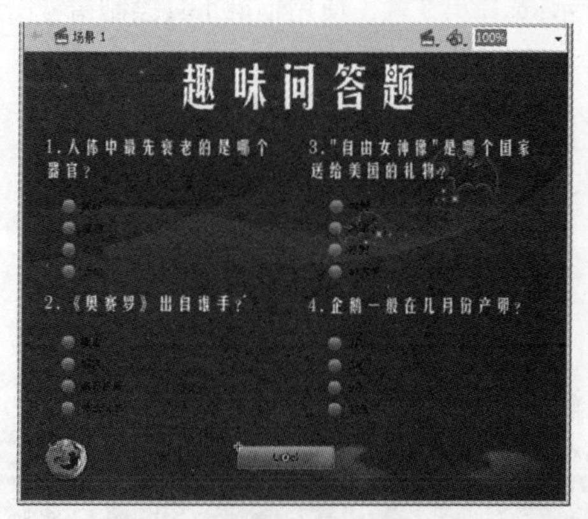

图9-69

Step 07 打开【属性】面板，设置 Button 组件的组件参数，然后为其添加实例名称，如图 9-70 所示。

Step 08 将 Button 组件直接复制，调整其位置，然后修改其组件参数和实例名称，如图 9-71 所示。

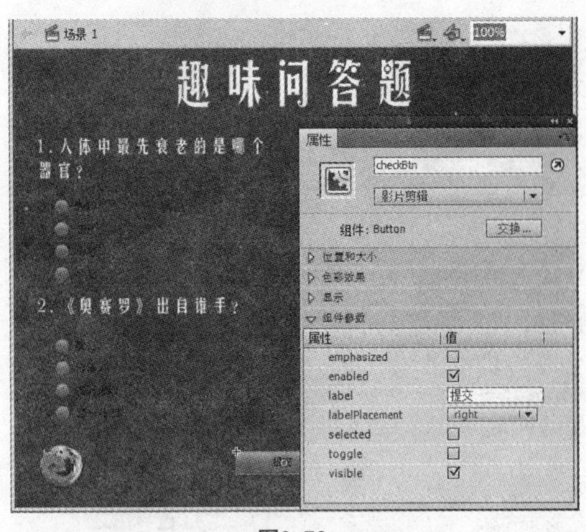

图9-70

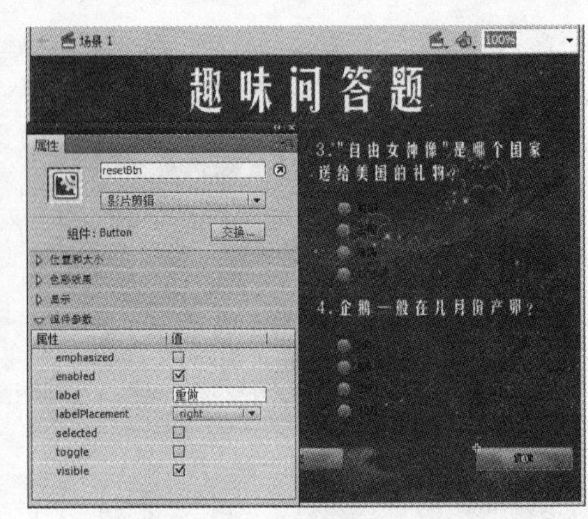

图9-71

Step 09 新建影片剪辑元件“对错”，选择椭圆工具，设置颜色为无，在编辑区中绘制图形，如图 9-72 所示。

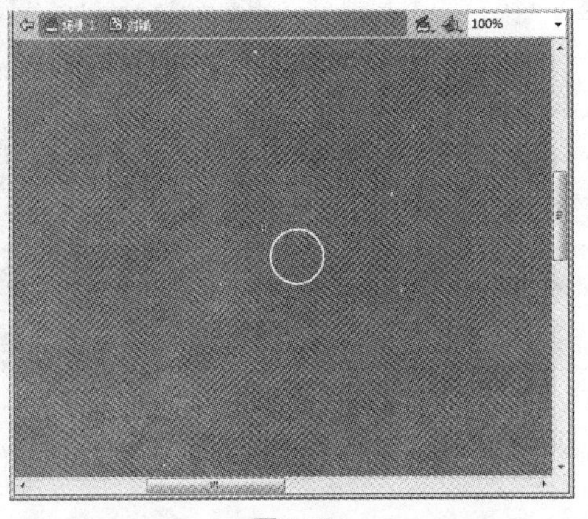

图9-72

Step 10 在图层 1 的第 2、3 帧处插入关键帧。选择第 2 帧，使用钢笔工具绘制对号图形，如图 9-73 所示；选择第 3 帧，使用钢笔工具绘制错号图形，如图 9-74 所示。在图层 1 上方新建 AS 图层，选择第 1 帧添加脚本语言“stop( );”。

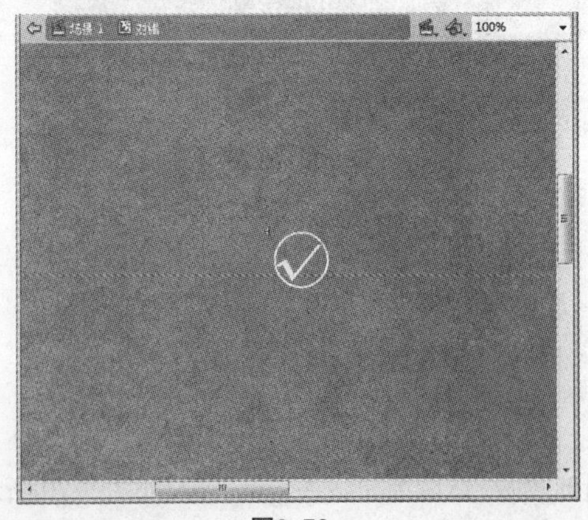

图9-73

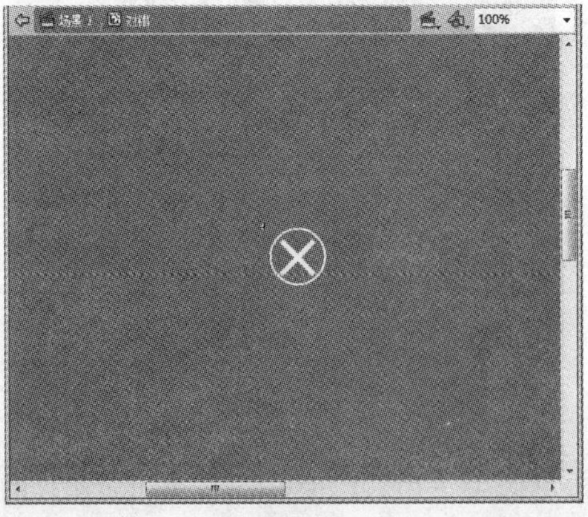

图9-74

Step 11 返回场景 1，在“按钮”图层上方新建“对错”图层。拖入 4 次元件“对错”到舞台，并添加实例名称，如图 9-75 所示。

Step 12 在“对错”图层上方新建“声音”图层，在第 1 帧处添加声音，如图 9-76 所示。

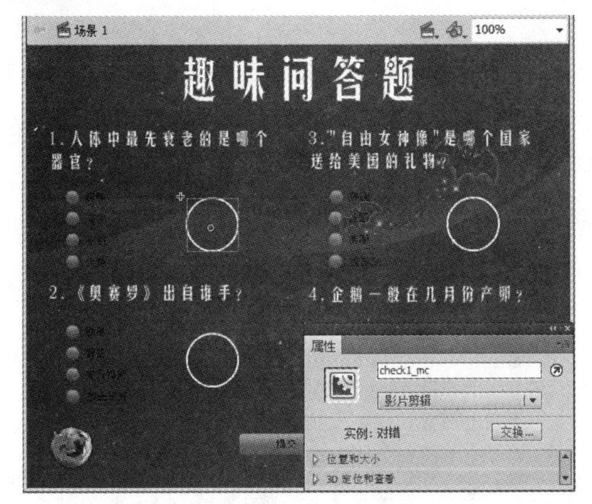

图9-75

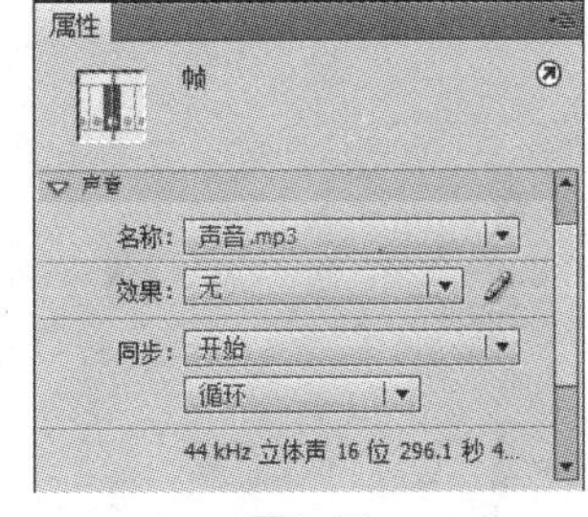

图9-76

Step 13 在“声音”图层上方新建 AS 图层，在第 1 帧处添加控制脚本，如图 9-77 所示。

Step 14 按快捷键【Ctrl+S】组合键保存文件。按【Ctrl+Enter】组合键测试影片，如图 9-78 所示。

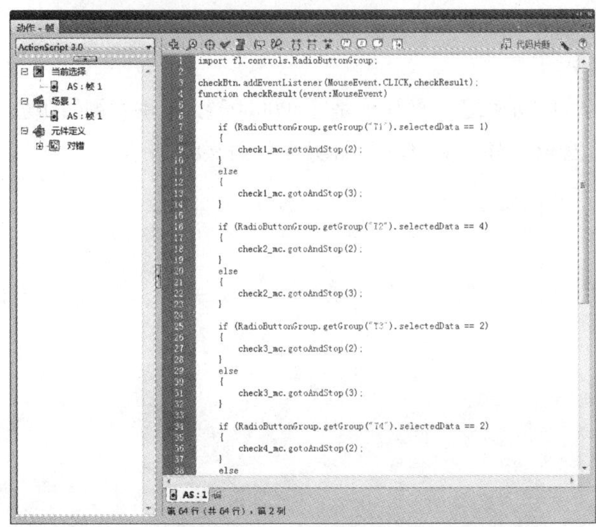

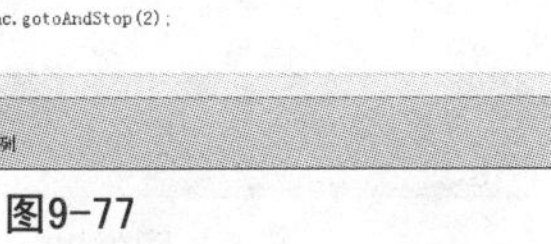

图9-77

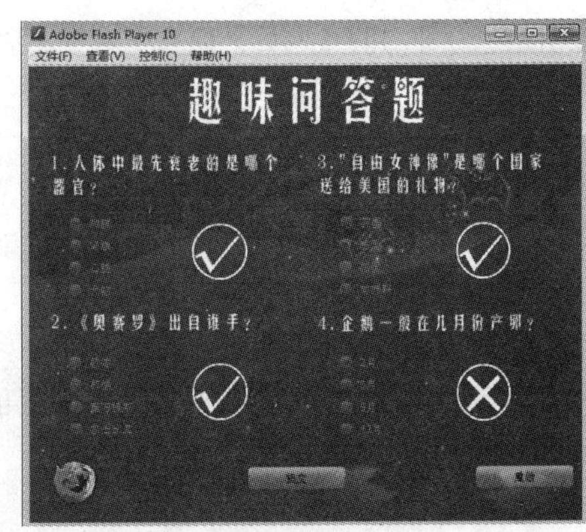

图9-78

9.6 ColorPicker组件的应用

ColorPicker（颜色井）组件允许用户从样本列表中选择颜色。ColorPicker 的默认模式是在方形按钮中显示单一颜色。用户单击按钮时，【样本】面板中将出现可用的颜色列表，同时出现一个文本字段，显示当前所选颜色的十六进制值。可以通过将 colors 属性设置为要显示的颜色值，来设置出现在 ColorPicker 中的颜色。下面将详细介绍【ColorPicker 组件】选项的含义、作用及参数设置。

9.6.1 ColorPicker组件的应用

打开【组件】面板下的User Interface类，在其中选择“ColorPicker”，然后按住鼠标左键将其拖动到舞台上即可，如图9-79所示。

在完成ColorPicker组件实例的添加后，需要设置其属性。使用选择工具，选择舞台中要进行属性设置的ColorPicker组件实例，在【组件检查器】面板中单击【参数】标签，进入【参数】选项卡，在该选项卡中即可对组件实例进行属性设置，如图9-80所示。

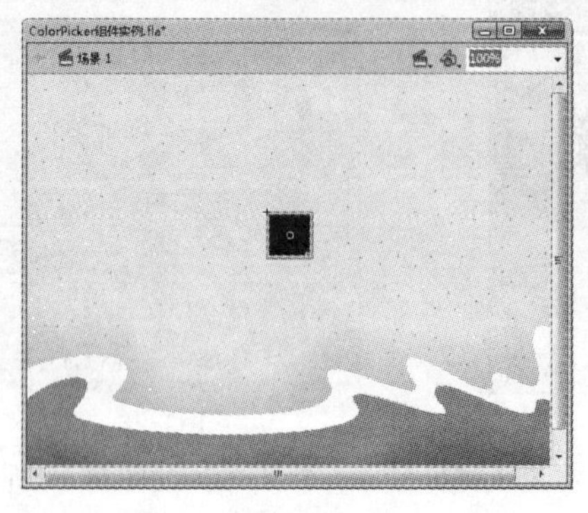

图9-79

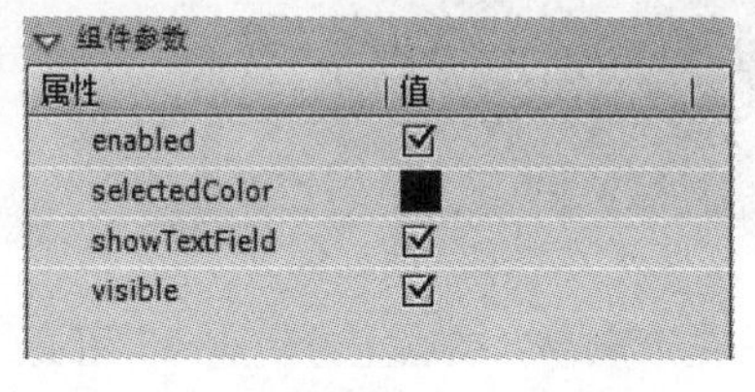

图9-80

其中，各选项含义如下。

Step01 enabled：用于控制颜色井是否可用。

Step02 selectedColor：它决定组件实例上的显示颜色，默认值是【#000000】。单击右侧的颜色数值框，在弹出的【调色】面板中即可选择颜色值，如图9-81所示。效果如图9-82所示。

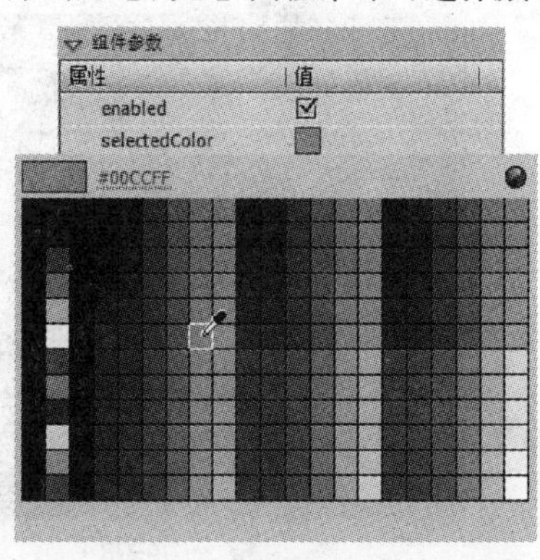

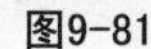

图9-81

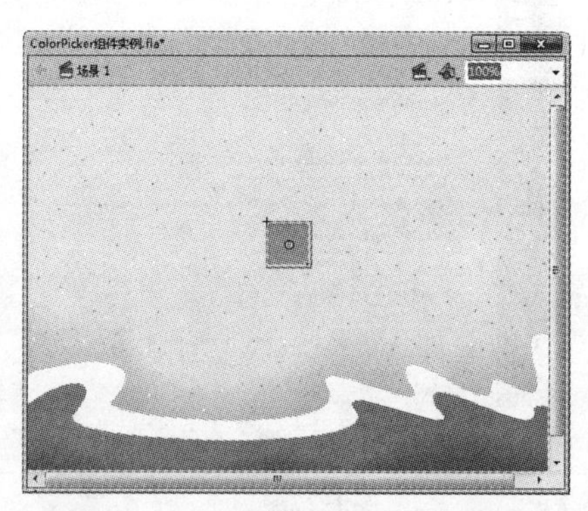

图9-82

Step03 showTextField：用于设置在调色板中是否显示输入颜色的十六进制值的数值框。选择该选项时显示输入颜色的十六进制值的数值框；反之，不显示输入颜色的十六进制值的数值框。

Step04 visible：该选项决定对象是否可见。

9.6.2 实例5——颜色选择

Step01 新建文件，设置文件属性并导入素材。将图层1重命名为“背景”，将库中“背景.jpg”拖曳至舞台，调整其位置大小，如图9-83所示。

Step02 在“背景”图层上方新建“框”图层。选择矩形工具，设置“笔触”为 4，“笔触颜色”为白色，填充色为无，在舞台上绘制一个框，并将其转换为图形元件“元件 1”，如图 9-84 所示。

图9-83

图9-84

Step03 选择“元件 1”，按住【Alt】键，用鼠标拖动“元件 1”复制一个“元件 2”，将其放置在合适位置，作为“元件 1”的投影。将“元件 2”打散，设置其颜色为黑色，Alpha 值为 30%，如图 9-85 所示。

Step04 参照上述操作，绘制一个圆角矩形，设置“笔触”为 1，填充色为白色，并为其绘制投影，如图 9-86 所示。

图9-85

图9-86

Step05 在“框”图层上方新建“颜色”图层。打开【组件】面板，将“ColorPicker”组件拖曳至舞台，调整其位置。然后设置其组件参数，并为其添加实例名称，如图 9-87 所示。

Step06 选择文字工具，设置字体为迷你简长艺，大小为 20，颜色为浅蓝，在“颜色”图层上输入文字，如图 9-88 所示。

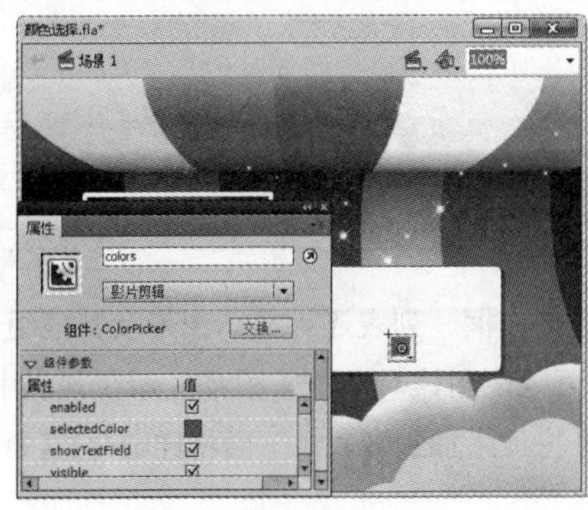

图9-87

图9-88

Step07 在“颜色”图层上方新建“声音”图层，选择第 1 帧并添加声音，设置声音同步为“开始”和“循环”，如图 9-89 所示。

Step08 在“声音”图层上方新建一个 AS 图层。选择第 1 帧并添加相应控制脚本，具体代码见源文件，如图 9-90 所示。按【Ctrl+S】组合键保存文件。

图9-89

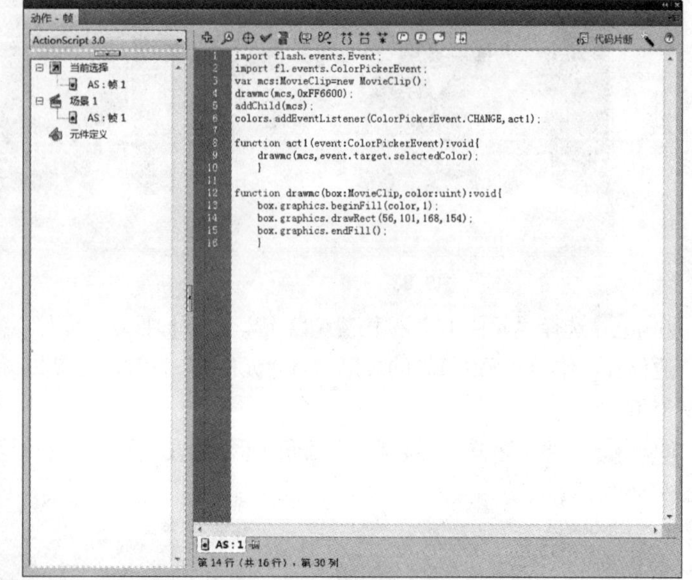

图9-90

Step09 按【Ctrl+Enter】组合键测试动画效果，如图 9-91 所示。

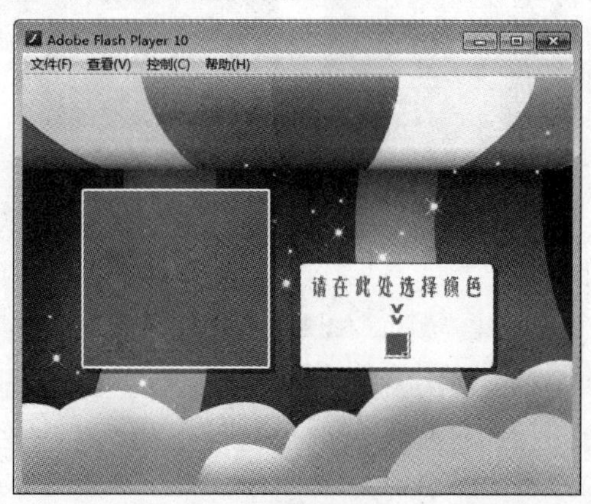

图9-91

9.7 List组件的应用

List（列表框）组件是一个可滚动的单选或多选列表框。列表还可显示图形及其他组件。在单击标签或数据参数字段时，会出现【值】对话框，可以使用该对话框来添加显示在列表中的项目。也可以使用 List.addItem( ) 和 List.addItemAt( ) 方法来将项添加到列表。下面将详细介绍【ProgressBar 组件】选项的含义、作用及参数设置。

9.7.1　List组件的应用

列表框的作用是可在已有的选项列表中选择需要的选项。可以建立一个列表，以便用户选择一项或多项，如访问电子商务 Web 站点时需要选择想要购买的项目。项目列表中一共有 30 个项目，用户可在列表中上下滚动，并通过单击选择一项。

打开【组件】面板下的【User Interface】类，在其中选择【List】，然后按住鼠标左键将其拖动到舞台上即可，如图 9-92 所示。在【组件检查器】面板的【参数】选项卡中可对组件实例进行属性设置，如图 9-93 所示。

图9-92

图9-93

【参数】选项卡中各主要参数的具体含义如下。

(1)allowMultipleSelection：它用于确定是否可以选择多个选项。如果可以选择多个选项，则选择，如果不能选择多个选项，则取消选择。

(2) dataProvider：填充列表数据的值数组。它是一个文本字符串数组，为 label 参数中的各项目指定相关联的值，其内容应与 labels 完全相同，单击右边的按钮，将打开【值】对话框，单击【+】按钮，可添加文本字符串。

(3) enabled：用于控制组件是否可用。

(4) horizontalLineScrollSize：确定每次按下滚动条两边的箭头按钮时水平滚动条移动多少个单位，默认值为 4。

(5) horizontalPageScrollSize：指明每次按下轨道时水平滚动条移动多少个单位，默认值为 0。

(6) horizontalScrollPolicy：确定是否显示水平滚动条。该值可以为“on”(显示)、“off”(不显示)或“auto”(自动)，默认值为“auto”。

(7) verticalLineScrollSize：指明每次按下滚动条两边的箭头按钮时垂直滚动条移动多少个单位，默认值为 4。

(8) verticalPageScrollSize：指明每次按下轨道时垂直滚动条移动多少个单位，默认值为 0。

(9) verticalScrollPolicy：确定是否显示垂直滚动条。该值可以为“on”(显示)、“off”(不显示)或“auto”(自动)，默认值为“auto”。

(10) visible：该选项决定对象是否可见。

9.7.2 实例 6——图片欣赏

Step 01 新建一个 Flash 文档，设置其舞台大小为 480 像素 ×300 像素，背景颜色为浅紫色。按【Ctrl+Shift+S】组合键，设置文档名为“图片欣赏”，并保存文件，如图 9-94 所示。

Step 02 执行【文件】>【导入】>【导入到库】命令，在“图层 1”图层中插入 5 个关键帧，依次将【库】面板中的“图片 1.jpg”~“图片 5.jpg”图片拖曳至舞台上，并放置在相同位置，如图 9-95 所示。

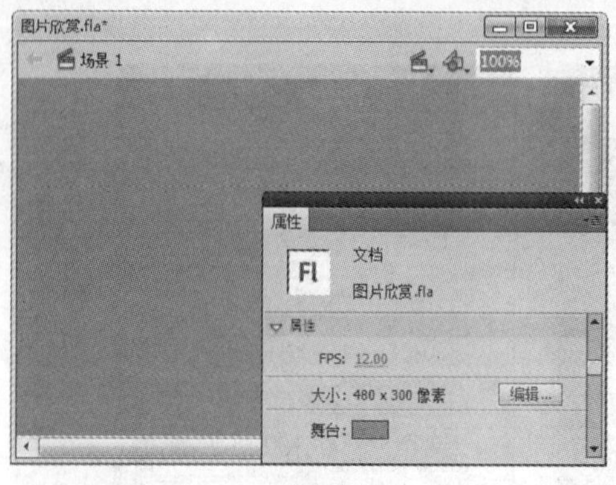

图9-94

图9-95

Step 03 新建“图层 2”，将【库】面板中的“背景”图片拖曳至舞台上，并放置到合适位置，使“图层 1”中的图片刚好显现出来，如图 9-96 所示。

Step 04 新建“图层 3”，打开【组件】面板，选择【User Interface】组件中的【List】选项，将其拖曳至舞台上再删除，在【库】面板中将出现该组件，如图 9-97 所示。

图9-96

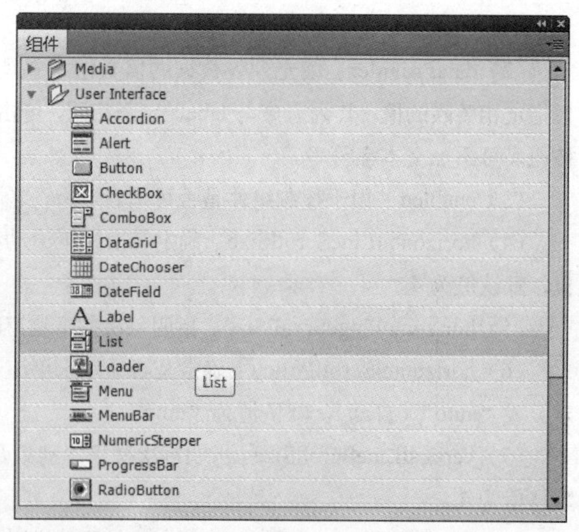

图9-97

Step 05 新建“图层 3”，将【库】面板中的【List】组件拖曳至舞台上，并放置在合适位置，如图 9-98 所示。

Step 06 在【属性】面板中设置其属性及相应的实例名称，如图 9-99 所示。

图9-98

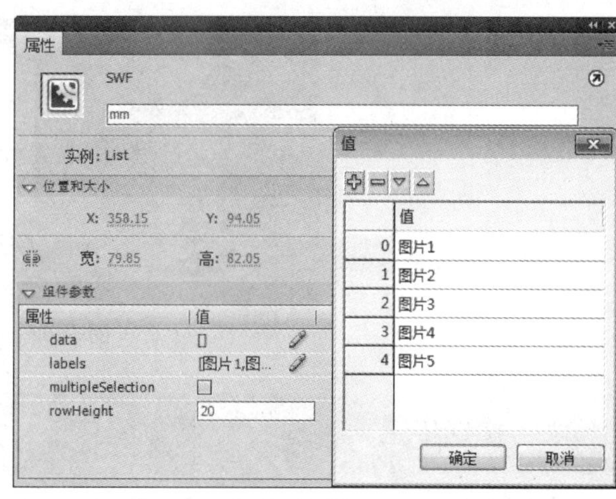

图9-99

Step 07 新建"图层 4",在【属性】面板中设置背景音乐的名称和同步。然后新建"图层 5",在【动作】面板中输入代码，具体代码见源文件，如图 9-100 所示。

Step 08 保存文件，按【Ctrl+Enter】组合键，对该组件进行测试，如图 9-101 所示。

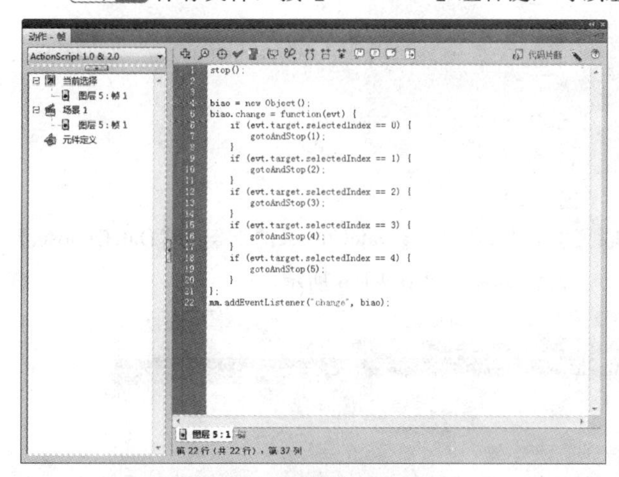

图9-100

图9-101

9.8 综合案例——制作台历

学习目的

通过本案例的学习，熟练掌握组件在实际生活中的应用。

重点难点

- DateChooser 日期选择器和 Label 标签的调入和设置参数方法
- DateChooser 和 Label 之间的数据绑定

本案例效果如图 9-102 所示。

图9-102

操作步骤

Step 01 启动 Flash CS5 后，新建一个 ActionScript 2.0 文档，设置文档大小为 700 像素 ×400 像素，背景颜色为“淡绿色”（“#99CC99”），保存文件名为“台历”，如图 9-103 所示。

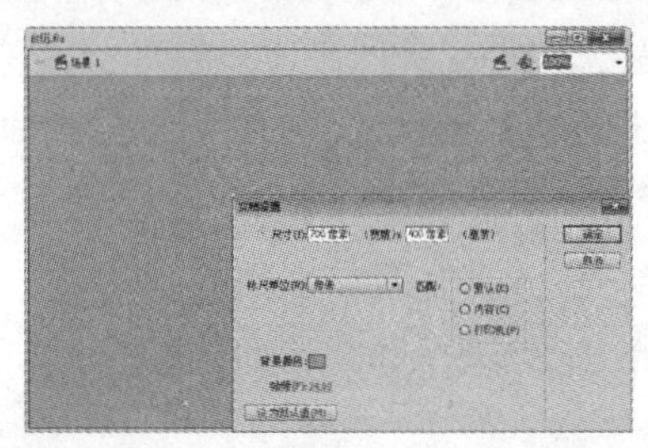

图9-103

Step 02 将“图层 1”重命名为“组件”。执行【窗口】>【组件】>【DateChooser】命令，将【DateChooser】组件拖曳至舞台的右侧。将其命名为“rili”，并设置参数，如图 9-104 所示。

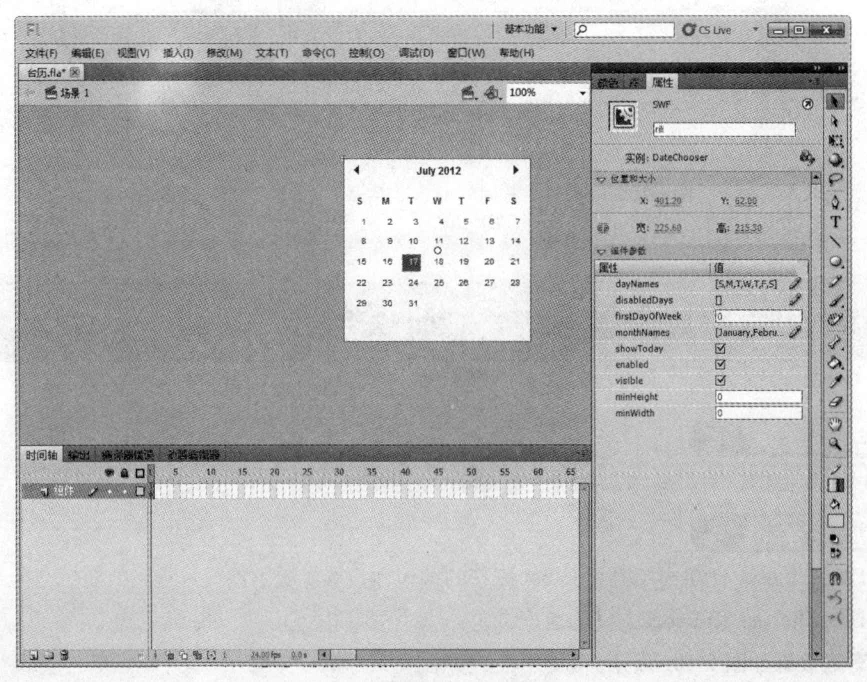

图9-104

Step03 执行【窗口】>【组件】>【Label】命令，将【Label】拖曳至日期选择器的下方，用来显示选择的日期。将其命名为“xsrili”，并设置参数，如图 9-105 所示。

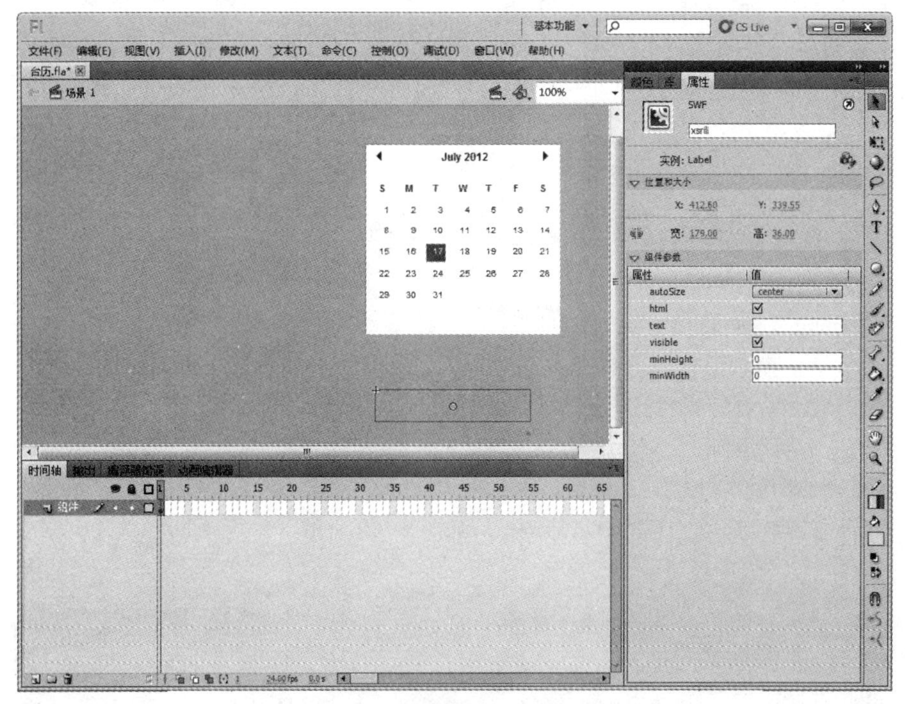

图9-105

Step04 选中日期选择器，执行【窗口】>【组件检查器】命令，在【绑定】选项卡中添加“SelectedDate:Date”选项，如图 9-106 所示。并绑定到“Label，<xsrili>”组件路径，如图 9-107 所示。

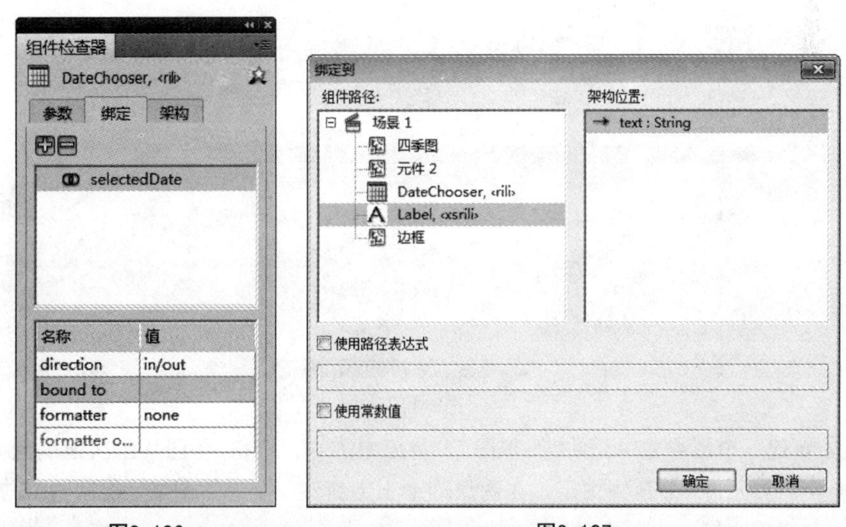

图9-106　　　　图9-107

Step05 选中“xsrili”组件，执行【窗口】>【组件检查器】命令，在【绑定】选项卡中添加“text: String”选项，如图 9-108 所示。并绑定到“DateChooser，<rili>”组件路径，如图 9-109 所示。

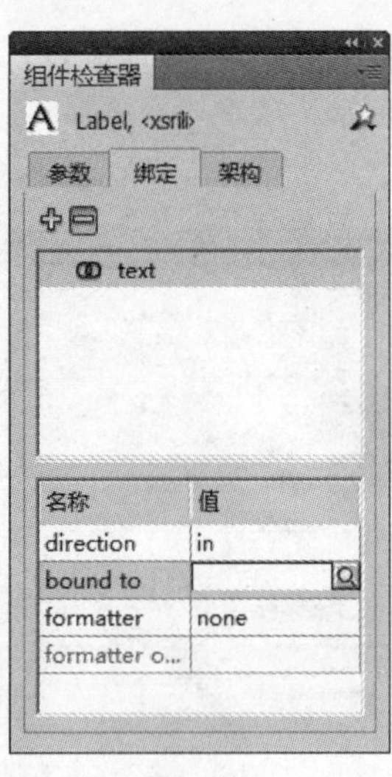

图9-108

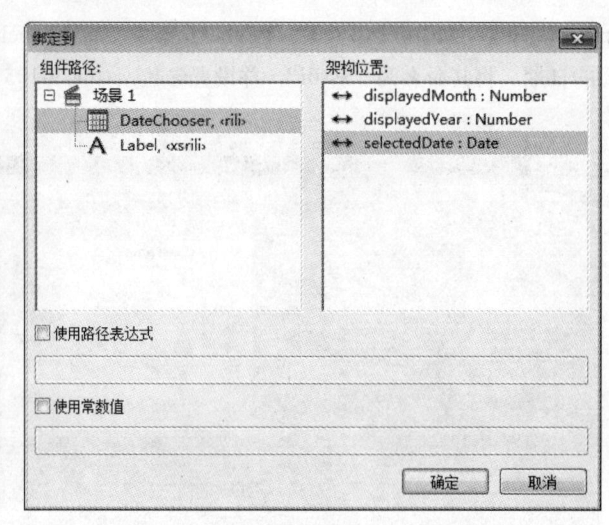

图9-109

Step06 新建图层“四季图”，将素材库中的“春.jpg”、“夏.jpg”、“秋.jpg”、“冬.jpg”添加到库中。在舞台左侧绘制一个白色的椭圆形边框，如图9-110所示。

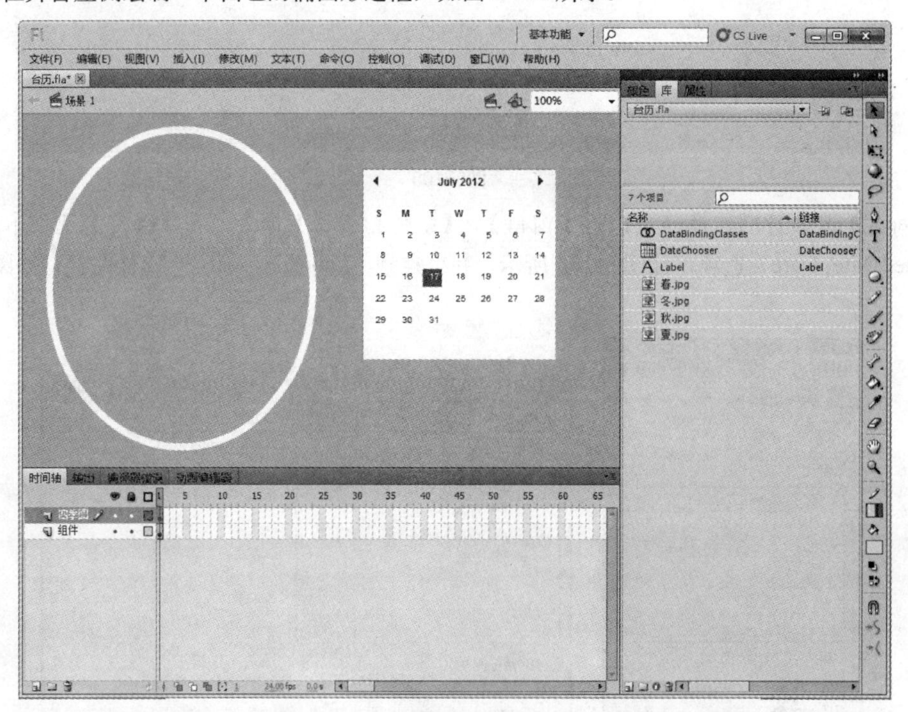

图9-110

Step07 新建一个影片剪辑元件“四季图”。将库中的春、夏、秋、冬图片依次拖曳至编辑区域，并全部转换为图形元件，分散到图层。在图层的最上方新建一个遮罩图层，绘制一个与图层“四季图”中的椭圆形边框大小和位置相仿的椭圆形，春、夏、秋、冬4个图层都是它的被遮罩层，如图9-111所示。

Step08 在春、夏、秋、冬4个图层中各自建立由透明到清晰再由清晰到透明的传统补间动画，如图9-112所示。

图9-111

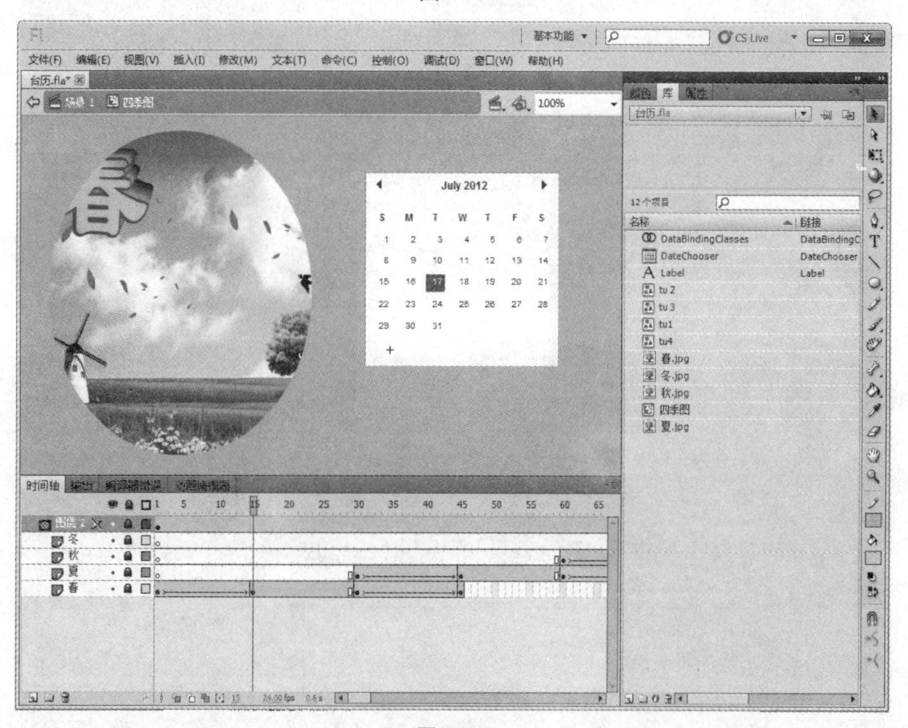

图9-112

Step 09 返回到主场景，把影片剪辑四季图拖曳至舞台中。调整影片剪辑四季图，将其置于图层“四季图”中的椭圆形边框内，如图 9-113 所示。

Step 10 新建图层“边框”，新建影片剪辑元件“边框”，选择矩形工具，绘制一个与日期选择器大小同等的边框，边框的颜色为彩虹色。在图层上插入几个关键帧，逐一调整颜色，并创建形状补间动画，如图 9-114 所示。

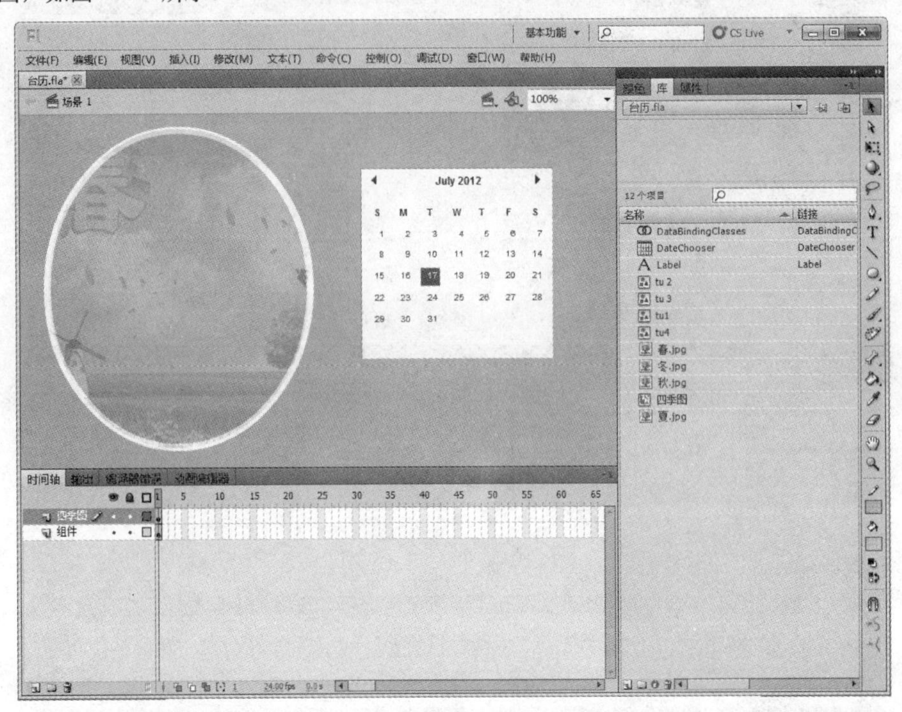

图9-113

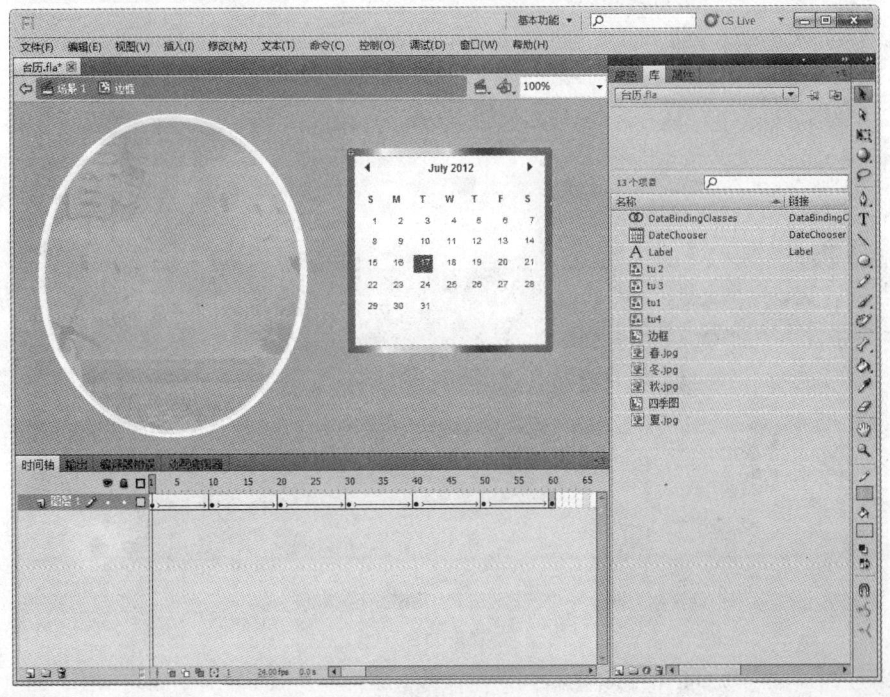

图9-114

Step 11 返回到主场景，将影片剪辑元件“边框”拖曳至舞台中日期选择器的外围上，如图 9-115 所示。

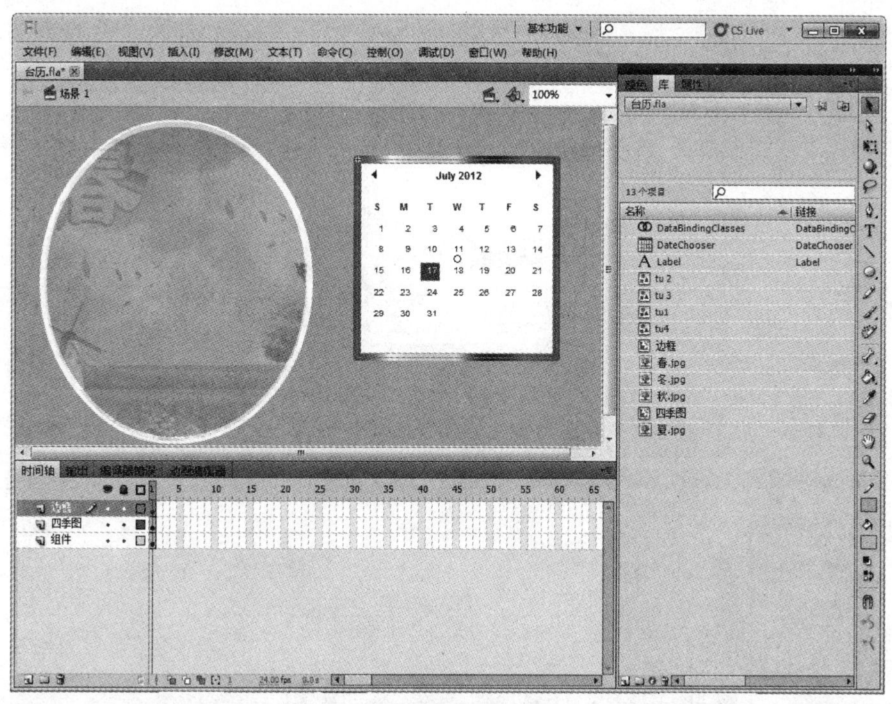

图9-115

Step 12 新建图层“文本”,选择文本工具,分别在日期选择器的上方和下方输入“请选择:”和“您选择的日期是：”，如图 9-116 所示。

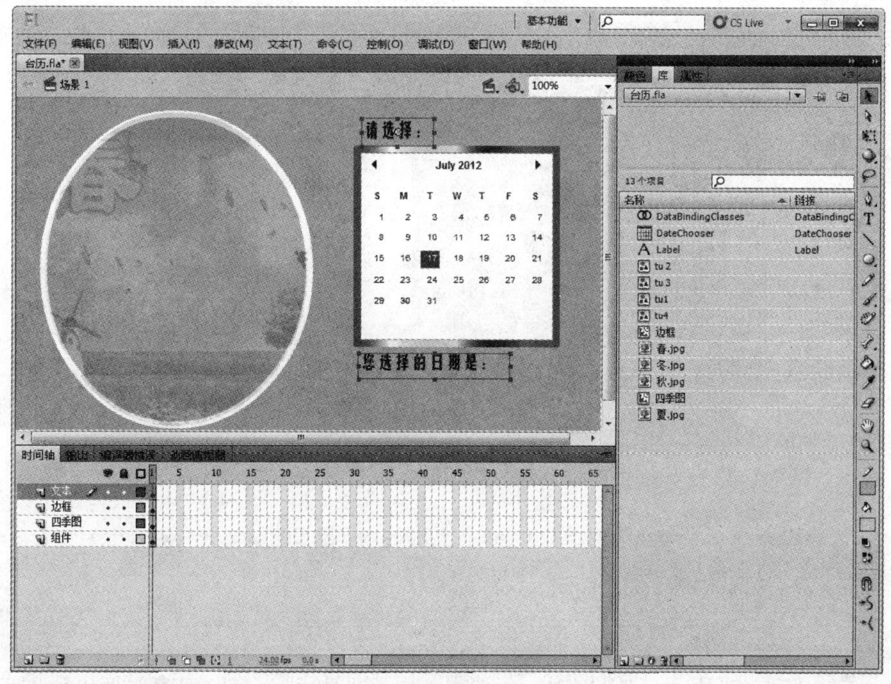

图9-116

Step 13 新建影片剪辑元件“花”，利用 Deco 工具绘制一朵花。返回到主场景，将影片剪辑元件“花”拖曳至舞台中适当位置，如图 9-117 所示。

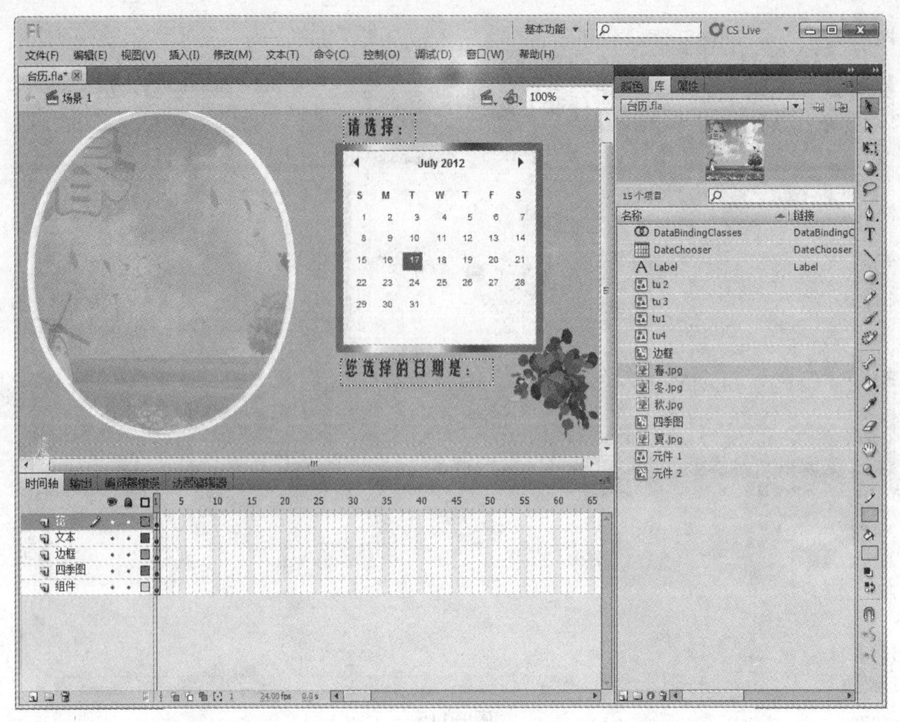

图9-117

Step 14 新建图层“声音”，在【属性】面板中设置背景音乐的名称和同步内容。保存文件并测试制作效果，如图 9-118 所示。

图9-118

9.9 经典商业案例赏析

现代广告越来越贴近生活，它们往往与生活中常用到的事物联系到一起，从而达到其产品广而告之的效果。下面一则广告便是与日历相结合，不仅扩大了宣传范围，而且为消费者提供了实用性，如图 9-119 所示。

图9-119

9.10 课后练习

一、选择题

1. 在浏览网页时，经常会见到 Flash 制作的单选按钮、复选框以及按钮等元素，这些元素便是 Flash 中的（ ）。

A. 元件　　B. 组件　　C. 库　　D. 面板

2.ComboBox 组件属于下面哪种类型的组件。（ ）

A. 选择类组件　　B. 文本类组件　　C. 列表类组件　　D. 窗口类组件

3.RadioButton 组件属于下面哪种类型的组件。（ ）

A. 选择类组件　　B. 文本类组件　　C. 列表类组件　　D. 文件管理类组件

4. 打开【组件】面板的快捷键是（ ）。

A.【Ctrl+F6】　　B.【Ctrl+F7】　　C.【Ctrl+F8】　　D.【Ctrl+F9】

5. 在组件参数各选项中，决定按钮上的显示内容且为默认值的是。（ ）

A.emphasized　　B.enabled　　C.label　　D.visible

二、填空题

1. 在 Flash CS5 中预置了 4 种常用的选择类组件，它们是＿＿＿＿＿＿、＿＿＿＿＿＿、＿＿＿＿＿＿、＿＿＿＿＿＿。

2. 在 Flash 中预置了 3 种常用的文本类组件，它们是＿＿＿＿＿＿、＿＿＿＿＿＿、＿＿＿＿＿＿。

3. 在 Flash 中预置了 3 种列表类组件，它们是 ____________、____________、____________。

4. 文件管理类组件可以对 Flash 中的多种信息数据进行有效的归类管理，其中包括 ____________、____________、____________ 和 ____________4 种。

5. 窗口类组件包括 ________、________、__________、__________、__________ 和 __________。

三、上机操作题

1. 利用 TextArea 组件和 Button 组件制作一个留言版信息，用户输入的标题和留言内容两部分在单击按钮后，显示在下一个页面中。

2. 利用 RadioButton 组件和 Button 组件制作一道单项选择题。若是用户答对了，就显示出“答对了！恭喜你！”，若是用户答错了，则显示“答错了！请继续努力！”。

第10章 影片的后期处理

在 Flash 中当动画完成制作后，就可以将动画作为影视作品发布出来供人们观赏，或者以动画作为文件进行导出，提供给其他的程序使用。但是为了使动画的播放正常，通常在发布和导出动画之前，制作者们必须对动画进行测试、优化以及发布。测试是为了检查动画播放是否流畅，优化是为了减小动画的文件大小，加快动画下载的速度。

本章知识要点

- 影片测试的环境
- 影片测试优化的方法
- 影片的发布及预览

10.1 测试影片的两种环境

通常情况下，在 Flash 动画制作完成后，就可以将其导出或发布了。但是在导出或发布之前，制作者们会对动画文件进行测试，测试影片主要分为两种环境，一种是在编辑模式中测试影片，另一种是在测试环境中测试影片。下面将详细地讲解两种测试影片的方法。

10.1.1 在编辑模式中测试

在动画的制作过程中会产生大量的影片，这导致测试项目任务繁重，所以用户可能不会首先选择在 Flash 编辑环境下测试影片，但是在编辑环境中可以进行一些简单的测试，主要包括以下两点。

（1）可测试的内容：在 Flash CS5 中能被编辑环境测试的内容共 4 种。

- 主时间轴上的声音：在播放时间轴时，可以试听放置在主时间轴上的声音（包括与舞台动画同步的声音）。

- 主时间轴上的动画：主时间轴上的动画（包括形状和过渡动画）作用。这里说的主时间轴不包括影片剪辑和按钮元件所对应的时间轴。
- 主时间轴上的帧动作：任何附在按钮或帧上的 goto、play、和 stop 动作都将在主时间轴上起作用。
- 按钮状态：可以测试按钮在弹起、指针经过、按下、点击状态下的外观。

（2）不可以被测试的内容：在 Flash CS5 中不能被编辑环境测试的内容共 4 种。

- 影片剪辑：影片剪辑中的声音、动画和动作将不可见或者不起作用。只有影片剪辑的第一帧会出现在编辑环境中。
- 动作：goto、play 和 stop 动作是唯一能够在编辑环境中操作的动作。所以用户无法测试交互动作、鼠标事件等功能。
- 下载性能：无法在编辑环境中测试动画在 web 上的流动或者下载性能。
- 动画速度：Flash 编辑环境中的重放速度比最终优化的导出的动画慢。

10.1.2 在测试环境中测试

在使用 Flash CS5 制作动画的过程中，由于在编辑环境中测试的性能有限，要想评估影片、脚本和动作等其他的动画元素，必须在测试环境中进行测试。在测试环境中测试，可以将影片完整地播放一次，通过直接地观看影片来检测动画是否达到设计要求。执行【控制】>【测试影片】命令或者使用快捷键【Ctrl+Enter】组合键来测试影片，如图 10-1 所示。

在 Flash 编辑环境中，执行【控制】>【测试影片】>【在 Flash Professional 中】命令，可以进入测试页面，如图 10-2 所示。

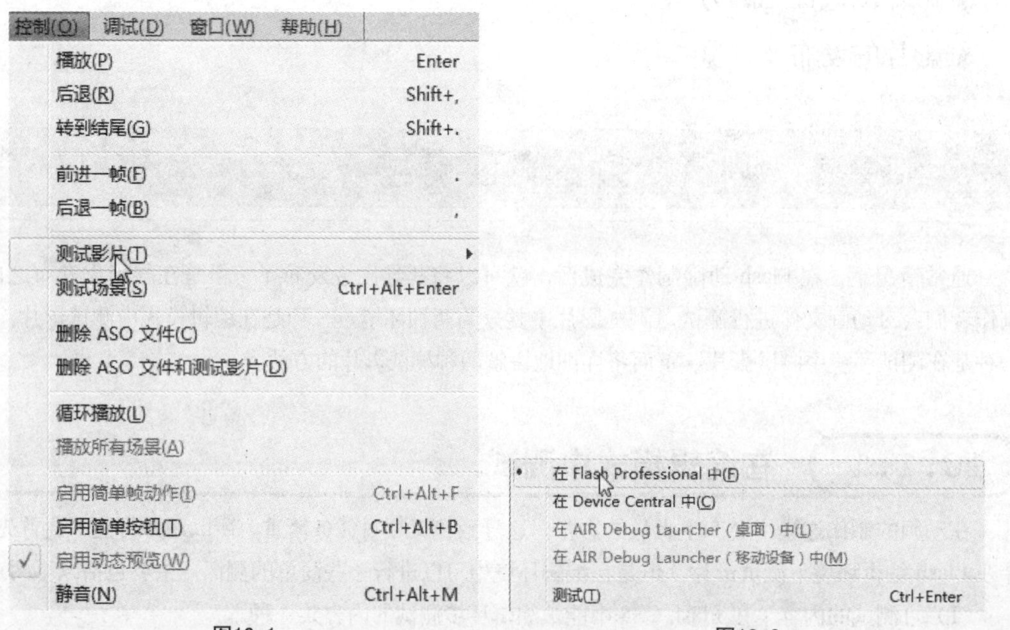

图10-1　　图10-2

在测试页面中选择【视图】命令，可以对宽带设置、下载设置等功能进行测试，如图 10-3 所示。

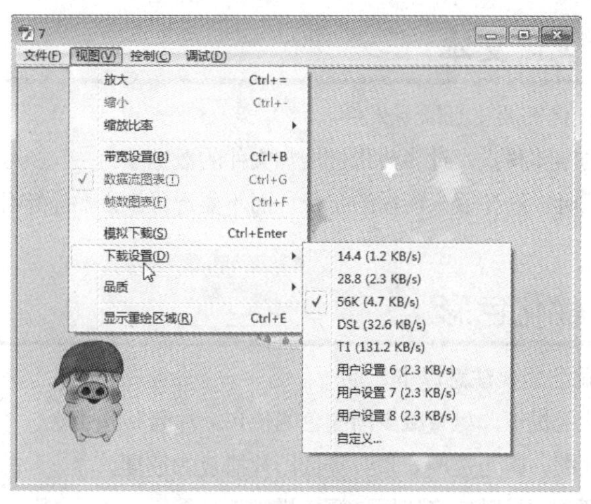

图10-3

10.2　优化影片

在 Flash CS5 中 Flash 影片可以通过网络进行发布，所以在将影片发布到网上的时候，应该尽量减少影片所占用的空间，使动画的输出及下载速度增加。

10.2.1　优化动画

在 Flash 中动画的优化需要注意以下 6 点。

- 如果某一对象在影片中被多次使用，可以将该对象转化为元件，然后在影片中调用该元件的实例，所生成的文档就会减小。
- 在动画的制作过程中，应尽量使用补间动画，避免使用逐帧动画，因为补间动画所需要的关键帧比逐帧动画少，所以其体积也就会减小。
- 尽量少使用位图图像来制作动画。
- 在动画的制作过程中需要插入音频文件时，应尽量使用压缩效果好的 mp3 格式文件。
- 在动画的制作过程中，使用图层将发生变化的对象与未发生变化的对象分开。
- 制作动画时，尽量制作影片剪辑，而不是图形元件。

10.2.2　优化元素和线条

在 Flash 中元素和线条的优化需要注意以下 3 点。

- 可以限制特殊线条的使用，如虚线、点线等，尽量使用实线。使用铅笔工具绘制的图形比使用刷子工具绘制的图形占用空间少。
- 使用矢量线代替矢量块。
- 避免过多地导入使用位图等外部对象，否则会增加文档大小。

10.2.3 优化文本

在 Flash 中文本的优化需要注意以下 2 点。

- 不要使用过多的字体样式，过多使用会增加文件的数据量。
- 在嵌入字体选项时，选择嵌入所需的字符，而不要选择嵌入整个字体。

10.2.4 优化色彩

在 Flash 中色彩的优化需要注意以下 3 点。

- 在不影响作品的前提下，尽量减少渐变色的使用，尽量使用单色。
- 限制使用透明效果，因为透明效果会降低影片播放的速度。
- 在创建实例的颜色效果时，多使用“颜色样式”功能。

10.3 发布及预览影片

在完成动画的制作、测试、优化后，就可以利用发布命令将制作的 Flash 动画进行发布，有利于动画的宣传和推广。执行【文件】>【发布设置】命令会弹出【发布设置】的对话框。

10.3.1 发布为 Flash 文件

执行【文件】>【发布设置】命令，在弹出的【发布设置】对话框中有 3 个选项卡，分别是【格式】、【Flash】、【HTML】选项卡，下面将对每个选项卡进行详细的介绍。

1.【格式】选项卡

在【格式】选项卡中有许多复选框和选择目标按钮，可以通过勾选复选框，来设置想要发布文件的格式，通过目标按钮来设置文件保存的路径，如图 10-4 所示。

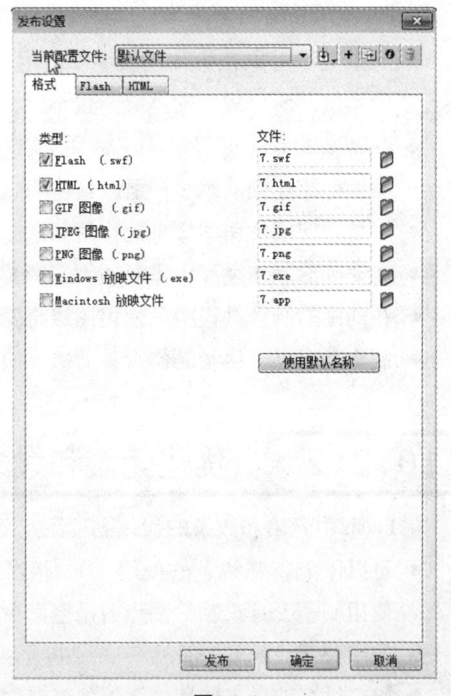

图10-4

2.【Flash】选项卡

在【Flash】选项卡中，主要有【图像和声音】、【swf 设置】和【高级】三个选项区域，下面将对每个选项的含义进行详细介绍，如图 10-5 所示。

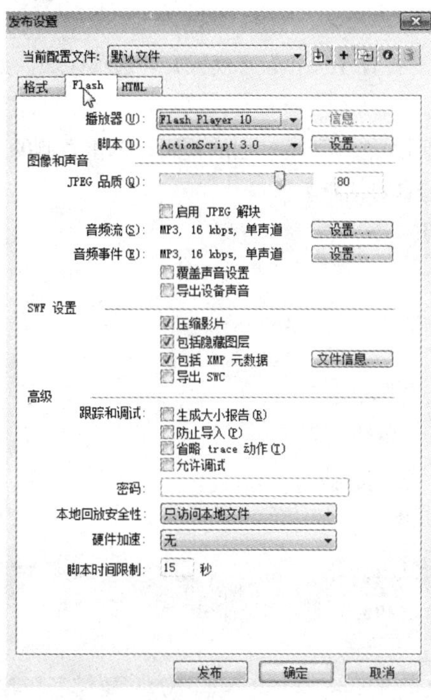

图10-5

- 【播放器】下拉列表：由于选择发布不同的 Flash 版本，如图 10-6 所示。
- 【音频流】：单击右侧的【设置】按钮，会弹出【声音设置】对话框，可设定导出的流式音频的压缩格式、比特率和品质等，如图 10-7 所示。

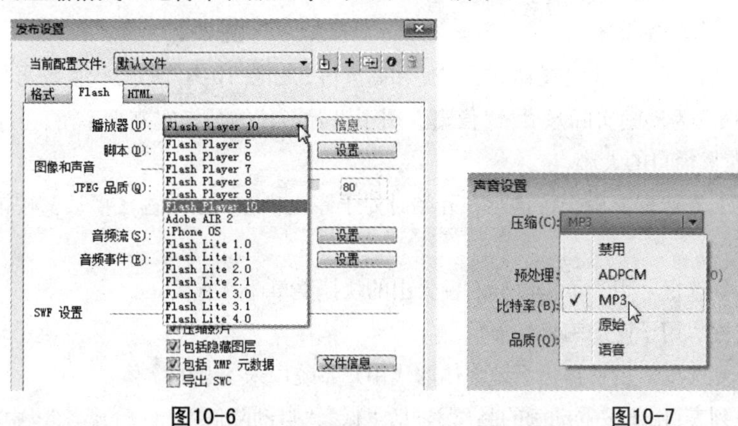

图10-6　　图10-7

- 【音频事件】：用来设定导出事件的音频压缩格式，比特率和品质等。
- 【生成大小报告】复选框：创建一个文本，用于记录最终导出文件的大小。
- 【防止导入】复选框：用于防止发布过的动画文件，被其他人重新下载到 Flash 程序中进行编辑。
- 【省略 trace 动作】复选框：用于设定忽略当前动画中跟踪命令。

- 【允许调试】复选框：允许对动画进行调整。
- 【密码】文本框：当设置【放置导入】或【允许调试】复选框后，可以在密码框输入密码。
- 【JPEG 品质】：用于将动画中的位图图像保存为一定压缩率的 JPEG 文件。

3.【HTML】选项卡

在【HTML】选项卡中，主要有【尺寸】、【模板】等选项区域，如图 10-8 所示。各主要选项的具体含义如下。

- 【模版】下拉列表框：用于选择所要使用的模版，单击右侧的【信息】按钮，弹出如图 10-9 所示的【HTML 模版信息对话框】。

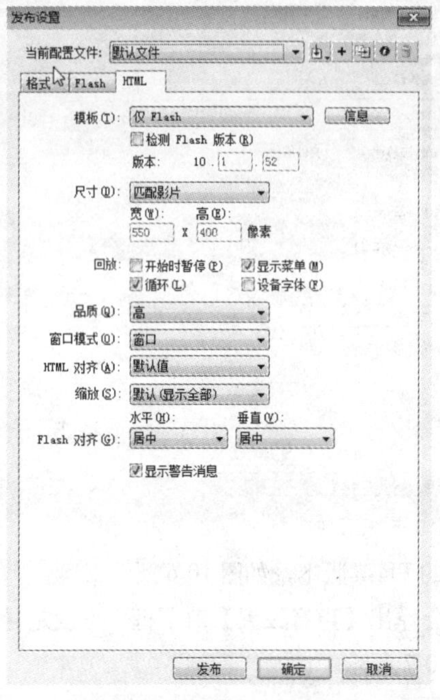

图10-8

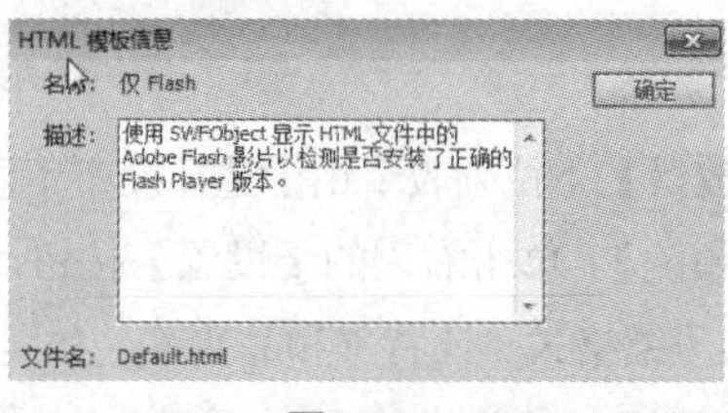

图10-9

- 【尺寸】下拉列表框：主要设置动画的宽度和高度值，如图 10-10 所示。“匹配影片”用来将发布的尺寸设置为动画实际尺寸；“像素”用于设置影片的是指宽高度；“百分比”设置动画相对于浏览器窗口的大小。
- 【开始时暂停】复选框：用于使动画在开始时处于停止状态，当单击【播放】按钮后动画开始播放。
- 【显示菜单】复选框：用于单击鼠标右键弹出的快捷菜单命令有效。
- 【循环】复选框：用于使动画反复播放。
- 【设备字体】复选框：用反锯齿系统字体取代用户系统中未安装的字体。
- 【品质】下拉列表：用于设置动画的品质，包括“低”、“自动降低”、“自动升高”、“中等”、“高”、【最佳】6 个选项，如图 10-11 所示。
- 【窗口模式】下拉列表框：用于设置安装了 Flash ActiveX 的 IE 浏览器，可以利用 IE 的透明显示，绝对定位及分层功能，包括“窗口”、“不透明窗口”和“透明无窗口”选项，如图 10-12 所示。
- 【HTML 对齐】下拉列表框：用于设置动画窗口在浏览器窗口中的位置，包括“左对齐、“右对齐”、“顶部”、“底部”和“默认值”选项，如图 10-13 所示。

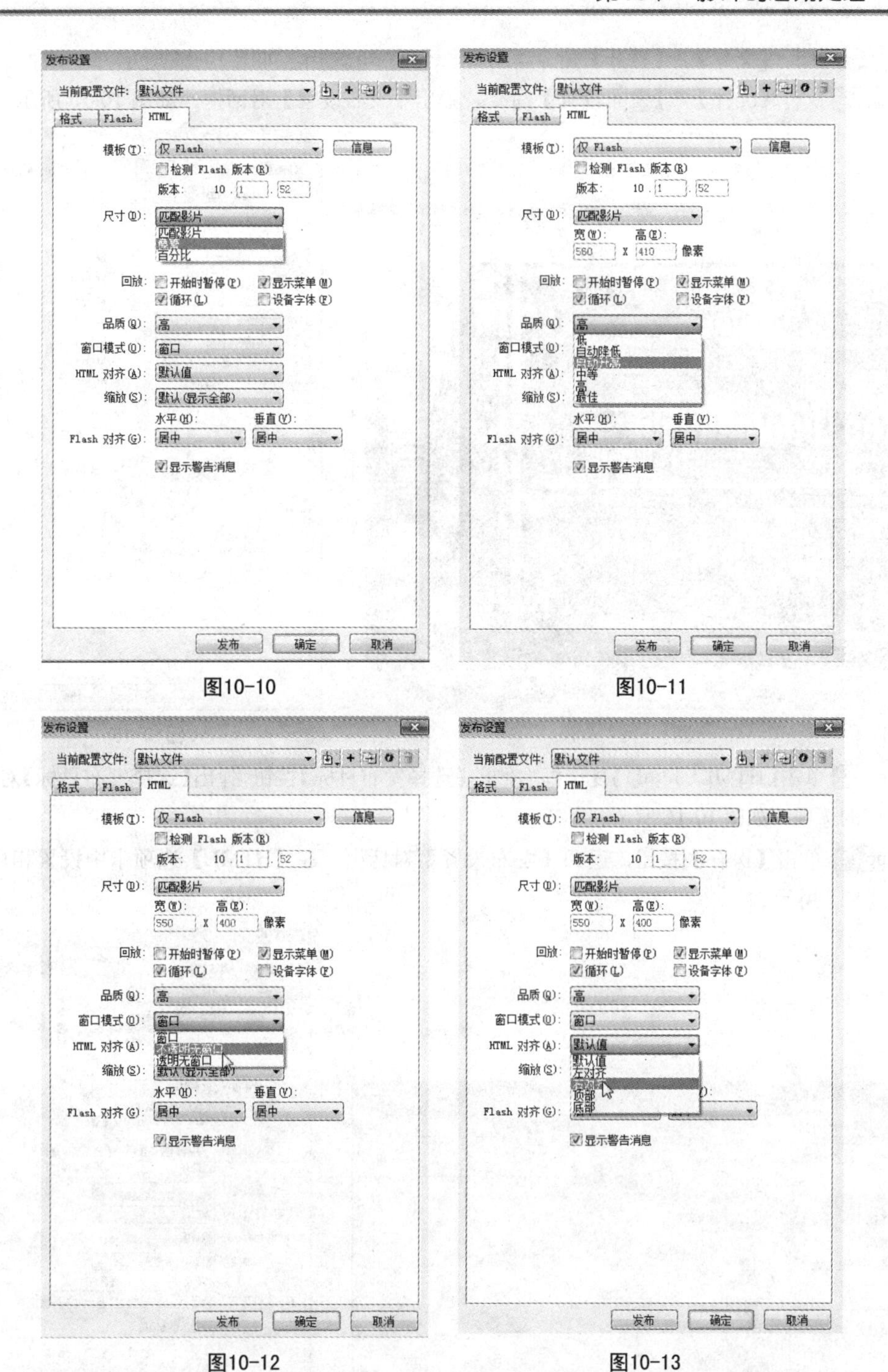

图10-10　　图10-11

图10-12　　图10-13

- 【Flash 对齐】下拉列表框：用于定义动画在窗口中的位置以及将动画裁剪到窗口的尺寸。
- 【显示警告信息】复选框：用于设置 Flash 是否要警告 HTML 标签代码中所出现的错误。

10.3.2　发布为 HTML 文件

下面通过一个实例，来介绍如何将 Flash 文档发布为 HTML 文件。

Step01 执行【文件】>【打开】命令，打开一个 Flash 文档，如图 10-14 所示。

Step02 执行【文件】>【发布设置】命令，弹出【发布设置】对话框，如图 10-15 所示。

图10-14

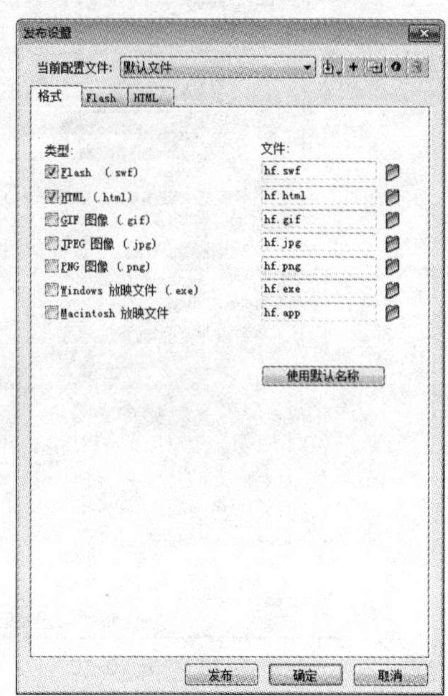

图10-15

Step03 单击【HTML(.html)】复选框右侧的【选择发布目标】按钮，弹出【选择发布目标】对话框，设置相应的选项，如图 10-16 所示。

Step04 单击【保存】按钮，返回【发布设置】对话框，在【HTML】选项卡中设置相应的选项如图 10-17 所示。

图10-16

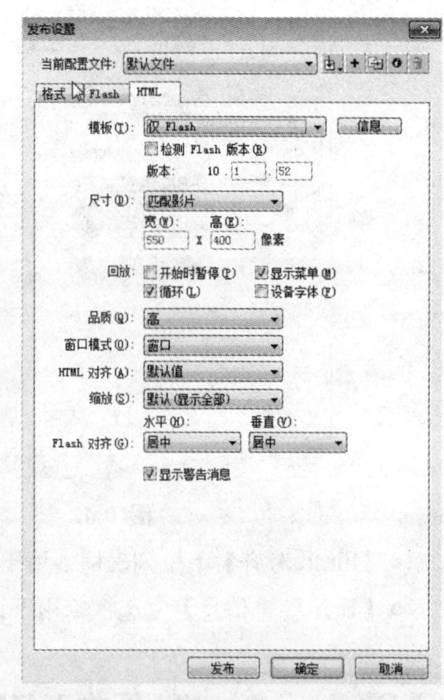

图10-17

Step05 单击【发布】按钮，即可发布为 HTML 文件如图 10-18 所示。

图10-18

10.3.3　发布为 EXE 文件

下面通过一个实例，来介绍如何将 Flash 文档发布为 EXE 文件。

Step 01 执行【文件】>【打开】命令，打开一个 Flash 文档，如图 10-19 所示。

Step 02 执行【文件】>【发布设置】命令，弹出【发布设置】对话框，如图 10-20 所示。

图10-19

图10-20

Step 03 单击【EXE】复选框右侧的【选择发布目标】按钮，弹出【选择发布目标】对话框，设置相应的选项，如图 10-21 所示。

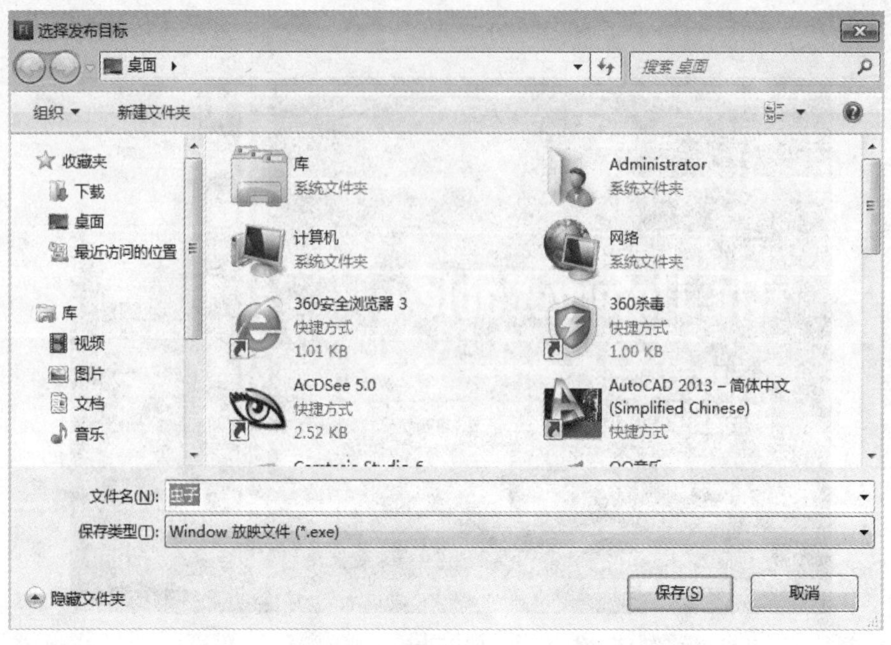

图10-21

Step 04 单击【发布】按钮，完成发布如图 10-22 所示。

图10-22

10.3.4 发布预览

在对动画的发布进行设置后，还要对动画格式进行预览。执行【文件】>【发布预览】命令，在弹出的子菜单中选择自己所需要的预览格式即可，如图 10-23 所示。

图10-23

10.4　综合案例——手机广告

学习目的

通过本实例的制作，熟练地掌握影片的发布及预览的操作方法，能够根据实际情况的需要将影片发布成相应的文件格式。

重点难点

- 导出动画图像文件
- 发布为 HTML 文件
- 发布为 EXE 文件

操作步骤

Step01 执行【文件】>【新建】命令，新建一个文档属性如图 10-24 所示的 Flash 文档。

Step02 将图层 1 命名为“背景”图层，在第 45 帧处插入空白关键帧，将“背景”元件拖曳到舞台上，如图 10-25 所示。

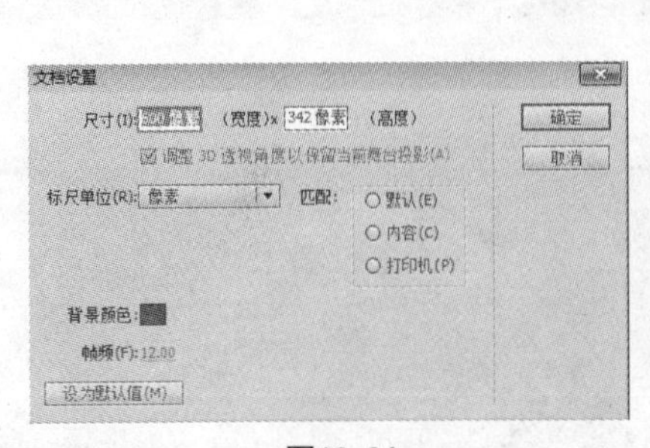

图10-24

图10-25

Step 03 在第 50 帧处插入关键帧，在第 45 帧处的 Alpha 值设置为“0”创建补间动画，如图 10-26 所示。并在第 130 帧处插入帧。

Step 04 新建图层 2 命名为“画面 1”图层，将元件“画面 1”拖曳至舞台上，如图 10-27 所示。

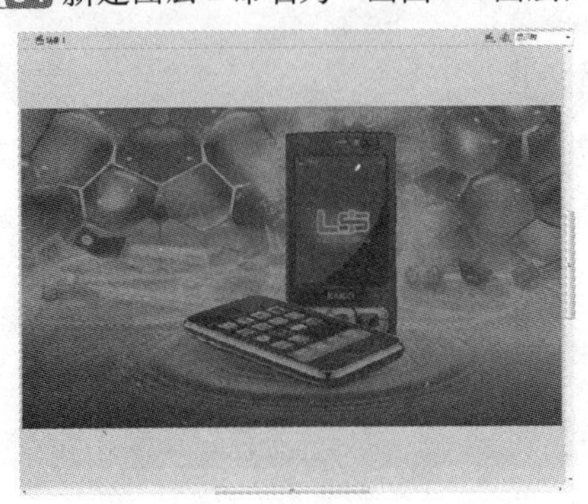

图10-26

图10-27

Step 05 分别在第 15 帧和第 20 帧处插入关键帧，将第 1 帧处的 Alpha 值设置为“0”，第 15 帧处的 Alpha 值设置为“50”并创建补间动画，如图 10-28 所示。

Step 06 新建图层 3 命名为“画面 2”图层，在第 7 帧处插入空白关键帧，将元件“画面 2”拖曳到舞台上，如图 10-29 所示。

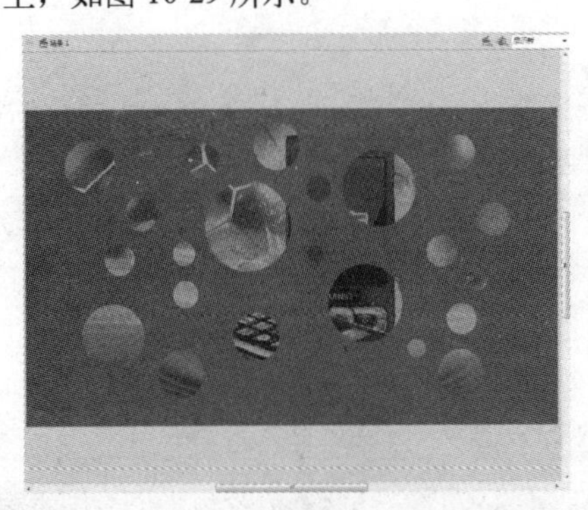

图10-28

图10-29

Step 07 分别在第 20 帧和第 25 帧处插入关键帧，将第 7 帧处的 Alpha 值设置为“0”，第 20 帧处的 Alpha 值设置为“50”并创建补间动画，如图 10-30 所示。

Step 08 新建图层 4 命名为“画面 3”，在第 13 帧处插入空白关键帧，将元件“画面 3”拖曳到舞台上，如图 10-31 所示。

图10-30

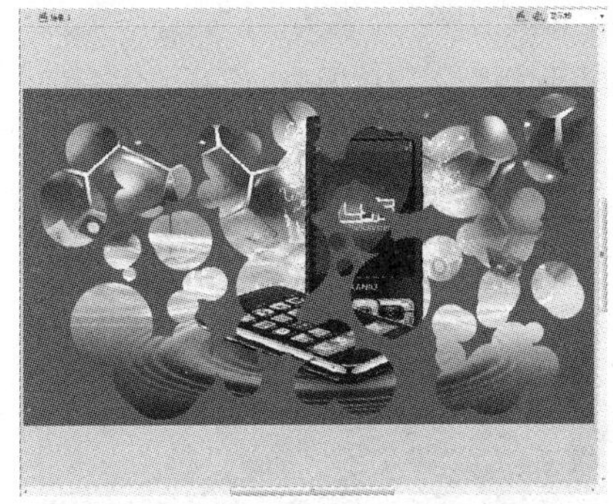
图10-31

Step 09 在第 25 帧和第 30 帧处分别插入关键帧，将第 13 帧处的 Alpha 值设置为“0”，第 25 帧处的 Alpha 值设置为“50”并创建补间动画，如图 10-32 所示。

Step 10 新建图层 5 命名为“画面 4”，在第 19 帧处插入空白关键帧，将元件“画面 4”拖曳到舞台上，如图 10-33 所示。

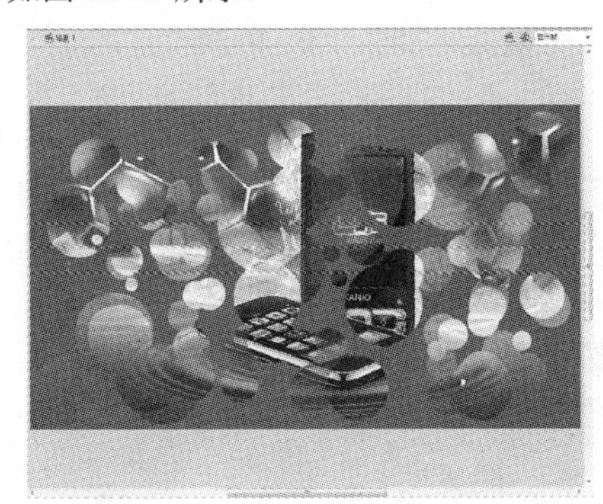
图10-32

图10-33

Step 11 分别在第 32 帧和第 38 帧处插入关键帧，将第 19 帧处的 Alpha 值设置为“0”，第 32 帧处的 Alpha 值设置为“50”并创建补间动画，如图 10-34 所示。

Step 12 新建图层 6 命名为“画面 5”，在第 25 帧处插入空白关键帧，将元件“画面 5”拖曳到舞台上，如图 10-35 所示。

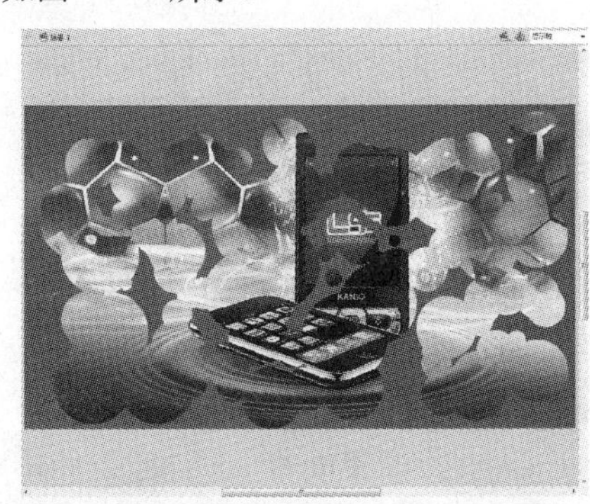
图10-34

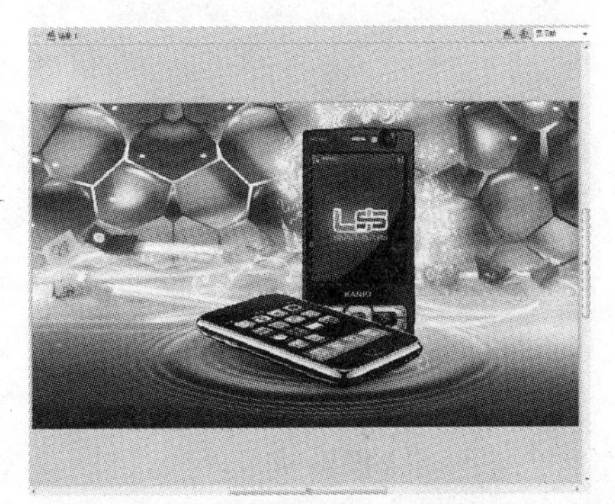
图10-35

Step 13 分别在第 38 帧和第 44 帧处插入关键帧，将第 25 帧处的 Alpha 值设置为“0”，第 38 帧处的 Alpha 值设置为“50”并创建补间动画，如图 10-36 所示。

Step 14 新建图层 7 命名为“广告语”图层，在第 45 帧处插入空白关键帧，将“广告语”影片剪辑元件拖曳到舞台上，如图 10-37 所示。

图10-36

图10-37

Step 15 新建图层 8 命名为“型号”图层，在第 50 帧处插入空白关键帧，将影片剪辑元件“型号”拖曳到舞台上，如图 10-38 所示。

Step 16 在第 55 帧处插入关键帧，将“型号”元件拖曳到如图 10-39 所示的位置。

图10-38

图10-39

Step 17 在第 50 帧处为“型号”元件添加“模糊滤镜”，并创建补间动画，如图 10-40 所示。

Step 18 将所有图层在第 130 帧处插入帧，完成后测试影片，如图 10-41 所示。

图10-40

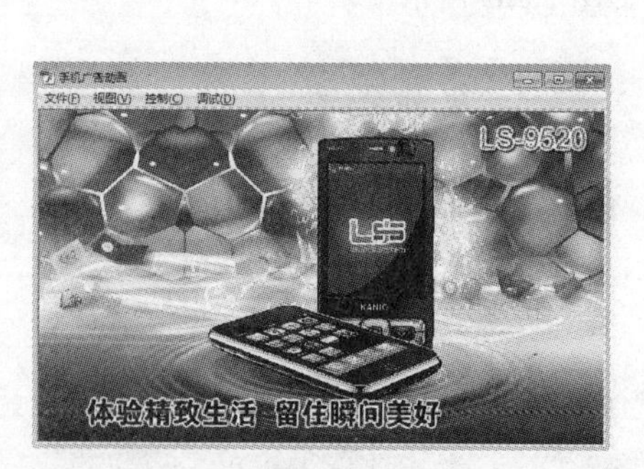

图10-41

Step 19 执行【文件】>【发布设置】命令，弹出【发布设置】对话框，如图 10-42 所示。

Step 20 单击【HTML(.html)】复选框右侧的【选择发布目标】按钮，弹出【选择发布目标】对话框，设置相应的选项，如图 10-43 所示。

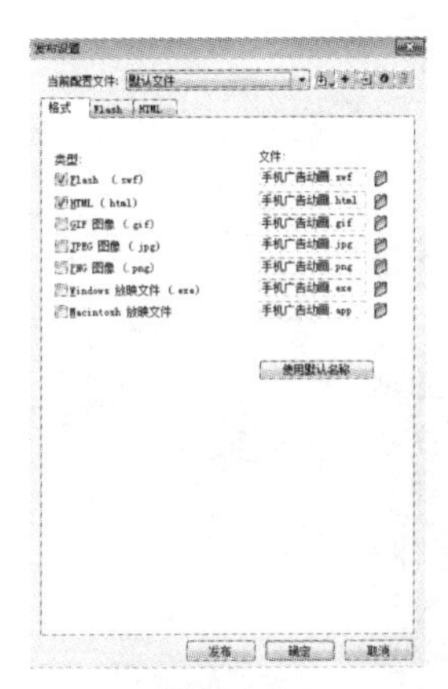

图10-42

图10-43

Step21 单击【保存】按钮，返回【发布设置】对话框，在【HTML】选项卡中设置相应的选项，如图 10-44 所示。

Step22 单击【发布】按钮即可完成发布，测试影片，如图 10-45 所示。

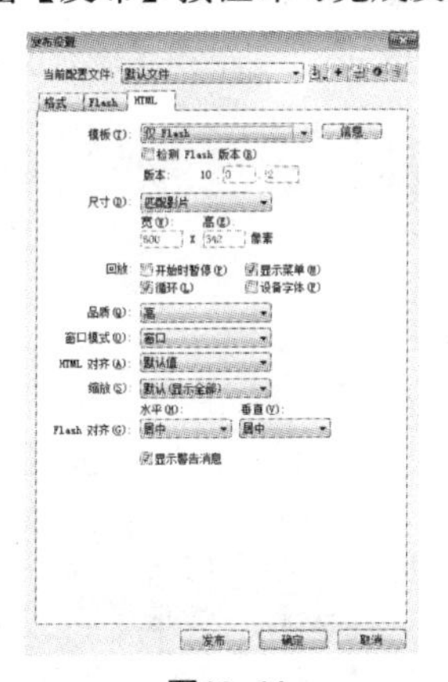

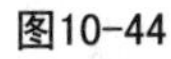

图10-44

图10-45

Step23 返回主场景，执行【文件】>【发布设置】命令，弹出【发布设置】对话框，如图 10-46 所示。

Step24 单击【EXE】复选框右侧的【选择发布目标】按钮，弹出【选择发布目标】对话框，设置相应的选项，如图 10-47 所示。

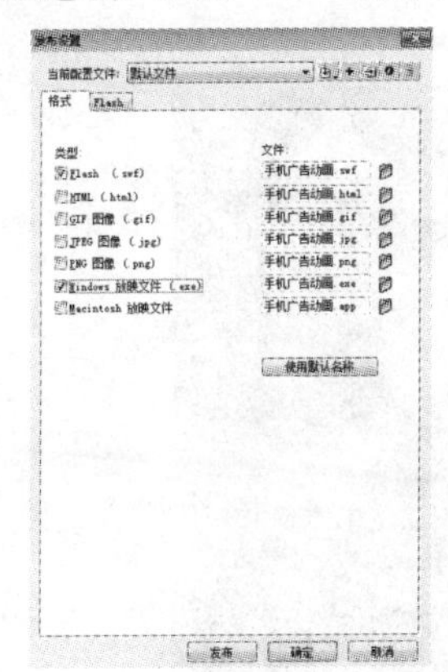

图10-46

图10-47

Step 25 单击【发布】按钮，完成发布，如图 10-48 所示。

图10-48

Step 26 返回主场景，选择某一帧执行【文件】>【导出】>【导出图像】命令，如图 10-49 所示。

Step 27 单击【保存】按钮在弹出的对话框中设置相应的属性，单击【确定】按钮即可，如图 10-50 所示。

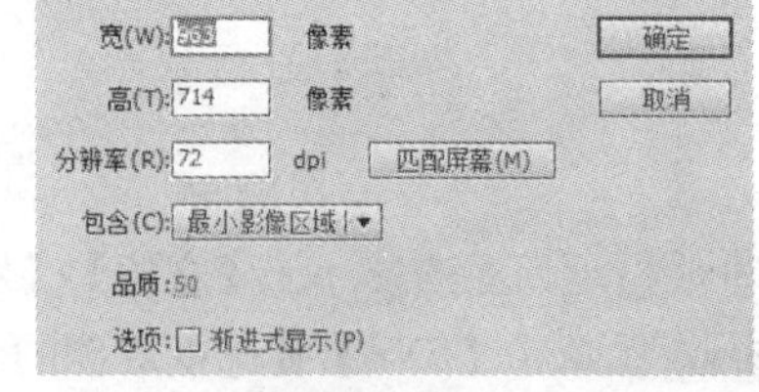

图10-49　图10-50

Step 28 预览导出的图片，如图 10-51 所示。

图10-51

10.5　经典商业案例赏析

如图 10-52 所示的动画为印象杂志广告，该广告设计独特，色调简单与其主题走出荒野搭配，给人一种叛逆忧郁之感。

图10-52

10.6　课后练习

一、选择题

1. 按下（ ）快捷键可以按默认的格式（HTML 文件）预览动画。

A. F9　　　B. F10

C. F12　　　D. Ctrl+F12

2. 通常（ ）文件适合于导出线条图形，（ ）文件适合于导出含有大量渐变色和位图的图像。

A. PNG 、JPEG　　　B. GIF、PNG

C. GIF、JPEG　　　D. JPEG 、GIF

二、填空题

1. 单击 _______ 命令，可以将当前帧的内容导出为某种格式的图形文件。

2. 按下 _______ 组合键可以导出影片。

3. 测试影片有在 _______ 和 _______ 中测试。

三、操作题

1. 将某一动画发布为 HTML 格式。

2. 将某一动画发布为 SWF，并为该文件设置密码保护。

3. 将某一动画的某一帧导出为 GIF 图片，如图 10-53 所示。

图10-53